Entwicklung eines Schafteckfräsers mit Leichtbau-Innenkern zur schwingungsreduzierten Fräsbearbeitung

Von der Fakultät für Ingenieurwissenschaften
der Universität Bayreuth
zur Erlangung der Würde eines
Doktor-Ingenieur (Dr.-Ing.)
genehmigte Dissertation

von

M.Sc. Benjamin Thorenz
aus
Weiden i.d.OPf.

Erstgutachter: Prof. Dr.-Ing. Frank Döpper
Zweitgutachter: Prof. Dr.-Ing. Stephan Tremmel
Tag der mündlichen Prüfung: 19.07.2021

Lehrstuhl Umweltgerechte Produktionstechnik
Universität Bayreuth
2021

PRODUKTION.BESSER.MACHEN.

Benjamin Thorenz

Entwicklung eines Schafteckfräsers mit Leichtbau-Innenkern zur schwingungsreduzierten Fräsbearbeitung

Herausgeber:
Prof. Dr.-Ing. Frank Döpper

Band 2

UNIVERSITÄT BAYREUTH

Bibliografische Information der Deutschen Nationalbibliothek
Die Deutsche Nationalbibliothek verzeichnet diese Publikation in der Deutschen Nationalbibliografie; detaillierte bibliografische Daten sind im Internet über https://portal.dnb.de abrufbar.

Benjamin Thorenz:

Entwicklung eines Schafteckfräsers mit Leichtbau-Innenkern zur schwingungsreduzierten Fräsbearbeitung

1. Auflage, 2021

Gedruckt auf holz- und säurefreiem Papier, 100% chlorfrei gebleicht.

Apprimus Verlag, Aachen, 2021
Wissenschaftsverlag des Instituts für Industriekommunikation und Fachmedien an der RWTH Aachen
Steinbachstr. 25, 52074 Aachen
Internet: www.apprimus-verlag.de, E-Mail: info@apprimus-verlag.de

Druck: CPI Druckdienstleistungen GmbH, Ferdinand-Jühlke-Straße 7 I 99095 Erfurt

ISBN 978-3-98555-018-0

Vorwort

Die vorliegende Arbeit entstand während meiner Tätigkeit als wissenschaftlicher Mitarbeiter am Fraunhofer-Institut für Produktionstechnik und Automatisierung (IPA) in der Projektgruppe Prozessinnovation sowie als Akademischer Rat auf Zeit am Lehrstuhl Umweltgerechte Produktionstechnik der Universität Bayreuth.
Wesentliche Ergebnisse dieser Dissertation wurden innerhalb des Forschungsprojekts „End Mill with Lightweight Innercore (EMLIC)“ erarbeitet, welches vom Bundesministerium für Wirtschaft und Energie im Rahmen des Zentralen Innovationsprogramms Mittelstand (ZIM) gefördert wurde.
Allen voran gilt mein Dank meinem Doktorvater Herrn Professor Dr.-Ing. Frank Döpper, Ordinarius des Lehrstuhls Umweltgerechte Produktionstechnik sowie Leiter der Fraunhofer Projektgruppe Prozessinnovation, der mir durch das entgegengebrachte Vertrauen und die damit einhergehende Gewährung einer umfassenden akademischen Freiheit die Möglichkeit zur Anfertigung dieser Dissertation eröffnete. Während meiner vertieften wissenschaftlichen Arbeit am Lehrstuhl stand er mir stets mit Rat und Tat zur Seite und trug durch zahlreiche Anregungen sowie wertvolle Hinweise und Diskussionen richtungsweisend zum Gelingen dieser Arbeit bei. Durch seine Offenheit und Herzlichkeit schuf er ein äußerst motivierendes Arbeitsklima, wofür ich ihm ebenfalls sehr dankbar bin.
Ebenso danke ich Herrn Professor Dr.-Ing. Stephan Tremmel, Ordinarius des Lehrstuhls Konstruktionslehre und CAD der Universität Bayreuth, für die Übernahme des Koreferats.
Ferner möchte ich den beteiligten Industriepartnern danken, die es mir durch ihre anwendungsbezogene Expertise, mit der Herstellung von Test- und Demonstratorwerkzeugen sowie der Prozess- und Datenaufnahme in laufenden Fertigungsprozessen ermöglichten, meine Forschungsarbeit direkt mit der industriellen Praxis zu verknüpfen.
Für die kollegiale Begleitung dieser Arbeit sowie die konstruktive Diskussion der Inhalte danke ich besonders Dr.-Ing. Hans-Henrik Westermann und Markus Friedrich. Erstgenannter war ein anspruchsvoller Korrektor, der den Entstehungsprozess mit seinen pointierten und humorvollen Kommentaren stets in bereichernder Art und Weise begleitete. Zweitgenannter ermöglichte mit seinem tiefgreifenden Fachwissen den wissenschaftlichen Anspruch der vorliegenden Arbeit weiter zu steigern.
Darüber hinaus gilt mein besonderer Dank allen Kolleginnen und Kollegen des Lehrstuhls, die mir jederzeit für einen (fachlichen) Austausch zur Verfügung standen. Stellvertretend sollen an dieser Stelle Dr.-Ing. Markus Kafara, Julian Schmidt, Jonas Hofmann, Kai Wiesemann, Thomas Küfner, Jan Koller, Christian Bay und Gabriele Mauthe genannt sein.
Mein innigster Dank aber gebührt meiner Familie. Meinen Eltern, die meine Ausbildung und berufliche Laufbahn ermöglicht haben und von denen ich zu jeder Zeit Unterstützung erfuhr. Ferner gilt mein herzlicher Dank Tatjana. Ihre Unterstützung und ihre Motivation ermöglichten mir die Erstellung der vorliegenden Arbeit. Das allergrößte Dankeschön gehört meiner Tochter Linda, die mein Leben jeden Tag verzaubert. Ich liebe dich »bis zum Mond und wieder zurück«.

Mistelgau, im Februar 2021 Benjamin Thorenz

Für Linda

Inhaltsverzeichnis

1 Ausgangssituation

> For most of today's rich countries, there was indeed a period when economic success was synonymous with manufacturing.
>
> *The Economist. 1998* [THE98, S. 4]

1.1 Hintergrund und Problemstellung

Wie das einführende Zitat beschreibt, sind die Zeiten, in denen wirtschaftlicher Erfolg gleichbedeutend mit Fertigung verwendet werden konnte, Vergangenheit. Insbesondere am Hochlohnstandort Deutschland stehen produzierende Unternehmen vor der Herausforderung, den wirtschaftlichen Unternehmenserfolg sicherzustellen, weshalb zunehmend Produktivitätssteigerungs- und Ressourceneffizienzaspekte in den Fokus von Innovationen rücken [SPA13, S. 41]. Bearbeitungsverfahren auf spanenden Werkzeugmaschinen, die sich nach DIN 8580 der Fertigungshauptgruppe des Trennens, im Detail des Trennens mit geometrisch bestimmter Schneide, zuordnen lassen [DIN03c], kommen in nahezu jedem produzierenden Unternehmen in Deutschland zum Einsatz.

Neben der Automobilindustrie inklusive zugehöriger Zulieferunternehmen ist vor allem der Maschinenbau ein Industriezweig mit einem hohen Anteil spanender Bearbeitungsaufgaben. Alleine diesem Industriezweig lassen sich im Jahr 2018 6.653 Unternehmen in Deutschland zuordnen, ohne dabei Werkzeug- und Halbzeughersteller zu berücksichtigen. Umfassend betrachtet repräsentieren oben genannte Industriezweige ca. 7 % der Bruttowertschöpfung der Gesamtwirtschaft Deutschlands. [STA20b; STA20a; VDM20, S. 11] Im Jahr 2018 wurden in Deutschland spanende und abtragende Werkzeugmaschinen im Gesamtwert von 9,35 Mrd. € produziert. Bearbeitungszentren und Fräsmaschinen haben dabei mit einem Gesamtwert von 3,26 Mrd. € einen Anteil von ca. 35 % an der deutschen Jahresgesamtproduktion [VDW20, S. 20].

Um der allgemein angestrebten Produktivitäts- und Ressourceneffizienzsteigerung in der spanenden Bearbeitung Rechnung zu tragen, muss die Energieaufwandscharakterisitk einer spanenden Bearbeitungsaufgabe betrachtet werden; vgl. Abbildung 1, Beispiel einer Fräsbearbeitungsaufgabe. Diese zeigt die prozentuale Zusammensetzung des Gesamtenergieverbauchs aus dessen Einzelverbauchsanteilen. Nach Westermann entfallen somit im Mittel 39,1 % des Gesamtenergieverbrauchs[1] auf die Grundlast, 44,9 % auf den Leerlauf sowie 16,0 % auf die Prozesslast, also jener Energieverbrauchsanteil für die tatsächliche mechanische Zerspanung [WES16, S. 71]. Auch weitere Untersuchungen zeigen, dass durchschnittlich etwa 20 % der Energie für den Bearbeitungsprozess selbst sowie 80 % für den Betrieb der Nebenaggregate bei einer spanenden Bearbeitungsaufgabe verbraucht werden [KAU11, S. 60; DEN12, S. 6].

[1] In der vorliegenden Arbeit wird der Begriff Energieverbrauch gemäß der VDI-Richtlinie 4661 als aufgewandte Menge bestimmter Energieformen für die Deckung eines Energiebedarfs unter realen Bedingungen verwendet, wohl wissend, dass bei rein physikalischer Betrachtung in geschlossenen Systemen kein Energieverbrauch existiert, sondern eine Energieumwandlung stattfindet [VDI14, S. 5 f.].

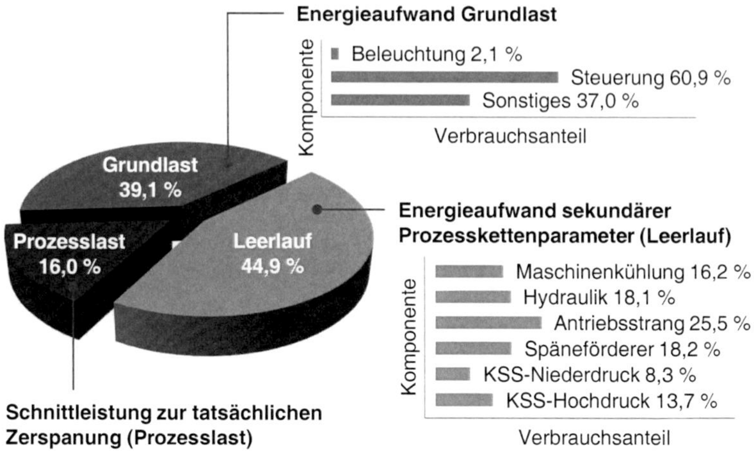

Abb. 1: Gemittelte Energieaufwandscharakteristik einer Fräsbearbeitungsaufgabe, nach [WES16, S. 72]

Eine Reduzierung der Prozesslast (z. B. durch optimierte Schnittbedingungen) hat somit weniger Produktivitäts- und Ressourceneffizienzsteigerungspotential als die Reduzierung der Prozessdauer (z. B. durch höhere Schnittwerte). Wird Letztgenannte verkürzt, führt dies sowohl zu einer Reduzierung der Grundlast als auch des Leerlaufs, die zusammen einen Anteil von 84,0 % an dem Gesamtenergieverbrauch einer Fräsbearbeitungsaufgabe repräsentieren. Die energetischen Bestandteile werden in Abbildung 1 verdeutlicht.
Eine Reduzierung der Prozessdauer erfordert dementsprechend eine Steigerung des Zeitspanvolumens[2] unter Beachtung der Fertigungsgenauigkeit und -qualität. Begrenzt wird diese Steigerung meist durch im Prozess auftretende Störungen. Dynamische Störgrößen bewirken dabei eine Relativbewegung zwischen Werkzeug und Werkstück, die sich als überlagerte Schwingungserscheinungen zur eigentlichen Vorschub- und Schnittbewegung zeigen. [KAL05, S. 17] Diese beschriebenen Störgrößen treten unabhängig davon auf, ob sich das Werkzeug (z. B. beim Fräsen) oder das Werkstück (z. B. beim Drehen) bewegt [ADA05]. Daraus resultieren eine verminderte Prozessleistung sowie eine geringere Bearbeitungsgenauigkeit, einhergehend mit schlechteren Oberflächengüten und verkürzten Werkzeugstandzeiten [ADA05; LAN08].
Die Störgrößen können durch diverse Einflussgrößen beeinflusst werden. Nachfolgende Tabelle 1 veranschaulicht die Einflussgrößen auf das Stabilitätsverhalten spanender Bearbeitungsaufgaben. Diese können dabei in die Bereiche Maschine, Werkstück/Werkzeug und Schnittprozess aufgeteilt werden.

[2]Das Zeitspanvolumen beschreibt das je Zeiteinheit abgespante Volumen [DEN11, S. 6].

Tab. 1: Einflussgrößen auf das Stabilitätsverhalten spanender Bearbeitungsaufgaben, nach [WEC06b, S. 349]

	Maschine		Werstück/ Werkzeug	Schnittprozess
	Betriebsbedingungen	Richtungsorientierung		
Einflussgrößen	– Fundament/Aufstellbedingungen – Lage der Bauteile – Spindeldrehzahl – Schlitten-, Tischbewegungen – Lose, Umkehrspannen, Nichtlinearitäten, Vorspannung, Klemmzustände – Betriebstemperatur	Geometrische Einflüsse durch den Bearbeitungsfall: – Richtung der dynamischen Schnittkraft infolge Einstell- und Neigungswinkel – Werkstück-Werkzeugkonfiguration	– Werkstücknachgiebigkeit – Werkstückmasse – Werkstückeinspannung – Werkstück- bzw. Werkzeugdurchmesser – Werkzeugnachgiebigkeit – Werkzeugmasse – Werkzeugeinspannung	– Werkstoff – Schneidengeometrie – Werkzeugverschleißzustand – Eckenradius – Schnittgeschwindigkeit – Vorschub – Hysterese der Grenzspanungsbreite – Werkzeug-Schneidstoffkombination – Ungleichteilung bei Mehrschneidenwerkzeugen – Kühl- und Schmiermittel

1.2 Zielsetzung

Die Beschreibung der diversen Einflussgrößen auf das Stabilitätsverhalten spanender Bearbeitungsaufgaben, vgl. Tabelle 1, erlaubt eine Komposition von Maßnahmen, die das Potential zur Stabilisierung der Prozesse aufweisen. Der Fokus der hier vorliegenden Arbeit ist dabei auf das Werkzeug selbst gerichtet. Zur Optimierung der genannten Einflussgrößen im fokussierten Bereich tragen nach WECK & BRECHER vor allem ein dämpfungswirksames Werkzeug sowie eine geringe Werkzeugmasse bei. [WEC06b, S. 349 f.]

Vor diesem Hintergrund soll diese in der vorliegenden Arbeit mit einem Leichtbau-Innenkern aus Faserverbundkunststoff im spanenden Werkzeug erreicht werden. Dieser reduziert die rotierende Masse des Werkzeugs und kann durch die Auswahl der eingesetzten Werkstoffe für Faser und Matrix sowie deren Eigenschaften und Ausführungen Einfluss auf das Widerstandsmoment gegen Biegung und Torsion sowie auf die Schwingungsreduktion des Werkzeugs nehmen.

Eine eingehende Untersuchung von Schwingungsphänomenen an Schafteckfräsern, die bei der spanenden Bearbeitung von Stählen entstehen, soll einen Beitrag zur Steigerung der Prozesseffizienz, der Oberflächengüte bearbeiteter Bauteile sowie der Werkzeugstandzeit leisten. Die angestrebten technischen Funktionalitäten können, wie in Abbildung 2 dargestellt, in zwei Hauptgruppen – Werkzeug und Prozess – unterschieden werden. Neben der simulativen Ermittlung optimierter Schafteckfräser mit Leichtbau-Innenkernen steht hierbei die technische Umsetzung sowie deren Erprobung im Vordergrund.

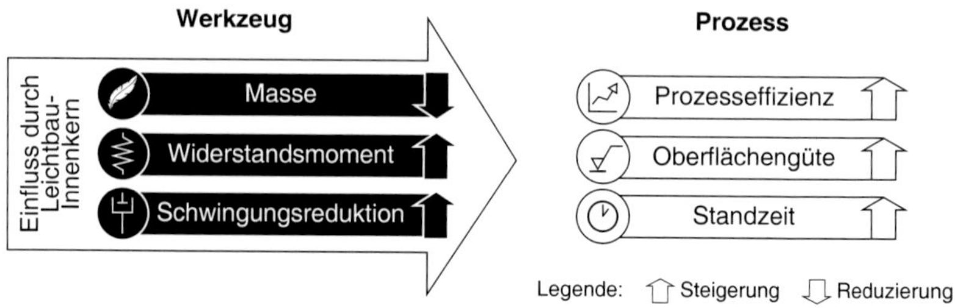

Abb. 2: Ziel der vorliegenden Arbeit

Die im Rahmen der Arbeit gewonnenen Erkenntnisse und verfolgte systematische Vorgehensweise sollen darüber hinaus als Basis für die Untersuchung weiterer spanender Werkzeuge im Hinblick auf die Reduzierung prozessinduzierter Schwingungen sowie die Ausgestaltung von Innenkernen aus andersartigen Leichtbauwerkstoffen bzw. einer umfassenden Substitution der aktuell zum Einsatz kommenden Werkstoffe für spanende Werkzeuge dienen.

1.3 Vorgehensweise

Die systematische Vorgehensweise zur Entwicklung eines Schafteckfräsers mit Leichtbau-Innenkern zur schwingungsreduzierten Fräsbearbeitung gliedert sich in mehrere, inhaltlich aufeinander aufbauende Arbeitsschritte, die in Abbildung 3 dargestellt sind. Darüber hinaus werden die erforderlichen Eingangsinformationen sowie die eingesetzten technischen und methodischen Mittel zusammenfassend für die einzelnen Arbeitsschritte aufgezeigt.
Zur zielorientierten Aufbereitung des Stands der Erkenntnisse in **Kapitel 2** wird zunächst ein grundlegendes Verständnis der Zerspanung mit geometrisch bestimmter Schneide vermittelt. Nach der detaillierten Betrachtung von Schwingungen an Werkzeugen und Werkzeugmaschinen folgt eine Erläuterung der Begriffe und Grundlagen zu Faserverbundkunststoffen sowie wesentlicher Verfahren zur Fertigung endlosfaserverstärkter Duromerbauteile. Ein umfassender Überblick zu bereits im vorliegenden Themengebiet sowie in thematisch verwandten Bereichen durchgeführter Arbeiten und Ansätzen gibt Aufschluss über aktuelle Forschungs- und Entwicklungsansätze aus Wissenschaft und Industrie. Die thematische Zusammenfassung zum Abschluss des Stands der Erkenntnisse zeigt die bestehenden Defizite nochmals auf.
Die Ausgangsbasis für die vorgesehenen Untersuchungen bildet die Analyse der Einsatzbedingungen von Schafteckfräsern in Form einer umfassenden Marktstudie in **Kapitel 3**. Auf Grundlage dieser wird sowohl der Werkzeugdurchmesser als auch der Werkstoff für das in **Kapitel 4** zu entwickelnde Referenzwerkstück definiert. Neben den Erkenntnissen aus der Marktstudie sowie bestehenden Referenzwerkstücken aus der Forschung und der Literatur flossen, basierend auf dem Referenzwerkstück nach WESTERMANN ET AL. [WES15], charakteristische Zerspanungsaufgaben aus der industriellen Praxis in dieses mit ein. Dem Featureansatz nach der Norm ISO 14649-10:2004(E) [ISO04] folgend, wird eine Vergleichsgrundlage für die Entwicklung von schwingungsreduzierten Schafteckfräsern mit Leichtbau-Innenkern geschaffen.

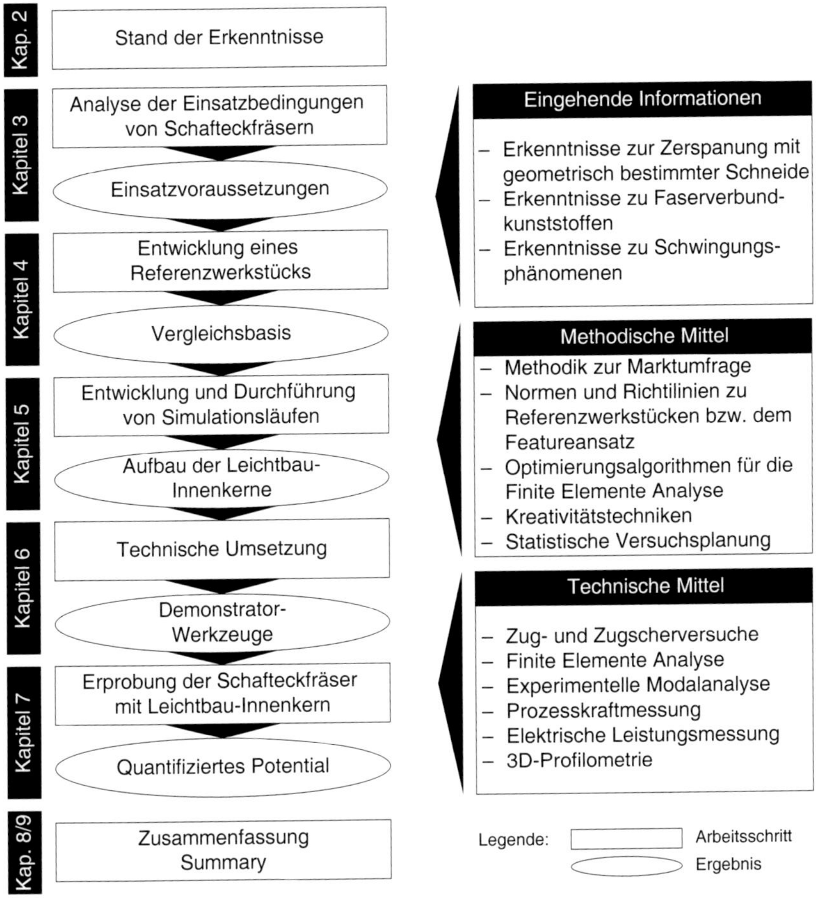

Abb. 3: Vorgehensweise der vorliegenden Arbeit

Im Hinblick auf die Zielsetzung, die Masse zu senken und sowohl das Widerstandsmoment gegen Biegung und Torsion als auch die Schwingungsreduktion zu erhöhen, wird ein Modell für die Finite Elemente Analyse aufgebaut. Da Werkstoffkennwerte von Faserverbundkunststoffen aufgrund der Vielzahl an Kombinationsmöglichkeiten in der Regel nicht vorliegen, werden auch in dieser Arbeit die notwendigen Kennwerte für die zur Verfügung stehenden Werkstoffe ermittelt. Durch den Einsatz von Optimierungsalgorithmen werden Kombinationsmöglichkeiten gesucht, die eine Verbesserung gegenüber dem Referenzwerkzeug darstellen. **Kapitel 5** schließt mit der Ableitung der Aufbauten von Schafteckfräsern mit Leichtbau-Innenkern.

Auf Grundlage der Simulationsläufe erfolgt in **Kapitel 6** zunächst unter Einsatz von Kreativitätstechniken die Auswahl einer geeigneten Verbindung zwischen Leichtbau-Innenkern und Werkzeugmantel bevor im Rahmen der Praxisuntersuchungen auf Prinzipien und Instrumente der statistischen Versuchsplanung zurückgegriffen wird. Darauf folgend wird die Herstellung sowohl von Werkzeugmantel als auch der Leichtbau-Innenkerne beschrieben. Mit dem Fügen der Einzelkomponenten unter Berücksichtigung der Erkenntnisse aus den praktischen

Untersuchungen zur Verbindung werden die Demonstratorwerkzeuge schließlich hergestellt. **Kapitel 7** beginnt mit der Beschreibung der eingesetzten Messtechnik für die experimentellen Untersuchungen der entwickelten Schafteckfräser mit Leichtbau-Innenkern. Ferner enthält dieses Kapitel die Ergebnisse der durchgeführten Erprobungen, die mit den Demonstratorwerkzeugen durchgeführt werden. Hierfür werden einleitend der Versuchsaufbau mit dem im Laborumfeld zum Einsatz kommenden 5-Achs-CNC Fräsbearbeitungszentrum, die Spannzeuge sowie die Versuchsdurchführung beschrieben. Auf Grundlage des entwickelten Referenzwerkstücks, weiterer praktischer Untersuchungen auf Basis von gestuften Versuchsplatten und Abzeiloperationen sowie dem industriellen Einsatz erfolgt die Validierung der vorteilhaften Eigenschaften der Schafteckfräser mit Leichtbau-Innenkern. Zum Abschluss dieses Kapitels werden die gesteigerte Leistungsfähigkeit gegenüber konventionellen Schafteckfräsern quantifiziert.

Die Zusammenfassung sowie das Aufzeigen von fortbestehenden Forschungsbedarfen in **Kapitel 8** schließen die Arbeit ab.

2 Stand der Erkenntnisse

2.1 Entwicklung und allgemeine Zusammenhänge

Der US-amerikanische Ingenieur FREDERICK WINSLOW TAYLOR gilt als einer der Begründer der Arbeitswissenschaft. Heute ist er v. a. für die Entwicklung eines Managementkonzepts (»Scientific Management«) sowie eines Prinzips einer Prozesssteuerung von Arbeitsabläufen (»Taylorismus«) berühmt. Zu Lebzeiten war er in Europa jedoch bekannter für die Erfindung des Schnellarbeitsstahls [KOM06, S. 11]. Mit seinem Werk "On the art of cutting metals" [TAY06] aus dem Jahr 1900 beeinflusste er die Zerspantechnik maßgeblich. Nach der Entwicklung der grundlegenden Verfahren der Zerspantechnik im 19. Jahrhundert war die Erhöhung der Fertigungsgenauigkeit durch deren Verbesserung die Zielsetzung des 20. Jahrhunderts. [SPU14, S. 9]

Die systematischen Arbeiten von KIENZLE und VICTOR zum Aufbau empirischer Schnittkraftmodelle [KIE52; KIE57] schafften hierfür eine fundamentale Grundlage zur Beschreibung und Optimierung von Zerspanprozessen, die seither stetig weiterentwickelt werden.

Früher waren vor allem Kostensenkung und Produktivitätserhöhung entscheidende Zielsetzungen der Fertigungstechnik. Heute und zukünftig ist nach Ansicht von FRITZ ET AL. zusätzlich die Senkung der Bestände, die Steigerung der Flexibilität und der Qualität sowie die erhöhte Gewichtung der human- und umweltzentrierten Aspekte in der Zielsetzung wichtig, vgl. Abbildung 4. [KÜH18a, S. 4]

Abb. 4: Gewichtung der Zielsetzungen zur Entwicklung von wettbewerbsfähigen Produktionskonzepten, nach [KÜH18a, S. 4]

Die spanenden Fertigungsverfahren haben im Zuge der industriellen Entwicklung eine Schlüsselfunktion übernommen. Aufgrund von technischen, wirtschaftlichen und organisatorischen Weiterentwicklungen wachsen aber auch die Anforderungen an die Produktivität, Wirtschaftlichkeit und Flexibilität der Fertigungssysteme und Prozesse stetig. Aus diesem Grund muss sich die Zerspantechnik an den globalen Herausforderungen und den Bedürfnissen der Menschen orientieren. Themen hierbei sind v. a. Energie, Umwelt, Mobilität, Kommunikation und Sicherheit. [HEI14, S. 13 f.] Dabei kommt dem Faktor Energie eine besondere Bedeutung zu, da zum einen das Ressourcenbewusstsein stetig zunimmt und zum anderen spanende Fertigungsverfahren mit einem Energieaufwand von $66 - 82\ ^{MJ}/_{kg}$ Fertigteil im Vergleich zu anderen Fertigungsverfahren deutlich energieintensiver sind, vgl. Abbildung 5. [KÜH18a, S. 5]

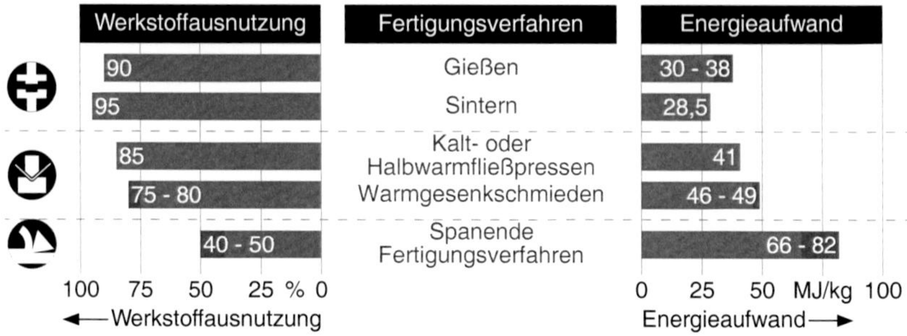

Abb. 5: Werkstoffausnutzung und Energieaufwand verschiedener Fertigungsverfahren (nach Lange), in Anlehnung an [KÜH18a, S. 5]

2.2 Zerspanung mit geometrisch bestimmter Schneide

Spanen ist Fertigen durch Stofftrennen und zählt somit zur dritten Hauptgruppe Trennen nach DIN 8580 [DIN03c]. Dabei werden von einem Rohteil durch eine oder mehrere Schneiden eines Werkzeugs Späne mechanisch abgetrennt. Das in der vorliegenden Arbeit betrachtete Verfahren Fräsen zählt dabei zum Spanen mit geometrisch bestimmter Schneide. Bei diesem wird ein Werkzeug mit definierter Schneidenanzahl, Geometrie der Schneidkeile sowie Lage der Schneiden zum Werkstück verwendet. [DIN03a] Zudem sind die Begriffe der Zerspantechnik, die Kinematik und die Geometrie am Schneidkeil der Werkzeuge in den Normen DIN 6580 [DIN85a] und DIN 6581 [DIN85b] definiert.

Das Ziel der Zerspantechnik ist die Beschreibung der spanenden Fertigungsverfahren mit ihren wesentlichen Parametern. Diese Parameter gilt es so zu wählen, dass eine vorgegebene Qualität der Werkstücke eingehalten und die Wirtschaftlichkeit der Fertigungsprozesse verbessert und gesichert werden. [KOE17, S. 133] Zur Vermittlung eines Grundverständnisses werden die technologischen und mathematischen Zusammenhänge sowie Begrifflichkeiten beim Spanen mit geometrisch bestimmter Schneide zunächst am allgemeinen, idealisierten Schneidkeil[3] in gekürzter Form dargestellt.

2.2.1 Kinematik, Geometrie, Eingriffs- und Spanungsgrößen

In der Zerspantechnik ist das Schneidwerkzeug der Schneidkeil. Die Schneide dieses Schneidkeils bewirkt das Schneiden bzw. Spanen der Werkstücke. Beim Fräsen werden durch eine kreisförmige Bewegung der Werkzeugschneide, relativ zum Werkstück betrachtet, Späne abgetrennt. Dabei weist ein Fräswerkzeug in der Regel mehrere Schneiden auf.

Kinematik

Die Kinematik ist die Lehre der geometrischen und zeitlichen Betrachtung von Bewegungen, ohne die Ursachen (z. B. Kräfte) und Wirkungen zu beleuchten [DAN13, S. 457]. Bei einem Zerspanvorgang mit geometrisch bestimmter Schneide treten dabei Relativbewegungen zwischen Werkzeug und Werkstück auf, die sich auf das ruhend gedachte Werkstück beziehen. Dabei wird zwischen Bewegungen, die unmittelbar das Entstehen von Spänen bewirken (Wirk-, Schnitt- und Vorschubbewegung), und Bewegungen, die nicht unmittelbar am Entstehen von Spänen beteiligt sind (Zustell-, Nachstell-, Ausstell- und Rückstellbewegung) unter-

[3] Für die Betrachtung eines allgemeinen, idealisierten Schneidkeils werden gerade Schneiden, scharfkantige Schneidenecken, vernachlässigbare Neigungswinkel sowie Werkzeug-Einstellwinkel der Nebenschneide von 0° angenommen [PAU08, S. 9].

schieden. Die Bewegungen können gerade, kreisförmig oder beliebig sein. [DEG15, S. 20] Die Bewegungsrichtungen sind dabei die momentanen Richtungen der Bewegungen im ausgewählten Schneidenpunkt P_s [DÜR16, S. 128]. Die Bewegungsvorgänge bei der Spanabnahme sind die Schnittbewegung mit der Schnittgeschwindigkeit v_c, die Vorschubbewegung mit Vorschubgeschwindigkeit v_f und die Wirkbewegung. Erfolgt im Zerspanprozess keine gleichzeitige Vorschubbewegung, so ist die Wirkbewegung mit der Schnittbewegung identisch [DEG15, S. 21]. Eine Beschreibung der Bewegungen, Geschwindigkeiten und geometrischen Zusammenhänge am Schneidkeil enthält die nachfolgende Abbildung 6.

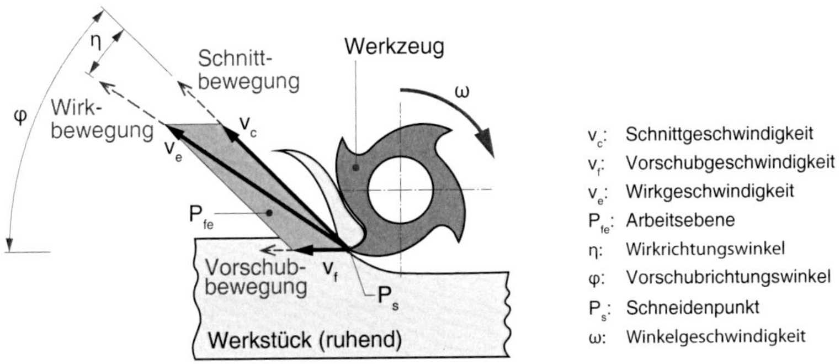

Abb. 6: Richtungen der Schnitt-, Vorschub- und Wirkbewegung sowie Geschwindigkeiten und geometrische Zusammenhänge am Schneidkeil, in Anlehnung an [DIN85a]

Dabei spannen der Schnittgeschwindigkeits- und Vorschubvektor die sogenannte Arbeitsebene P_{fe}, in der sich alle an der Spanbildung beteiligten Bewegungen vollziehen, auf. Die vektorielle Summe dieser beiden Größen ergibt die Wirkgeschwindigkeit v_e. Diese wird als momentane Geschwindigkeit der Wirkbewegung im betrachteten Schneidenpunkt P_s beschrieben und errechnet sich nach Gleichung 2-1 [DEG15, S. 22].

$$v_e = \frac{v_c \sin\varphi}{\sin(\varphi - \eta)} = \frac{v_f + v_c \cos\varphi}{\cos(\varphi - \eta)} \tag{2-1}$$

In vielen Fällen ist das Verhältnis der Wirkgeschwindigkeit v_e zur Schnittgeschwindigkeit v_c so klein, dass folgende Näherung gilt [DEG15, S. 22].

$$v_e \approx v_c \tag{2-2}$$

Damit ist die Schnittgeschwindigkeit v_c angenähert die momentane Geschwindigkeit der Schnittbewegung im betrachteten Schneidenpunkt P_s. Zudem ergibt sich zwischen Schnitt- und Wirkgeschwindigkeit der Wirkrichtungswinkel η, zwischen Schnitt- und Vorschubgeschwindigkeit der Vorschubrichtungswinkel φ. Anders als bei Verfahren mit schraubiger oder gerader Werkzeugbewegung (z. B. Bohren, Drehen), sind diese beiden Winkel beim Fräsen nicht konstant ($\varphi = 90^\circ$), sondern zeitlich veränderlich. [DEN11, S. 5] Die Schnittgeschwindigkeit v_c ist für die Beschreibung von Zerspanvorgängen eine entscheidende Größe, da werkzeug- und maschinenbezogene Kenngrößen, wie die Standzeit der Werkzeuge und die Leistungsberechnung der Werkzeugmaschine [DEG15, S. 22], durch sie beeinflusst werden. Eine weitere wichtige kinematische Kenngröße ist die Vorschubgeschwindigkeit v_f. Diese beschreibt die momentane Geschwindigkeit der Vorschubbewegung im betrachteten Schneidenpunkt P_s. Sie hat besonders für das Fräsen Relevanz und dient bspw. der Leistungsberechnung von Vorschubantrieben. [DEG15, S. 23]

Geometrie

Beim Zerspanvorgang werden durch die Schneiden eines Werkzeugs von einem Werkstück Werkstoffschichten in Form von Spänen auf mechanischem Wege abgetrennt [DIN03a]. Besondere Bedeutung kommt dabei dem Schneidkeil mit seiner geometrisch eindeutig definierten Gestalt zu [WES10, S. 120]. Nachfolgende Abbildung 7 zeigt die für den Zerspanprozess wichtigsten Winkel[4] des Schneidkeils.

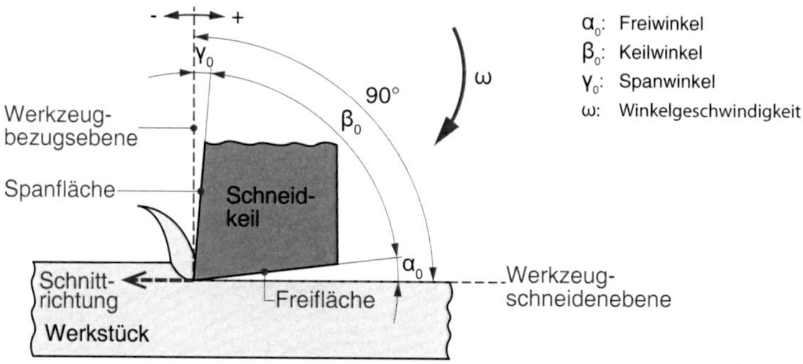

Abb. 7: Geometrie am Schneidkeil, in Anlehnung an [KOE17, S. 137; KÜH18b, S. 242]

Der Freiwinkel α_0 liegt zwischen der Freifläche des Schneidkeils und der Werkzeugschneidenebene, die der bearbeiteten Werkstückoberfläche entspricht [TSC11, S. 6]. Er verhindert ein Reiben der Freifläche am Werkstück [WES10, S. 121] und liegt bei der Stahlzerspanung üblicherweise im Bereich zwischen 6° und 12° [KLO08, S. 72].
Dabei begünstigt ein kleiner Freiwinkel die Stabilität des Schneidkeils, vergrößert jedoch die Reibfläche und verstärkt damit auch den Reibeffekt zwischen dem Wirkpaar Schneidkeil und Werkstück. Prinzipiell ist ein Freiwinkel aber unverzichtbar, da sonst das Werkzeug nur drückt und nicht spant. [DEN11, S. 135]
Der Keilwinkel β_0 ist der Winkel des in das Werkstück eindringenden Schneidkeils und wird somit zwischen der Freifläche und der Spanfläche des Schneidkeils gebildet [TSC11, S. 7]. Er beeinflusst die mechanische sowie thermische Stabilität der Hauptschneide [PAU08, S. 7]. Je größer dieser Winkel ist, desto stabiler ist der Schneidkeil und die Wärme wird besser von der Wirkstelle abgeleitet. Je kleiner dieser Winkel ausgestaltet ist, umso leichter kann der Schneidkeil in das Werkstück eindringen. [WES10, S. 121; KOE17, S. 137] Der Keilwinkel ergibt sich aus dem in Gleichung 2-3 beschriebenen Zusammenhang [WES10, S. 121].

$$\alpha_0 + \beta_0 + \gamma_0 = 90^\circ \tag{2-3}$$

Ein weiterer wichtiger Winkel des Schneidkeils ist der Spanwinkel γ_0. Er wird zwischen der Spanfläche des Schneidkeils und der Werkzeugbezugsebene gebildet [TSC11, S. 7]. Dieser kann im Gegensatz zum Freiwinkel sowohl positiv als auch negativ ausgebildet sein und ist für die Trennung des zu zerspanenden Materials verantwortlich. Die Größe des Spanwinkels

[4] Für die Betrachtung des allgemeinen, idealisierten Schneidkeils werden die Winkel mit dem Index „0“ gekennzeichnet (α_0, β_0, γ_0).

beeinflusst die Stabilität des Schneidkeils, sodass ein zu stark positiv ausgeführter Spanwinkel infolge erhöhter Schneidteilschwächung zum Bruch des Werkzeugs führen kann. [KLO08, S. 73] In Abhängigkeit des zu bearbeitenden Werkstoffs liegen positiv ausgeführte Spanwinkel bei Werkzeugen aus Schnellarbeitsstahl oder bei Hartmetallschneiden zwischen 5° und 30° [WES10, S. 121]. Als Vorteile eines positiv ausgebildeten Spanwinkels sind primär die geringeren Schnitt- und Vorschubkräfte sowie eine meist verbesserte Werkstückoberfläche im Vergleich zu neutralen ($\gamma_0 = 0^\circ$) und negativen ($\gamma_0 < 0^\circ$) Spanwinkel zu nennen [KLO08, S. 73].

Eingriffs- und Spanungsgrößen

Zur Beschreibung der Spanungsgrößen, die die abzutrennenden Werkstückmaterialschichten definieren [PAU08, S. 9], müssen die Eingriffsbedingungen eines spanenden Werkzeugs bekannt sein. Die Maschineneinstellgrößen sind der Vorschub f, die Schnitttiefe bzw. Schnittbreite a_p[5] und der Arbeitseingriff a_e sowie der Vorschubeingriff a_f.
Der Vorschub f ist die Ortsveränderung der Schneide in Richtung der Vorschubbewegung je Umdrehung des Werkzeugs oder Werkstücks, gemessen in der Arbeitsebene P_{fe}, und wird in mm/min angegeben. Die Schnitttiefe bzw. Schnittbreite a_p ist die Tiefe bzw. Breite des momentanen Eingriffs des Schneidkeils in mm und wird senkrecht zur Arbeitsebene gemessen. Der Arbeitseingriff a_e bezeichnet den momentanen Eingriff des Schneidkeils in mm, gemessen in der Arbeitsebene und senkrecht zur Vorschubrichtung. Der Vorschubeingriff a_f beschreibt die Eingriffslänge der Schneide in Vorschubrichtung. [KÜH18b, S. 240 f.] Nachfolgende Abbildungen 8 und 9 veranschaulichen die beschriebenen Zusammenhänge.

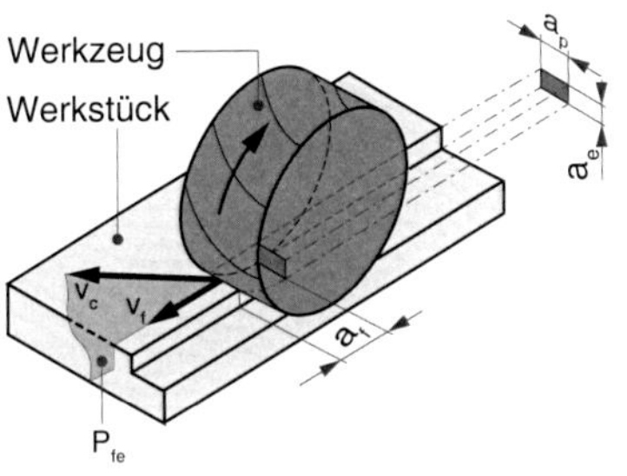

a_p: Schnittbreite — v_c: Schnittgeschw.
a_e: Arbeitseingriff — v_f: Vorschubgeschw.
a_f: Vorschubeingriff — P_{fe}: Arbeitsebene

Abb. 8: Eingriffsgrößen beim Umfangsfräsen und Umfangsschleifen, nach [KÜH18b, S. 240]

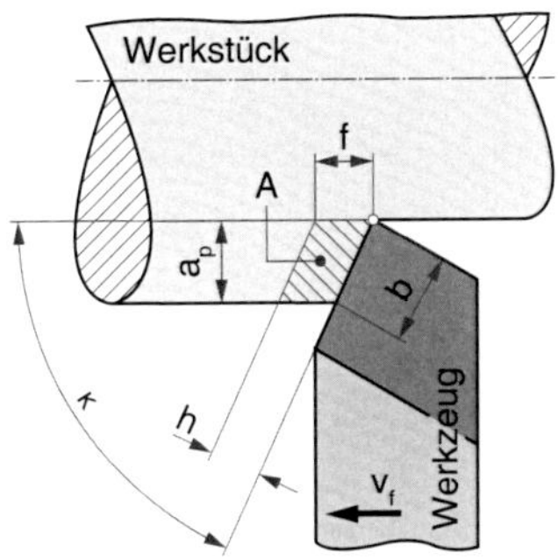

a_p: Schnitttiefe — b: Spanungsbreite
f: Vorschub — A: Spanungsquerschnitt
h: Spanungsdicke — κ: Einstellwinkel

Abb. 9: Eingriffs- und Spanungsgrößen beim Längsdrehen, nach [KÜH18b, S. 240]

Als weitere Spanungsgröße wird der Spanungsquerschnitt A eingeführt. Dieser ist die senkrecht zur Schnittrichtung projizierte Querschnittsfläche eines abzunehmenden Spans [KÜH18b, S. 241] und wird nach Gleichung 2-4 berechnet.

[5] Beim Langdrehen und Plandrehen, Stirnfräsen und Seitenschleifen entspricht a_p der Tiefe des Eingriffs (Schnitttiefe). Beim Einstechen, Räumen, Walzfräsen und Umfangsschleifen entspricht a_p der Breite des Eingriffs (Schnittbreite). [DEG15, S. 26]

$$A = a_\mathrm{p} \cdot f = b \cdot h \tag{2-4}$$

Die Spanungsdicke h kann mit dem Vorschub f und dem Einstellwinkel κ, der zwischen der Hauptschneide und der Vorschubrichtung gebildet wird, wie in Gleichung 2-5 beschrieben, berechnet werden. [HEC10, S. 12; DEG15, S. 29]

$$h = f \cdot sin\kappa \tag{2-5}$$

Als weitere Spanungsgröße dient das Spanungsvolumen V. Unter diesem ist das vom Werkstück abzuspanende Werkstoffvolumen zu verstehen. Dabei kann es auf das Werkstück, den Arbeitsgang oder auf eine Zeiteinheit bezogen werden. [DEG15, S. 31] Durch Bezug auf eine Zeiteinheit ergibt sich eine weitere wichtige Spanungsgröße, das Zeitspanvolumen Q. Dieses beschreibt das auf eine Zeiteinheit bezogene vom Werkstück abzuspanende Werkstoffvolumen [KÜH18b, S. 241]. Bei Verfahren mit zeitlich veränderlichem Vorschubrichtungswinkel, wie dem Fräsen, wird es nach Gleichung 2-6 berechnet [DEN11, S. 6].

$$Q = a_\mathrm{p} \cdot a_\mathrm{e} \cdot v_\mathrm{f} \tag{2-6}$$

Das Zeitspanvolumen eignet sich besonders für den Vergleich der Leistungsfähigkeit von spanenden Fertigungsverfahren in Bezug auf den erzielbaren Materialabtrag je Zeiteinheit [KÜH18b, S. 241].

2.2.2 Zerspankräfte und Schnittleistung

Zur Beschreibung der Zerspanung mit geometrisch bestimmter Schneide ist die Kenntnis über auftretende Zerspankräfte sowie über die Schnittleistung von Bedeutung. Die wesentlichen Zusammenhänge werden nachfolgend beschrieben.

Zerspankräfte

Beim Eindringen in den Werkstoff wird dieser elastisch und plastisch verformt, wodurch der Schneidkeil einen Widerstand erfährt. Dieser muss durch Aufbringen der Zerspankraft F überwunden werden [KLO08, S. 50; DEN11, S. 52]. Die im Prozess auftretenden Zerspankräfte werden dabei von zahlreichen Faktoren beeinflusst, wodurch die Komplexität der Berechnung der Zerspankraft erhöht wird [JIV08, S. 1]. Hierzu zählen der Werkstoff, der Schneidstoff, die Schneidenform, die Schnittparameter und das Zerspanverfahren [ESS06, S. 189].

Darüber hinaus sind die Zerspankräfte für

- die Auslegung der Maschinenantriebe,
- die Gestellauslegung bzw. die Gestellverformungen,
- den Energie- und Leistungsbedarf,
- die elastischen Verformungen von Werkstück und Werkzeug sowie für
- die notwendigen Werkstück- und Werkzeugspannungen

von Bedeutung [DEN11, S. 9]. Zerspankräfte stellen dabei eine der wichtigsten Größen für die Berechnung des Leistungsbedarfs dar [KOE17, S. 144] und werden daher nachfolgend detaillierter betrachtet. Hierzu zeigt nachfolgende Abbildung 10 anhand einer Drehbearbeitung die Komponenten der Zerspankraft für die Zerspanung mit geometrisch bestimmter Schneide.

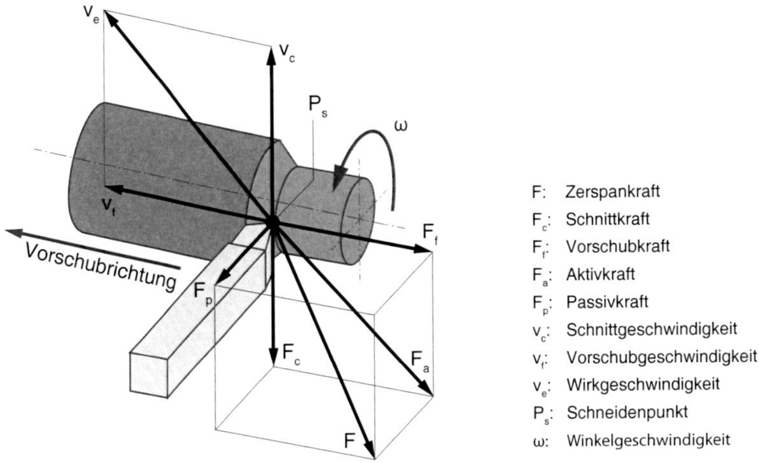

Abb. 10: Komponenten der Zerspankraft, in Anlehnung an [WES10, S. 122]

Wie in Abbildung 10 dargestellt, ergibt sich die Zerspankraft F aus der vektoriellen Addition ihrer senkrecht stehenden Komponenten. Diese sind

- die Schnittkraft F_c, welche in Gegenrichtung zur Schnittgeschwindigkeit v_c zeigt,
- die Vorschubkraft F_f, in Gegenrichtung zur Vorschubgeschwindigkeit v_f und
- die Passivkraft F_p, in Gegenrichtung zur Drehmeißelspitze.

Die Schnittkraft F_c und die Vorschubkraft F_f lassen sich zunächst nach Gleichung 2-7 zur Aktivkraft F_a zusammenfassen.

$$\vec{F_a} = \vec{F_c} + \vec{F_f} \tag{2-7}$$

Die Schnittkraft F_c ist dabei die aufzuwendende Kraftkomponente, um den Span abzuheben und stellt somit die wichtigste Komponente der Zerspankraft dar [DEG15, S. 90 f.]. Die Zerspankraft F kann schließlich durch vektorielle Addition von Aktivkraft F_a und Passivkraft F_p nach Gleichung 2-8 berechnet werden.

$$\vec{F} = \vec{F_a} + \vec{F_p} \tag{2-8}$$

Der Berechnung der Schnittkraft F_c liegt das theoretische und in der wissenschaftlichen Zerspanforschung maßgebende sowie allgemein anerkannte Modell nach Kienzle und Victor [KIE52; KIE57] zugrunde [DEN11, S. 54; DEG15, S. 96 f.].

Der Ansatz zur Berechnung geht von der Beobachtung aus, dass die Arbeit bei der Zerspanung proportional zum Volumen ist, welches pro Zeiteinheit zerspant wird. Folglich ergibt sich aus Gleichung 2-9 die allgemeine Schnittkraftgleichung.

$$F_c = k_c \cdot A \tag{2-9}$$

Dabei wird die Schnittkraft F_c als Produkt aus der sogenannten spezifischen Schnittkraft k_c, welche für jeden Werkstoff experimentell ermittelt werden muss, und dem Spanungsquerschnitt A berechnet. Die spezifische Schnittkraft k_c ist demnach keine Kraft, sondern ent-

spricht der für die Zerspanung eines bestimmten Werkstückvolumens erforderlichen Schnittenergie. [PAU08, S. 12; HEC10, S. 100] Weiterhin ist zu beachten, dass diese nur bei den jeweiligen Schnittbedingungen gültig ist.
Die Berechnung der spezifischen Schnittkraft k_c nach KIENZLE und VICTOR erfolgt durch die Multiplikation des Grundwerts $k_{c1.1}$ mit sieben Korrekturfaktoren und ist in Gleichung 2-10 dargestellt.

$$k_c = k_{c1.1} \cdot f_h \cdot f_\gamma \cdot f_\lambda \cdot f_s \cdot f_v \cdot f_f \cdot f_{st} \quad (2\text{-}10)$$

Der Grundwert $k_{c1.1}$ wird für die Berechnung der spezifischen Schnittkraft k_c immer auf den Spanungsquerschnitt $b \cdot h = 1 \times 1\ mm^2$ bezogen angegeben und kann für unterschiedliche Werkstoffe bestehenden Tabellenwerken entnommen werden [PAU08, S. 20].
Die in Gleichung 2-10 beschriebenen sieben Korrekturfaktoren sind dabei

- der Spanungsdickenfaktor f_h,
- der Spanwinkelfaktor f_γ,
- der Neigungswinkelfaktor f_λ,
- der Schneidstofffaktor f_s,
- der Geschwindigkeitsfaktor f_v,
- der Formfaktor f_f sowie
- der Stumpfungsfaktor f_{st}.[6]

Wichtige Weiterentwicklungen des Modells von KIENZLE und VICTOR werden unter anderem von KÖNIG und ESSEL [KÖN73], ZÄH [ZÄH95] sowie DENKENA und TÖNSHOFF [DEN11] beschrieben und haben dazu geführt, dass durch die Vielzahl von Untersuchungen für unterschiedlichste Bearbeitungsverfahren und Anwendungsfälle Tabellenwerke mit spezifischen Schnittkraftwerten und verfahrensspezifischen Korrekturverfahren existieren [SCH10, S. 11].[7]

Schnittleistung

Als weitere wichtige Größe der Zerspantechnik soll an dieser Stelle die Schnittleistung P_c eingeführt werden. Sie ist die Leistung, die direkt am Werkzeug auftritt [DEG15, S. 106].
Die für eine Zerspanaufgabe erforderlichen Leistungen ergeben sich aus dem Produkt der jeweiligen Geschwindigkeits- und den in ihrer Richtung wirkenden Kraftkomponenten. Somit berechnet sich die Schnittleistung P_c nach Gleichung 2-11. [DEN11, S. 52 f.]

$$P_c = F_c \cdot v_c \quad (2\text{-}11)$$

Neben der Schnittleistung P_c existiert zudem die Vorschubleistung P_f. Da üblicherweise gilt $v_f << v_c$ – also die Vorschubgeschwindigkeit sehr klein gegenüber der Schnittgeschwindigkeit ist – kann die Vorschubleistung in den meisten Fällen vernachlässigt werden [DEN11, S. 53]. Grundsätzlich ist Gleichung 2-11 für die Betrachtung von Fräsprozessen gültig. Hierbei muss jedoch berücksichtigt werden, dass die Spanungsdicke h sowie die momentane Leistung und die momentane Zerspankraft nicht konstant sind. Aus diesem Grund wird mit einer mittleren Spanungsdicke h_m gerechnet, welche sich nach Gleichung 2-12 ermittelt lässt. [DEN11, S. 79 f.]

[6] Die Erläuterungen zu diesen einzelnen Korrekturfaktoren können Anhang A.1.1 sowie einschlägiger Literatur wie [PAU08, S. 23–27] entnommen werden.

[7] Weitergehende Detailzusammenhänge in Bezug auf die Zerspanung mit geometrisch bestimmter Schneide können im Bedarfsfall einschlägigen Grundlagenwerken der Zerspantechnik wie [KLO08; PAU08; DEN11] entnommen werden.

$$h_m = \frac{1}{\varphi_c} \int_{\varphi_E}^{\varphi_A} h_{(\varphi)} d\varphi = \frac{1}{\varphi_c} \cdot f_z sin\kappa \cdot (cos\varphi_E - cos\varphi_A) \tag{2-12}$$

mit
φ_c = Eingriffswinkel
f_z = Vorschub/Zahn
κ = Einstellwinkel

Nach Bestimmung der mittleren Spanungsdicke h_m kann die mittlere Schnittleistung P_{cm} nach Gleichung 2-13 berechnet werden. Hierbei gilt es zu beachten, dass es sich um eine Näherung handelt. Die Mittelung wurde nicht über die spezifische Energie, sondern über die Spanungsdicke durchgeführt. Der durch diese Näherung entstandene Fehler lässt sich jedoch numerisch ermitteln. [DEN11, S. 80]

$$P_{cm} = \frac{1}{\varphi_c} \cdot k_{c1.1} \cdot Q \cdot \left(\frac{h_m}{h_0}\right)^{-m_c} \tag{2-13}$$

mit
Q = Zeitspanvolumen
$-m_c$ = Anstiegswert der spezifischen Schnittkraft $k_{c1.1}$

Da die Schnittleistung direkt am Werkzeug auftritt und sich wie in Gleichung 2-11 dargestellt aus dem Produkt der jeweiligen Geschwindigkeits- und den in ihrer Richtung wirkenden Kraftkomponenten zusammensetzt (die Summe aller Schnittkräfte entspricht dabei der Umfangskraft am Fräswerkzeug [HIR16, S. 24]), kann die mittlere Schnittleistung auch über das Drehmoment an der Frässpindel bzw. einem am Werkzeug gemessenen Torsionsmoment M_t und der Winkelgeschwindigkeit ω ermittelt werden. Dieser Zusammenhang ergibt sich aus nachfolgender Gleichung 2-14 [DEN11, S. 81].

$$M_t = \frac{1}{\omega} \cdot P_{cm} \text{ bzw. } P_{cm} = M_t \cdot \omega \text{ mit } \omega = 2\pi n \tag{2-14}$$

2.2.3 Fräsverfahren und -werkzeuge

Fräsverfahren

Eine Einteilung nach Fertigungsverfahren erfolgt durch die Norm DIN 8580 (Hauptgruppe 3 – Trennen) [DIN03c]. Fräsen ist ein Fertigungsverfahren mit geometrisch bestimmter Schneide, welches die Norm DIN 8589-3 wie folgt definiert:

> „Fräsen ist Spanen mit kreisförmiger, einem meist mehrzahnigen Werkzeug zugeordneter Schnittbewegung und mit senkrecht oder auch schräg zur Drehachse des Werkzeugs verlaufender Vorschubbewegung zur Erzeugung beliebiger Werkstückoberflächen.“ [DIN03b]

Verfahrensmerkmale sind die im Gegensatz zu anderen Fertigungsverfahren, wie dem Drehen oder Bohren, sich stetig verändernden Eingriffsverhältnisse. Hierzu zählen bspw. ein unterbrochener Schnitt sowie die in Abhängigkeit vom Vorschubrichtungswinkel nicht konstante Spanungsdicken. Daraus resultieren Schwankungen in den Schnittkräften. [FRI15, S. 322 f.] Die nachfolgende Abbildung 11 zeigt eine Übersicht aller Fräsverfahren nach der Norm DIN 8589-3.

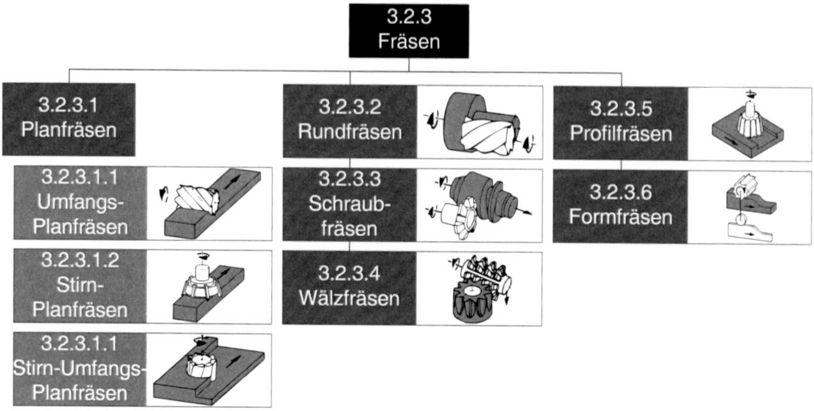

Abb. 11: Einteilung der Fräsverfahren, nach [DIN03b]

Im Fokus der vorliegenden Arbeit steht das Planfräsen mit seinen zugeordneten Fräsverfahren des Stirn-, Umfangs- und Stirn-Umfangsfräsens. Stirnfräsen ist Fräsen, bei dem die an der Stirnseite des Fräswerkzeugs liegenden Nebenschneiden die Werkstückoberfläche erzeugen. Beim Umfangsfräsen erzeugen die am Umfang des Fräswerkzeugs liegenden Hauptschneiden die Werkstückoberfläche. Das Stirn-Umfangsfräsen kombiniert die genannten Fräsverfahren, sodass sowohl die Haupt- als auch die Nebenschneiden die Werkstückoberflächen erzeugen. [PAU08, S. 180][8]

Das Planfräsen dient der Erzeugung ebener bzw. rechtwinklig abgesetzter Flächen und/oder definierter Außenkonturen. Die Vorschubbewegung ist dabei geradlinig und überwiegend senkrecht zur Drehbewegung des Fräswerkzeugs. In Abhängigkeit der zu erzeugenden Flächen bzw. der eingesetzten Schneiden des Fräswerkzeugs wird dabei zwischen den drei genannten Fräsverfahren unterschieden. [DIN03b; DÜR16, S. 151] In der nachfolgenden Abbildung 12 werden die Fräsverfahren Umfangs- und Stirnfräsen gegenübergestellt.

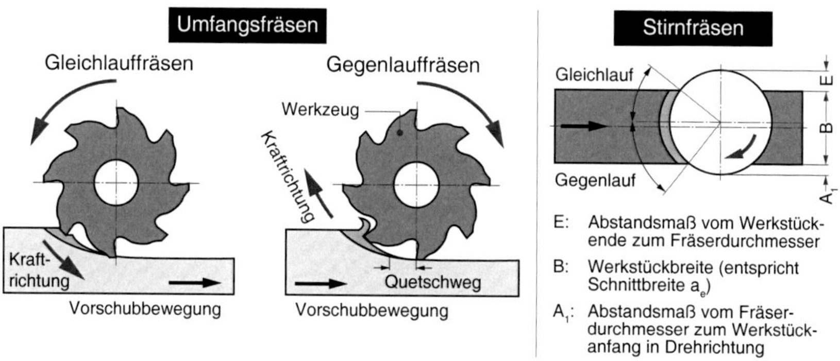

Abb. 12: Gegenüberstellung des Umfangs- und Stirnfräsens, in Anlehnung an [DIE16, S. 209–216]

[8] Weiterführende Informationen zu den an dieser Stelle nicht behandelten Fräsverfahren können existierenden Grundlagenwerken der Zerspantechnik wie [KLO08, S. 426–452; PAU08, S. 180–236; DEN11, S. 15–18] entnommen werden.

Das Umfangsfräsen kann zunächst in Gleich- und Gegenlauffräsen untergliedert werden. Beim Gleichlauffräsen sind die Drehrichtung des Fräswerkzeugs und die Vorschubrichtung des Werkstücks gleichgerichtet. Dementsprechend ist beim Gegenlauffräsen die Drehrichtung des Fräswerkzeugs der Vorschubrichtung des Werkstücks entgegengerichtet. [DIE16, S. 209 f.]

Wird eine Fläche mit dem Stirnfräsenverfahren bearbeitet, arbeitet das Werkzeug nicht nur – wie der Name vermuten lassen würde – mit der Stirnseite, sondern analog dem Umfangsfräsen mit den Umfangsschneiden. Die Stirnschneiden, die als Nebenschneiden wirken, glätten die gefräste Fläche, was zu allgemein hohen Oberflächengüten führt. Beim Stirnfräsen steht die Werkzeugachse senkrecht zu der zu erzeugenden Fläche. Durch das gleichzeitige Vorliegen von Gleich- und Gegenlauffräsen werden zudem Schnittkraftschwankungen weitestgehend ausgeglichen und die Schneiden entlastet, was große Schnittleistungen zulässt. [DIE16, S. 215 f.]

Fräswerkzeuge

Auf dem Markt haben sich unterschiedliche Fräswerkzeugausführungen für die diversen Anwendungen etabliert. Eine Unterteilung der Fräswerkzeuge nach einheitlichen Gesichtspunkten existiert nicht, da die unterschiedlichen Einsatzbereiche bestimmte Anforderungen an die konstruktive Auslegung der Werkzeuge stellen. [FRI15, S. 325; KLO18, S. 215] Diese Anforderungen umfassen [KLO18, S. 215]:

- Mechanische Werkzeugbelastungen (Zerspankräfte)
- Thermische Werkzeugbelastung (Reibungs- und Verformungswärme, Kühlschmierstoff)
- Schnelles Wechseln und sicheres Positionieren der Werkzeugschneide
- Einfaches und schnelles Auswechseln verschlissener Werkzeugteile
- Vielseitige Verwendungsmöglichkeiten
- Herstellkosten und Instandhaltungsaufwand

Aus diesen Anforderungen haben sich zwei Werkzeuggruppen entwickelt. Die Werkzeuge können dementsprechend als

- **Massiv-Werkzeuge** oder als
- **Wendeschneidplatten-Werkzeuge**

ausgeführt sein. Unter Massiv-Werkzeugen werden dabei jene verstanden, bei denen die Schneide und der Schaft aus einem Material hergestellt werden. Dem entgegen bestehen Wendeschneidplatten-Werkzeuge aus einem Schaft, der meist aus einem zäheren und kostengünstigeren Grundmaterial gefertigt wird, und einer Wendeschneidplatte aus einem härteren, verschleißfesteren Material (z. B. Hartmetall, Polykristallines kubisches Bornitrid (cBN)). [KLO18, S. 215]

2.2.4 Schafteckfräser

Schaftwerkzeuge werden bevorzugt für das Fräsen von Nuten, Taschen, Schlitzen und Aussparungen aller Art und Größe sowie für Formflächen verwendet. Dabei können diese als Massiv-Werkzeug oder als Wendeschneidplatten-Werkzeug ausgeführt sein, vgl. Abbildung 13. [KLO18, S. 547–549]

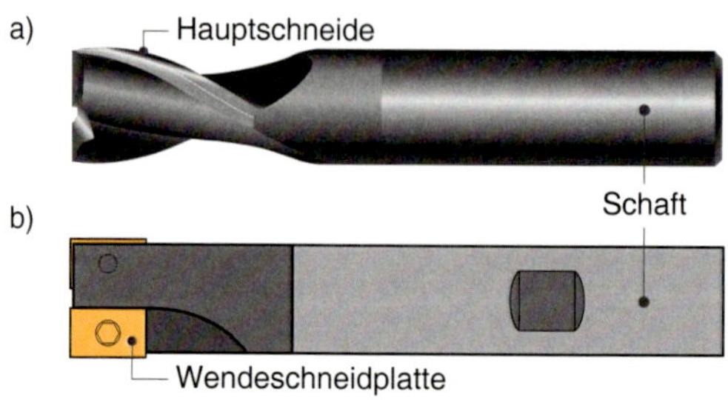

Abb. 13: a) Massiv-Werkzeug, hier: VHM-Schaftfräser (Zweischneider), b) Wendeschneidplatten-Werkzeug

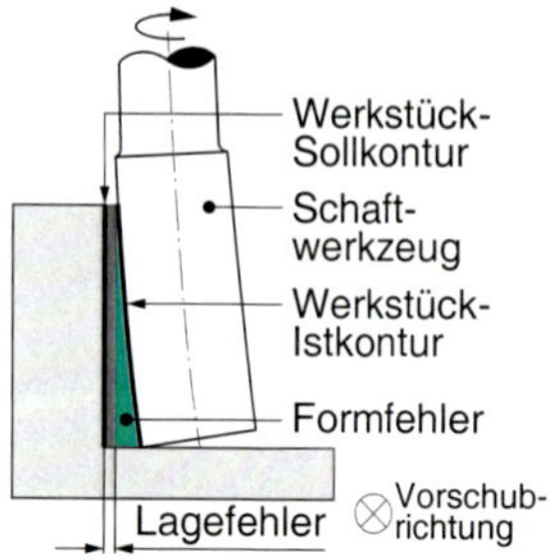

Abb. 14: Abdrängung eines Schaftwerkzeugs beim Spanvorgang, nach [SCH79]

Schaftwerkzeuge zeichnen sich, angepasst an ihren jeweiligen Anwendungsbereich, durch ihre lange, schlanke Form aus. Aufgrund der schlanken Form drängen die beim Fräsen auftretenden Vorschubkräfte den Schaftfräser ab und verbiegen ihn elastisch, vgl. Abbildung 14. [KAM14, S. 418 f.; KLO18, S. 547] Ratterschwingungen sowie das zuvor beschriebene Werkzeugverhalten führen zu Maß- und Formfehlern und verhindern somit die Erzeugung eines geometrisch idealen Profils des Bauteils [HAN83, S. 110].
Ansatzpunkte zur Verbesserung dieser Phänomene sind in der Werkzeug- und Schneidteilgeometrie, den Eingriffsverhältnissen, der Frässtrategie sowie den Schnittbedingungen zu suchen [KLO18, S. 547].
Schaftfräser in der Ausführung als Wendeschneidplatten-Werkzeuge sind aufgrund der bauartbedingten Restriktion hinsichtlich der maximalen Zähnezahl bei einem vorgegebenen Durchmesser sowie dem minimalen Durchmesser erst ab einem Durchmesser von $D = 10$ mm am Markt verfügbar. Wendeschneidplatten-Werkzeuge bieten jedoch einige Vorteile, die in nachfolgender Tabelle 2 aufgeführt werden. [KAM14, S. 420 f.]
Die in der vorliegenden Arbeit fokussierten Schafteckfräser werden für Durchmesser im Bereich von $D \approx 12$ - 40 mm hergestellt und für das gleichzeitige Erzeugen von zwei Planflächen, die in einem rechten Winkel zueinander stehen, verwendet. Für Durchmesser oberhalb $D \approx 40$ mm werden Eckfräser als Aufsteckfräser ausgeführt. Die sich im Eingriff befindliche Schneide der Wendeschneidplatte arbeitet dabei sowohl an der Stirn als auch am Umfang. Die Schafteckfräser können je nach Ausführung mit einer oder mehreren Wendeschneidplatten bestückt sein, deren Geometrie und Schneidstoff auf die jeweilige Bearbeitungsaufgabe abgestimmt sind. Die Befestigung der Wendeschneidplatte im Plattensitz wird für mittlere Belastungen mit einer Schraube ausgeführt. Durch den großen Platzbedarf dieser Befestigungsart ist eine weite Teilung notwendig. Als Schnittstelle zum Spannfutter sind gängige Schäfte – auch mit Innenkühlung – möglich. [KAM14, S. 422 f.]

Tab. 2: Vorteile von Fräswerkzeugen als Wendeschneidplatten-Werkzeuge [KAM14, S. 420 f.]

Vorteil	Kurzbeschreibung
Flexibilität bei der Schneidstoffauswahl	– Schnellarbeitsstahl, Hartmetall, Cermet, Keramik, PCBN, Diamant – Verschiedene Schichtstoffe und Beschichtungsverfahren
Flexibilität bei der Gestaltung der Makrogeometrie	– Form der Schneidkörper: Drei-, vier- und mehreckige sowie runde Wendeschneidplatten – Schneidteilgeometrie: Spanwinkel, Freiwinkel, Eckenradien, Wipergeometrie, Spanformergeometrie
Optimierung der Mikrogeometrie	– Schneidkantenfase, -verrundung, Kombination daraus – Optimierung der Oberflächenbeschaffenheit
Hoher Nutzungsgrad	– (Meistens) Verdoppelung der Schneidenzahl durch beidseitige Nutzbarkeit der Wendeschneidplatten – Schnelle Werkzeugaufbereitung durch Wendeschneidplattenwechsel – Keine Maßkorrektur an der Maschine nach Wendeschneidplattenwechsel erforderlich
Große Freiheitsgrade bei der Fräswerkzeugauslegung	– Radiale, tangentiale und stirnseitige Schneidplattenpositionierung – Mischbestückung mit Schrupp- und Schlichtplatten – Wendeschneidplattenbefestigung mittels Schrauben, Pratzen, Kassetten, Kassetten mit 2D- oder 3D-Einstellbarkeit – Teilung großer Messerköpfe in Schneidenring und Grundkörper – Modularer Fräseraufbau mit Auswechselbarkeit besonders hoch beanspruchter Grundkörpersegmente

2.2.5 Schneidstoffe, Verschleißformen und Standbegriffe

Dieser Unterabschnitt bietet einen kompakten Überblick über gebräuchliche Schneidstoffe, Verschleißformen und Standbegriffe bei Fräswerkzeugen, verzichtet jedoch vor dem Hintergrund der Zielstellung der vorliegenden Arbeit auf tiefgreifende Detailbetrachtungen, wie materialwissenschaftliche Zusammenhänge.

Schneidstoffe

Die bei der Zerspanung zum Einsatz kommenden Schneidstoffe können nach Klocke in die Gruppen *Werkzeugstähle*, *Hartmetalle*, *Schneidkeramiken* und *hochharte Schneidstoffe* eingeteilt werden. In dieser Reihenfolge nehmen sowohl die Härte als auch die Verschleißfestigkeit der Schneidstoffe zu, wohingegen die Biegefestigkeit abnimmt. [KLO18, S. 115] Dabei beeinflusst der Schneidstoff die Werkstückqualität und die Wirtschaftlichkeit des Zerspanvorgangs [WES10, S. 124]. Die nachfolgende Abbildung 15 veranschaulicht diesen Zusammenhang.

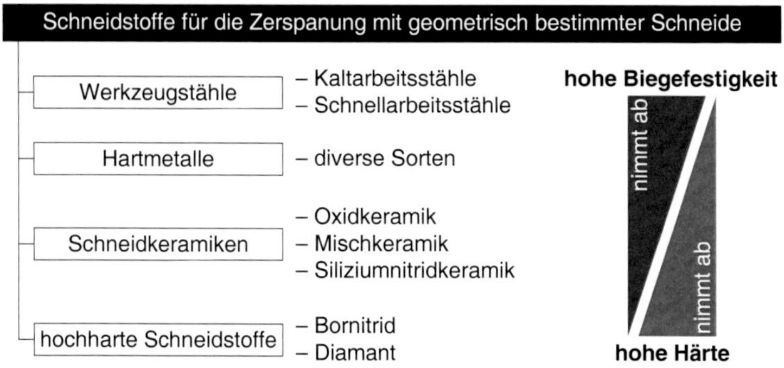

Abb. 15: Einteilung der Schneidstoffe für die Zerspanung, mit geringfügigen Änderungen nach [KLO18, S. 115]

Legierte und unlegierte Kaltarbeitsstähle sind die ältesten Schneidstoffe, die industriell zum Einsatz kamen. Ihre für die Zerspanung wichtigen Eigenschaften, wie die Härte, erhalten sie durch gezielte Wärmebehandlung. [WES10, S. 124] Ihr Einsatz ist jedoch auf niedrige Temperaturen und dadurch auf niedrige Schnittgeschwindigkeiten begrenzt, woraus resultiert, dass heutzutage Kaltarbeitsstähle nur noch selten in der maschinellen Metallbearbeitung verwendet werden. [KLO18, S. 119 f.]
Schnellarbeitsstähle (HSS)[9] enthalten Wolfram-, Chrom-, Molybdän- oder Vanadin-Karbide, wodurch sich ihre Anlassbeständigkeit verbessert und ihre Härte gegenüber Kaltarbeitsstählen erhöht. Als Beispiele für HSS-Werkzeuge können Bohrer, Fräs- und Räumwerkzeuge angeführt werden. [WES10, S. 124]
Hartmetalle sind Sinterwerkstoffe, d. h. pulvermetallurgisch hergestellte Schneidstoffe, aus Wolfram-, Titan-, Tantalkarbid, Kobalt und Nickel [WES10, S. 124; DIE16, S. 47]. Dabei bestimmen die Karbide die Härte und die Verschleißbeständigkeit und der Binder die Zähigkeitseigenschaften [DIE16, S. 47]. Hartmetalle zeichnen sich durch ihre hohe Härte sowie Verschleißfestigkeit aus. Zum Einsatz kommen Hartmetalle v. a. als Schneidplatten bei Dreh-, Fräs-, Hobel- und Räumwerkzeugen. [WES10, S. 124]
Schneidkeramik wird durch Sintern hergestellt. Dabei wird zwischen Keramiken auf Aluminiumoxid-Basis (engl. Bezeichnung „ceramics“) und Mischkeramiken auf Basis von Aluminiumoxid mit relativ hohem Anteil an Metallkarbiden (engl. Bezeichnung „cermets“) unterschieden. [WES10, S. 124] Schneidkeramikwerkzeuge zeichnen sich durch ihre hohe Härte und Verschleißfestigkeit aus [DEN11, S. 185]. Sie sind jedoch sehr spröde und bruchempfindlich. Durch die Verwendung von Schneidkeramiken sind hohe Schnittgeschwindigkeiten möglich. [DIE16, S. 52]
Diamant gehört wie Bornitrid zu den hochharten Schneidstoffen und ist der härteste bekannte Schneidstoff [DEN11, S. 190]. Diamant kann in mono- oder polykristalliner Form vorliegen. Für die Feinbearbeitung mit geringer Schnitttiefe wird monokristalliner Diamant (MKD) verwendet. Für größere Schnitttiefen und Vorschübe kommt polykristalliner Diamant (PKD), als Schichten auf Hartmetallträgern aufgebracht, zum Einsatz. [KÜH18b, S. 256] Verwendung findet dieser Schneidstoff v. a. in der Hochleistungszerspanung von Nichteisenmetallen. [WES10, S. 124]

[9] Die Abkürzung HSS wird vom englischen Begriff „High Speed Steel“ abgeleitet.

Verschleißformen

Schneidstoffe unterliegen beim Zerspanprozess einem sehr komplexen Belastungskollektiv, das durch hohe thermische und mechanische Beanspruchungen gekennzeichnet ist und zudem chemische Reaktionen begünstigt [KLO14, S. 87]. Durch diese hohen Beanspruchungen entsteht an den Werkzeugschneiden Verschleiß, der als fortschreitender Materialverlust an der Oberfläche eines festen Körpers beschrieben werden kann. Mechanische Ursachen – also der Kontakt und die Relativbewegung eines festen, flüssigen oder gasförmigen Gegenkörpers – sind hierfür verantwortlich. Zu den Verschleißursachen zählen Adhäsion, Abrasion, tribochemische Reaktionen und Oberflächenzerrüttung. [KLO18, S. 84] Von diesen Verschleißursachen sind die Verschleißformen zu unterscheiden. Die sich ergebene Wirkungskette ist in nachfolgender Abbildung 16 aufgezeigt, ehe die Verschleißformen beschrieben werden.

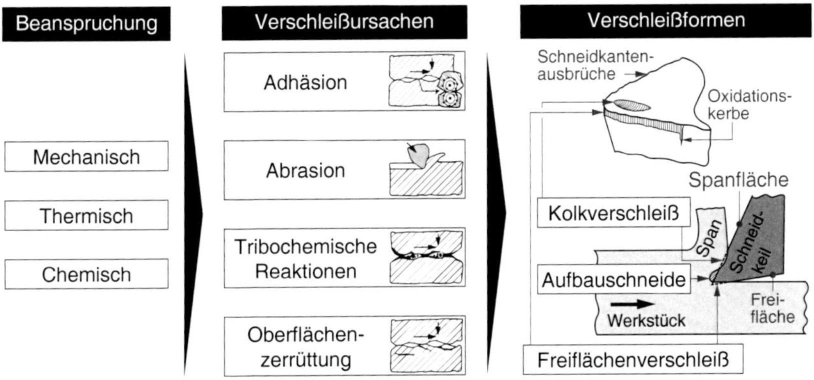

Abb. 16: Beanspruchungen, Verschleißursachen und -formen bei Schneidstoffen, in Anlehnung an [SÖH03, S. 24; DEN11, S. 139; KLO18, S. 84]

In Abbildung 16 sind am Beispiel eines Schneidkeils wichtige Verschleißformen dargestellt. Hierzu zählen der *Freiflächen-* und der *Kolkverschleiß*.

Der Freiflächenverschleiß bildet sich an der Kante von Haupt- und Nebenschneide, bedingt durch die auftretende Reibung. Es bildet sich eine deutlich sichtbare Markierung mit senkrechten Verschleißriefen, der sogenannten Verschleißmarkenbreite VB. [PER00, S. 48] Dabei ist der Freiflächenverschleiß maßgeblich für die zu erreichende Oberflächengüte und Maßgenauigkeit verantwortlich. Als in der industriellen Zerspanung am häufigsten beobachtete Verschleißform wird der Freiflächenverschleiß auch als Standkriterium für das Werkzeug herangezogen. [SÖH03, S. 24]

Eine weitere Verschleißform ist der Kolkverschleiß. Dieser bezeichnet eine muldenförmige Aushöhlung der Spanfläche, verursacht durch das Zusammenwirken von Reibung und Diffusion. Der Kolkverschleiß verändert die Spanablaufrichtung sowie den Spanwinkel γ am Schneidkeil. Beurteilt wird diese Verschleißform durch das sogenannte Kolkverhältnis K, das sich aus dem Quotienten der Kolktiefe KT und dem Kolkmittenabstand KM ergibt.

Standbegriffe

Zur Beurteilung der Verschleißfestigkeit nach technologischen und wirtschaftlichen Gesichtspunkten werden unterschiedliche Standbegriffe herangezogen. Einen Überblick gibt nachfolgende Tabelle 3.

Tab. 3: Zusammenhang der Standbegriffe, nach [PAU08, S. 91]

Standvermögen Werkzeug: Schneidfähigkeit, Schneidhaltigkeit Werkstück/Werkstoff: Zerspanbarkeit		
Standkriterien – Werkzeug: Verschleiß – Werkstück: Oberflächengüte – Prozess: Kraftänderung	**Standbedingungen** – Werkzeug: Form, Schneidstoff, Schneidengeometrie – Werkstück: Gestalt, Werkstoff – Werkzeugmaschine: dynamische und statische Steifigkeit – Prozess: Kinematik, Schneideneingriff – Umgebung: Kühlschmierstoff, thermische Randbedingungen	**Standgrößen** – Werkzeug: Standzeit, Standweg, Standmenge, Standvolumen

Die Norm DIN 6583 definiert das *Standvermögen* als die Fähigkeit eines Wirkpaares, das sich aus Werkzeug und Werkstück zusammensetzt, einen durch seine Randbedingungen definierten Zerspanprozess durchzustehen [DIN81, S. 1]. Das Standvermögen wird durch die Schneidfähigkeit und die Schneidhaltigkeit des Werkzeugs sowie die Zerspanbarkeit des Werkstücks bzw. des Werkstoffs beeinflusst.

Das Standvermögen setzt sich dabei aus den drei Größen *Standkriterien*, *Standbedingungen* und *Standgrößen* zusammen. Die Standkriterien sind festgelegte Grenzwerte für die aus dem Zerspanprozess entstandenen Veränderungen am Werkzeug, am Werkstück oder am Zerspanprozess selbst. Messbare Größen sind bspw. Verschleißgrößen am Werkzeug, z. B. die Verschleißmarkenbreite VB, die Rauheit am bearbeiteten Werkstück und die Schnittkraft im Zerspanprozess. [PAU08, S. 91]

Die Standbedingungen schließen alle wesentlichen beim Zerspanprozess vorliegenden Randbedingungen ein. Als Beispiele sind u. a. der Schneidstoff und die Schneidengeometrie des Werkzeugs, die Gestalt des Werkstücks, die Steifigkeiten der Werkzeugmaschine, die Kinematik des Zerspanprozesses sowie Umgebungsbedingungen zu nennen. [PAU08, S. 91]

Zu den Standgrößen zählen die Standzeit T, der Standweg L_f, die Standmenge N sowie das Standvolumen V_T. Nachfolgende Gleichungen 2-15 - 2-17 zeigen den mathematischen Zusammenhang auf [PAU08, S. 50 f.].

$$L_f = T \cdot v_f \tag{2-15}$$

$$N = \frac{T}{t_h} \tag{2-16}$$

mit

t_h = Schneideneingriffszeit

$$V_T = A \cdot v_c \cdot T \tag{2-17}$$

2.3 Schwingungen an Werkzeugen und Werkzeugmaschinen

2.3.1 Schwingungsphänomene

Bei der spanenden Bearbeitung auf Werkzeugmaschinen treten unterschiedliche Arten von Schwingungen auf. Nebenstehende Abbildung 17, der die Modellvorstellung eines Fräsprozesses mit zwei Freiheitsgraden in der Arbeitsebene zugrunde liegt[10], zeigt einen Zerspanprozess schematisch. Aufgrund der Überlagerung der Nachgiebigkeiten aller im Kraftfluss befindlichen Komponenten, die Werkzeugmaschinenstruktur selbst, das Werkstück inkl. Spannmitteln, die Werkzeugaufnahme sowie das Werkzeug, ist die Relativnachgiebigkeit durch die Federelemente *c* und Dämpferelemente *d* kondensiert abgebildet [BAU14, S. 3].

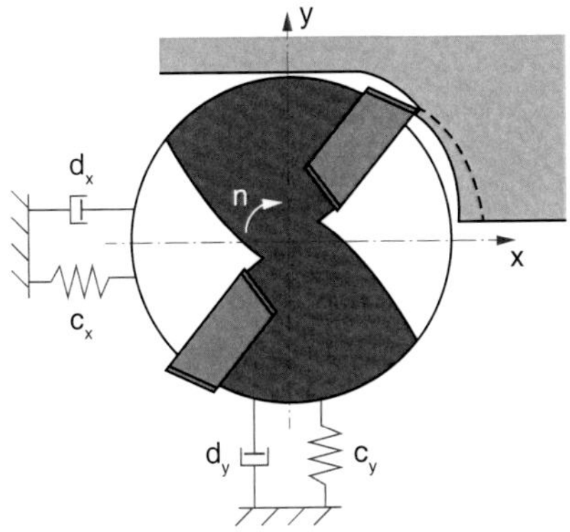

Abb. 17: Schematische Darstellung eines Gegenlauf-Fräsprozesses mit zwei Freiheitsgraden (Hauptspindel-Drehzahl n, Vorschub in x-Richtung), nach [BAU14, S. 4]

Von besonderer Bedeutung sind die auch bei einem ungestörten Zerspanprozess auftretenden Schwingungen, die eine Relativbewegung zwischen Werkstück und Werkzeug hervorrufen. Diese sind der vorgegebenen Sollbewegung – also der Vorschub- und der Schnittbewegung – überlagert, beeinflussen die Fertigungsqualität negativ und können zu Beschädigungen an der Werkzeugmaschine oder am Werkzeug führen. Die beim Zerspanprozess auftretenden Schwingungsphänomene werden grundsätzlich in fremd- und selbsterregte Schwingungen unterteilt. [MIL95, S. 79; WEC06b, S. 201; SCH09, S. 7–13] Eine Einteilung diverser Schwingungsursachen kann Abbildung 18 entnommen werden, ehe diese nachfolgend erläutert werden.

Fremderregte Schwingungen

Fremderregte Schwingungen treten durch eine externe impulsförmige oder periodische Krafteinleitung auf. Mögliche Ursachen einer impulsförmigen Krafteinleitung sind u. a. das *Einschneiden in harte Werkstoffpartikel* oder das *ruckartige Verfahren der Maschinenachsen*. Des Weiteren kann auch eine *Einleitung von Kraftstößen über das Fundament*, z. B. durch eine sich in der Nähe befindlichen Presse, stattfinden. [BAU14, S. 5] Kennzeichnend für eine impulsförmige Anregung ist das exponentielle Abklingen der Schwingungsamplituden des Maschinensystems in seinen Eigenfrequenzen [WEC06b, S. 201].

Ursachen periodischer Krafteinleitung sind bspw. *schadhafte bzw. ungenau gefertigte Maschinenelemente* und dadurch auftretende Unwuchten oder Lagerfehler. Bei dem in der vorliegenden Arbeit betrachteten Fertigungsverfahren Fräsen treten insbesondere durch *Schneideneintrittsstöße beim unterbrochenen Schnitt* erzwungene Schwingungen auf. Ein charakteristisches Merkmal ist hierbei das Schwingen des Maschinensystems in der Anregungsfrequenz. [WEC06b, S. 201]

Besonders große Schwingungsamplituden treten dabei auf, wenn die Anregungsfrequenz in der Nähe oder sogar identisch mit der Eigenfrequenz der Werkzeugmaschine ist [WEC06b,

[10] Werkzeugmaschinen sind in Werkzeugachsrichtung meist weitaus steifer als orthogonal hierzu, weshalb die Nachgiebigkeit in Werkzeugachsrichtung in vielen Modellen vernachlässigt wird [BAU14, S. 3].

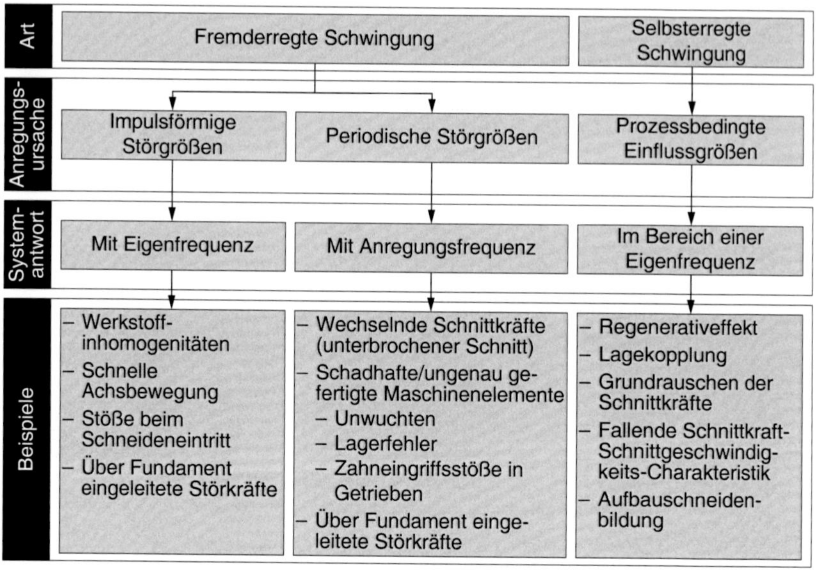

Abb. 18: Schwingungsarten an spanenden Werkzeugmaschinen und deren mögliche Ursachen, in Anlehnung an [WEC06b, S. 201; SIM09, S. 12; WAI12, S. 6]

S. 201]. In diesem Fall sind schon kleinste Störungen ausreichend, um den Zerspanprozess folgenschwer zu beeinträchtigen. Im Umkehrschluss bedeutet dies, dass die Auswirkungen fremderregter Schwingungen durch eine veränderte Anregungsfrequenz – außerhalb der Eigenfrequenz der Werkzeugmaschine – abgeschwächt werden können. [ALT00, S. 72–78; BAU14, S. 5]

Selbsterregte Schwingungen

Selbsterregte Schwingungen werden im Gegensatz zu fremderregten Schwingungen nicht durch externe Störkräfte, sondern durch die dynamische Interaktion des mechanischen Systems mit dem Zerspanprozess bedingt [BAU14, S. 5]. Folglich ist eine Identifikation und Beseitigung der Störquelle deutlich schwieriger als bei fremderregten Schwingungen. Jede Schwingung innerhalb des Gesamtsystems erzeugt eine Relativbewegung zwischen Werkzeug und Werkstück, wodurch Kräfte entstehen, die auf das mechanische System zurückwirken. Verfügt die Werkzeugmaschine nicht über eine ausreichende Eigendämpfung, wachsen die Relativbewegungen zwischen Werkzeug und Werkstück an, was eine Instabilität des Zerspanprozesses zur Folge hat, d. h. die Werkzeugmaschine „rattert". Diese Schwingungen liegen dabei im Bereich der Eigenfrequenzen der Werkzeugmaschine, bei der die geringste dynamische Steifigkeit zwischen Werkzeug und Werkstück vorliegt. [MIL95, S. 101 f.]
Selbst geringe Störungen verursachen eine wellige Oberfläche auf dem bearbeiteten Werkstück. Durch wiederholtes Einschneiden in diese wellige Oberfläche, bspw. beim Drehen nach einer Werkstückumdrehung, entstehen Schwingungen, die als *Regeneratives Rattern* bezeichnet werden. Diese in der Praxis häufigste Ursache für Schwingungen wird in Abbildung 19 a) verdeutlicht. [MIL95, S. 102 f.]

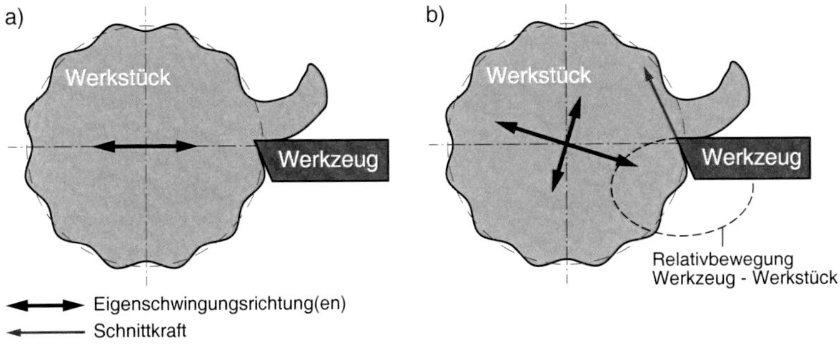

Abb. 19: Modellvorstellungen für die instabile spanende Bearbeitung – a) Regenerativeffekt, b) Lagekopplung, in enger Anlehnung an [MIL95, S. 103]

Das System schwingt dabei im Bereich einer dominierenden Eigenschwingung, was sich als eine periodische Spandickenänderung zeigt [MIL95, S. 103]. Mit diesem Anregungsmechanismus steht auch das *Grundrauschen des Schnittprozesses* in direktem Zusammenhang. Dieses ist als Grenzfall zwischen fremd- und selbsterregter Schwingung anzusehen. Der Anteil der Fremderregung basiert hierbei auf dem Spanbildungsvorgang, der der Selbsterregung ist auf die Folge der durch die Fremderregung erzeugten Oberflächenwelligkeit zurückzuführen. Das erneute Einschneiden in die Oberflächenwelligkeit führt wiederum zur Selbstanregung des Systems in dessen Eigenfrequenz(en). [WEC06b, S. 202 f.; BAU14, S. 6]

Treten beim Zerspanprozess zwei Eigenschwingungsformen auf, die annähernd orthogonal zueinander sind und deren Eigenfrequenzen eng benachbart sind, so können diese miteinander gekoppelt werden. Daraus resultiert eine ebene, geschlossene Bewegungskurve mit einer charakteristischen Umlaufrichtung. Dieser Effekt wird als *Lagekopplung* bezeichnet und ist in Abbildung 19 b) dargestellt. Im Gegensatz zum regenerativen Rattern kann die Lagekopplung bereits beim ersten Einschneiden des Werkzeugs ins Werkstück entstehen. [MIL95, S. 103; BAU14, S. 7]

Weitere Ursachen für selbsterregte Schwingungen sind die *fallende Schnittkraft-Schnittgeschwindigkeits-Charakteristik* und die *Aufbauschneidenbildung*. Aufgrund der heute eher geringen praktischen Bedeutung wird für diese Ursachen auf einschlägige Literatur wie [MIL95, S. 104; ALT00, S. 54–60; WEC06b, S. 202] verwiesen.

2.3.2 Ansätze zur Schwingungsreduktion

Nachdem die Schwingungsursachen und -ausprägungen in Unterabschnitt 2.3.1 erläutert wurden, werden in diesem Unterabschnitt bekannte Möglichkeiten zur Reduzierung von Schwingungen aufgezeigt.

Prozessseitige Ansätze

Ein möglicher Ansatz zur Verbesserung der Stabilität des Zerspanprozesses besteht darin, über die Variation der Prozessparameter Einfluss auf diesen zu nehmen. Hierbei existiert eine Vielzahl an Einflussfaktoren wie Schnittparameter, Werkstoff, Schneidengeometrie, Verschleiß. Ergänzend hierzu ist zu erwähnen, dass durch eine Variation eines dieser Einflussfaktoren immer eine Wechselwirkung mit anderen einhergeht. Somit ist die isolierte Betrachtung eines einzelnen Prozessparameters nur bedingt erfolgversprechend. [MIL95, S. 113] Eine Auswahl bekannter prozessseitiger Ansätze ist im Folgenden kurz erläutert.

Einen Ansatz stellt die *Spindeldrehzahlvariation* dar. Durch eine meist sinus- oder dreiecksförmige Variation der Spindeldrehzahl konnten in diversen Arbeiten, z. B. von AL-REGIB ET AL. [ALR03], zum Teil signifikante Erhöhungen der Grenzschnitttiefen erreicht werden.

Ein gängiger prozessseitiger Ansatz zur Verbesserung der Stabilität des Zerspanprozesses ist die Verwendung von Werkzeugen mit ungleicher Schneidenteilung bzw. variablem Drallwinkel, beschrieben bspw. von WECK ET AL. [WEC06b, S. 356 f.]. Diese Werkzeuge bewirken eine kontinuierliche Änderung des Phasenwinkels zwischen der Oberflächenwelligkeit und der Verlagerung der Schneidkante. Durch diese ständige Phasenmodulation wird der Entwicklung stationärer Ratterschwingungen entgegengewirkt, was eine Erhöhung der Grenzschnitttiefe zulässt. [WEC06b, S. 356]

Einen weiteren Ansatz zur Verbesserung des Schwingungsverhaltens stellt die Variation der Schnittparameter wie Vorschub, Schnittgeschwindigkeit und -tiefe dar. Wie eingangs beschrieben wirkt sich eine Veränderung eines dieser Schnittparameter auf weitere Prozessgrößen aus. Daher ist es notwendig, eine umfassende Optimierung der Prozessparameter anzustreben. Ein geeigneter Algorithmus wurde bspw. von PALANISAMY ET AL. [PAL07] entwickelt.

Strukturseitige Ansätze

Neben den prozessseitigen Ansätzen existieren eine Reihe von an der Werkzeugmaschinenstruktur zu installierenden Zusatzsystemen zur Ratterunterdrückung. Der *Bedarf an extern zugeführter Energie* und die *Anordnung des Zusatzsystems in der Werkzeugmaschinenstruktur* sind hierfür Unterscheidungsmerkmale [MES95, S. 2–4]. Somit kann eine Unterteilung in

- passive Zusatzsysteme ohne Energiezufuhr,
- semi-aktive Zusatzsysteme, deren passive Eigenschaften mittels zugeführter Hilfsenergie geändert werden können, und
- aktive Zusatzsysteme, die durch extern zugeführte Energie Kräfte direkt erzeugen können,

vorgenommen werden. Diese Arten der Zusatzsysteme sind im Folgenden kurz beschrieben.

Passive Zusatzsysteme

Die Steigerung der Dämpfung durch passive Zusatzsysteme basiert auf der Umwandlung von Schwingungsenergie in andere Energieformen, vornehmlich in Wärmeenergie oder in Relativbewegungen zwischen den Körpern. Erreicht wird diese über Koppelmedien an das schwingende System angebundene Zusatzmassen. Nachfolgende Abbildung 20 zeigt verschiedene Grundprinzipien der Dämpfung mit passiven Zusatzsystemen.

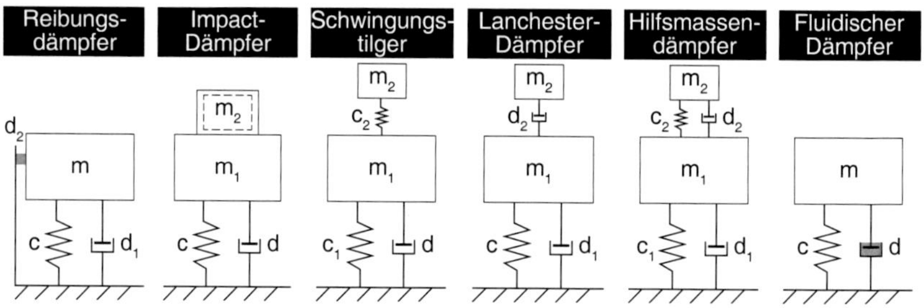

Abb. 20: Passive Zusatzsysteme, nach [WEC06a, S. 62]

Bei *Reibungsdämpfern* wird dem System Schwingungsenergie durch Reibung entzogen. Eine Anpassung der Prozessparameter an den Reibungsdämpfer ist mit Hilfe einer Vibrationsmessung möglich. Als Beispiele können die Schnittschlagdämpfung von Schnellläuferpressen von Weck et al. [WEC01] oder ein Schaftfräser mit in einer zentrischen Bohrung integriertem mehrteiligem mechanischem Dämpfer [KIM06] aufgeführt werden.

Impact-Dämpfer bestehen aus einer Zusatzmasse, die entweder in einem zusätzlichen Gehäuse oder direkt innerhalb der Hauptstruktur an- bzw. eingebracht ist. Durch die Berücksichtigung eines ausreichenden Spiels kann die Zusatzmasse frei schwingen. Die Kollision mit den Grenzen bewirkt ein Zurückhalten der Vibrationen und somit eine Dämpfung. Anwendung findet diese Art eines Zusatzsystems bspw. bei Thomas et al. in Bohrstangen [THO73].

Ein *Schwingungstilger* besteht aus einer Zusatzmasse und einem Federelement. Ziel ist die Reduzierung der Schwingungsamplitude des Systems, jedoch werden durch die Kopplung zweier schwingungsfähiger Massen zwei neue Eigenfrequenzen geschaffen. [SIM09, S. 21]

Lanchester-Dämpfer bestehen aus nicht im Kraftfluss liegende Zusatzmassen, die durch Dämpfungselemente jedoch ohne Federeigenschaften mit der schwingenden Struktur verbunden sind. Aufgrund der fehlenden Steifigkeitskomponente werden durch dieses Zusatzsystem keine weiteren Eigenschwingungen in das System eingebracht. [SIM09, S. 21]

Die Funktionsweise von *Hilfsmassendämpfern* beruht auf der Kopplung einer Zusatzmasse über dämpfend wirkende Materialien (Polymere, Elastomere) an das schwingende System, das Feder- und Dämpfungseigenschaften kombiniert, vgl. Abbildung 20. Kuster hat dieses Zusatzsystem in Bohrstangen [KUS93] und Wang et al. in einem Drehhalter für die Außenbearbeitung beim Drehprozess [WAN10] angewandt.

Die Dämpfung mittels *Fluidischem Dämpfer* wird durch die Verdrängung eines Fluids oder durch Scherkräfte in Fluiden erreicht. Ein auf dem Markt erhältliches Beispiel stellen die „Silent Tools™"-Werkzeuge des Unternehmens Sandvik Coromat dar [SAN16]. Im Inneren der Werkzeuge befindet sich eine über Gummielemente gelagerte Zusatzmasse. Das Volumen zwischen der Zusatzmasse und dem äußerem Mantel ist dabei mit Öl gefüllt.

Semi-aktive Zusatzsysteme

Zur Beseitigung des Nachteils von passiven Zusatzsystemen – die fixe Abstimmung auf einen bestimmten Betriebspunkt – wurden *semi-aktive bzw. adaptiv-passive Zusatzsysteme* entwickelt. Hierbei wird durch von außen zugeführte Hilfsenergie eine Veränderung der passiven Eigenschaften (z. B. Federsteifigkeiten oder Dämpfungskoeffizienten) erreicht. [BAU14, S. 18–21]

Ein Beispiel eines solchen semi-aktiven Zusatzsystems zeigt Abbildung 21 a). Dem adaptiven Hilfsmassendämpfer ist es möglich, den Frequenzbereich anzupassen. Eine weitere Implementierungsmöglichkeit semi-aktiver Zusatzsysteme stellen elektrorheologische oder magnetorheologische Fluide dar. Durch ein angelegtes elektrisches bzw. magnetisches Feld kann die Viskosität dieser Fluide verändert werden. Praktisch umgesetzt haben diese Art des Zusatzsystems Wang und Fei [WAN99; WAN01] zur Schwingungsunterdrückung von Bohrstangen auf Basis elektrorheologischer Fluide sowie Mei et al. mit Hilfe von magnetorheologischen Fluiden [MEI09].

Aktive Zusatzsysteme

Ein aktives Zusatzsystem erfasst die Schwingungen eines Systems mit Hilfe von Sensorik, verarbeitet diese Daten mit einem Regler und reduziert diese mit durch einen Aktor erzeugte

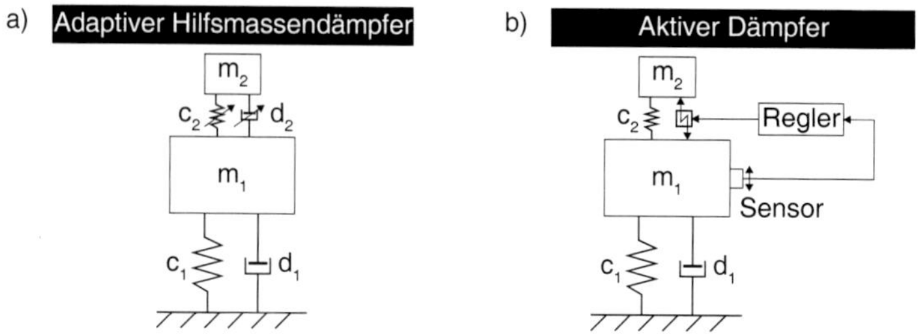

Abb. 21: Semi-aktive und aktive Zusatzsysteme, nach [WEC06a, S. 62; BAU14, S. 14]

Gegenschwingungen. Die aktiv zugeführte Energie kommt stets von extern.
Mit aktiven Zusatzsystemen können große Dämpfungskräfte bei geringen Massen und Baugrößen erzeugt werden. Nachteilig sind jedoch die hohe Komplexität der Auslegung sowie die hohen Kosten der Zusatztechnik. [BAU14, S. 30]
Als Aktoren für aktive Zusatzsysteme sind elektrische und fluidische möglich. Zur Schwingungsreduktion werden jedoch aufgrund der kürzeren Stellzeiten Erstgenannte bevorzugt [WAI12, S. 24]. Ein weiteres Unterscheidungskriterium ist der Angriffspunkt des Aktors. Potentielle Integrationsmöglichkeiten sind im Werkstückhalter bzw. in der -auflage, zwischen Komponenten der Maschinenstruktur sowie in aktiven Spindeln oder Werkzeugen. Im Folgenden wird eine Auswahl bisher entwickelter aktiver Zusatzsysteme beschrieben.
Ein Beispiel eines aktiven Zusatzsystems ist die von Rashid und Nicolescu entwickelte aktive Werkstückauflage. In diese wurden Piezoaktoren integriert und ein adaptiver Regelalgorithmus dafür entwickelt. Dadurch konnte das Vibrationslevel bei der Fräsbearbeitung verringert werden. [RAS06]
Darüber hinaus installierte Waibel ein relativ und ein absolut wirkendes aktives Zusatzsystem auf Basis eines Piezoaktors und auf Basis eines elektrodynamischen Aktors an einer Portalfräsmaschine und entwickelte hierfür eine adaptive Regelungsstrategie. Der Zerspanprozess konnte bei geringer Leistung des aktiven Zusatzsystems stabil und Ratterschwingungen durch höhere Leistung unterdrückt werden. [WAI12]
Die von Åkesson entwickelte Bohrstange ist ein Beispiel für ein aktives Werkzeug. In diese wurde ein Piezostapelaktor integriert. Durch eine analoge und eine adaptive Regelung konnte das dynamische Nachgiebigkeitsverhalten der Bohrstange deutlich verbessert werden. [ÅKE07]
Mittels einer aktiv magnetgelagerten Spindel konnten Chen und Knospe die Schwingungen beim Drehprozess reduzieren. Hierfür wurden drei Kontrollstrategien verfolgt und eine Schwingungsreduktion nachgewiesen. [CHE07]

Verringerung der Resonanznachgiebigkeit

Ein weiterer Ansatz zur Schwingungsreduzierung besteht in der Beeinflussung des Stabilitätsverhaltens von Werkzeugen und Werkzeugmaschinen durch Veränderung der Resonanznachgiebigkeit. Basis der Betrachtung bildet nachfolgende Gleichung 2-18 für den Nachgiebigkeitsfrequenzgang $G(i\omega)$.[11]

[11] Für die Herleitung des Nachgiebigkeitsfrequenzgangs wird bspw. auf [KAL05, S. 22 f.] verwiesen.

$$G(i\omega) = \frac{\frac{1}{c}}{1 + 2iD\frac{\omega}{\omega_n} - (\frac{\omega}{\omega_n})^2} \tag{2-18}$$

mit
c = Federsteifigkeit
D = Lehrsches Dämpfungsmaß = $\frac{d}{2m\omega_n}$
ω = Kreisfrequenz
ω_n = Eigenkreisfrequenz = $\sqrt{\frac{c}{m}}$

Im Resonanzfall $\omega = \omega_n$ ergibt sich durch Einsetzen in Gleichung 2-18 der Betrag der Resonanznachgiebigkeit, beschrieben mit Gleichung 2-19.

$$|G(\omega = \omega_n)| = \frac{\frac{1}{c}}{2D} = \frac{\sqrt{\frac{m}{c}}}{d} \tag{2-19}$$

mit
d = Dämpfungskonstante

Diese zeigt, dass durch eine Verringerung des Masse-zu-Steifigkeit-Verhältnisses oder durch eine Erhöhung der Dämpfung des Systems eine Verringerung der Resonanznachgiebigkeit erreicht werden kann. Es ergibt sich mit der Eigenkreisfrequenz nachfolgende Gleichung 2-20.

$$|G(\omega = \omega_n)| = \frac{1}{d\omega_n} \tag{2-20}$$

Daraus lässt sich schlussfolgern, dass eine Erhöhung der Eigenfrequenz das dynamische Nachgiebigkeitsverhalten des Systems verbessert. Nebenstehende Abbildung 22 beschreibt qualitativ die Veränderung der Kurven bei Variation einer dieser Systemparameter im Amplitudengang.

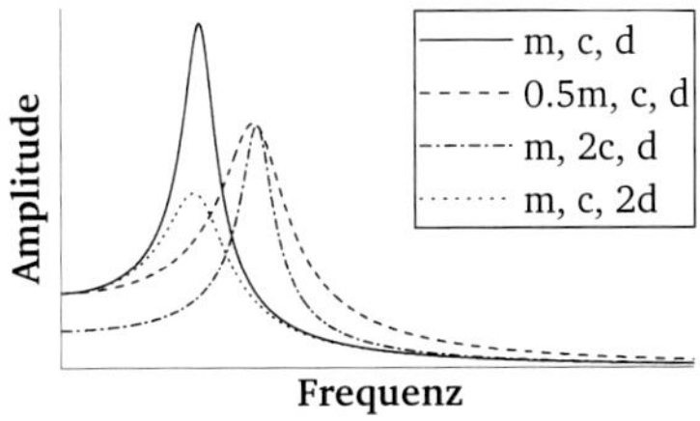

Abb. 22: Amplitudengang bei Variation der Systemparameter

Praktische Umsetzungen dieses Ansatzes finden sich bspw. bei Bohrstangen wieder. WECK und BRECHER zeigen das verbesserte dynamische Verhalten anhand dreier Bohrstangen – einer massiven Stahlbohrstange, einer Bohrstange mit geometrieoptimierter Innenkontur und Aluminiumkopf sowie einer durch einen Kohlenstofffaserverstärkten Kunststoff (CFK)-Schaft und einem Aluminiumkopf optimierten Bohrstange [WEC06b, S. 353 f.].

Zudem verfolgte KUSTER diesen Ansatz. Es wurden zusammengesetzte Bohrstangen aus drei axial verteilten Werkstoffen untersucht. An der Einspannung sollte ein möglichst steifes Material zur Aufnahme der Biegebelastung, im weiteren Verlauf ein leichtes Material zur Erzielung hoher Eigenfrequenzen und zur Aufnahme der Wendeschneidplatten ein hitzebeständiges Material zum Einsatz kommen. Beste Ergebnisse lieferte die Kombination Hartmetall (Materialanteil der relativen Länge: 55 %), CFK (25 %) und Titan (20 %). Der Vollständigkeit halber ist an dieser Stelle noch die Untersuchung des Dämpfungsverhaltens hochdämpfender Beschichtungen erwähnt. Durch beide Varianten konnten Verbesserungen erzielt werden, jedoch nicht in der Höhe herkömmlicher Hilfsmassendämpfer. [KUS93]

2.3.3 Ermittlung von Eigenfrequenzen

Eigenfrequenzen können für isotrope Werkstoffe auf Grundlage der Euler-Bernoulli-Balkentheorie berechnet werden.[12] Da in der vorliegenden Arbeit Innenkerne aus Faserverbundkunststoffen eingesetzt werden und somit anisotrope Werkstoffe vorliegen, ist die genannte Balkentheorie aufgrund der Nichtberücksichtigung von Schubverformungen der Querschnittsebene nicht geeignet. Eine Möglichkeit ist die Berechnung nach der Balkentheorie nach Timoshenko.[13]

Darüber hinaus können Eigenfrequenzen mit Hilfe einer Modalanalyse ermittelt werden. Dieses Verfahren charakterisiert das dynamische Verhalten eines schwingungsfähigen Systems. Prinzipiell sind zwei Arten möglich – eine theoretische und eine experimentelle Modalanalyse, die nachfolgend erläutert werden.

Theoretische Modalanalyse

Bei der theoretischen Modalanalyse ist die Existenz eines realen Bauteils nicht notwendig und ermöglicht so auch schon bei der Auslegung von Bauteilen und Maschinen die Berücksichtigung des dynamischen Verhaltens. Hierzu wird der Betrachtungsgegenstand in eine endliche Anzahl von idealisierten Einzelelementen unterteilt. Eine gängige Methode ist die der Finiten Elemente (FEM) und wird als Diskretisierung bezeichnet. Aus der Bewegungsdifferentialgleichung lässt sich nach der Diskretisierung bei der FEM nachfolgende Matrizengleichung 2-21 ableiten [ZEL18, S. 491].

$$[M]\{\ddot{x}\} + [D]\{\dot{x}\} + [K]\{x\} = \{F(t)\} \tag{2-21}$$

mit

$[M]$	=	Massenmatrix
$\{\ddot{x}\}$	=	Beschleunigungsvektor
$[D]$	=	Dämpfungsmatrix
$\{\dot{x}\}$	=	Geschwindigkeitsvektor
$[K]$	=	Steifigkeitsmatrix
$\{x\}$	=	Verschiebungsvektor
$\{F(t)\}$	=	Lastvektor

Dabei wird vorausgesetzt, dass eine proportionale Dämpfung statt einer allgemeinen viskosen Dämpfung vorliegt[14] und sich die Dämpfungsmatrix als Linearkombination der Massen- und Steifigkeitsmatrizen mit deren Faktoren beschreiben lässt. Mit der Zugrundelegung, dass der Lastvektor aufgrund fehlender äußerer Kraftanregung nullgesetzt werden darf, ergibt sich nachfolgende Gleichung 2-22.[15]

[12] Für die Herleitung der allgemeinen Differentialgleichung der Balkenschwingung wird an dieser Stelle auf [GRO18, S. 236–238] verwiesen.

[13] Für die Erläuterung der Balkentheorie nach Timoshenko wird an dieser Stelle auf [GRO18, S. 245–247] verwiesen.

[14] Für eine Erstauslegung, v. a. für einzelne Bauteile, ist die Annahme einer proportionalen Dämpfung ausreichend [MIL95, S. 93]. Für die Annahme einer nicht proportionalen Dämpfung des Systems wird an dieser Stelle auf [MIL95, S. 92–97] verwiesen.

[15] Dieses Vorgehen ist möglich, da keine transienten Schwingungsberechnungen durchgeführt, sondern lediglich die Eigenfrequenzen errechnet werden.

$$[D] = \alpha[M] + \beta[K] \tag{2-22}$$

Die Eigenkreisfrequenzen lassen sich als numerische Lösung des Eigenwertproblems, dargestellt in nachfolgender Gleichung 2-23, errechnen.

$$([K] - \omega^2[M])\{x\} = \{0\} \tag{2-23}$$

Experimentelle Modalanalyse

Im Gegensatz zur theoretischen Modalanalyse werden bei der experimentellen Modalanalyse die physikalischen Größen *[M]*, *[D]* und *[K]* nicht als gegeben angenommen. Zu deren Ermittlung wird das zu analysierende Objekt durch eine Fremdanregung, bspw. durch einen elektrodynamischen oder hydraulischen Shaker oder durch einen Impulshammer, in Schwingung versetzt und die Strukturantwort mittels Beschleunigungssensoren gemessen. Diese Signale werden anschließend durch eine Schnelle Fourier Transformation (engl. Fast Fourier Transform, FFT) in den Frequenzbereich überführt. Die Eigenfrequenzen des Systems können aus diesem Signal gewonnen werden, da die Übertragungsrate im Resonanzfall deutlich höher ist als bei anderen Frequenzen. Für die Beschreibung der praktischen Anwendbarkeit dieses Verfahrens wird auf den Unterabschnitt 7.1.1 dieser Arbeit verwiesen.

2.4 Faserverbundkunststoffe

2.4.1 Ausgangsmaterialien und Laminataufbau

Als Faserverbundkunststoffe (FVK) werden Werkstoffe bezeichnet, die aus *Fasern*, einem *Matrixwerkstoff* sowie einer *Grenzschicht* bestehen, vgl. Abbildung 25 (Mikroebene). In einem solchen Verbundwerkstoff übertragen die Fasern mit ihrer hohen Steifigkeit und Festigkeit die Lasten und bilden somit die Verstärkungskomponente ab. Der Matrixwerkstoff, generell ein duroplastischer oder thermoplastischer Kunststoff, ist im Wesentlichen für den Schutz der Fasern vor Umgebungseinflüssen sowie für die Form des Bauteils verantwortlich. [EHR06, S. 50; KAR14, S. 31]
Ein entscheidender Faktor, der die Eigenschaften des Verbunds beeinflusst, ist die Faseranordnung. Nachfolgende Abbildung 23 veranschaulicht mögliche Faseranordnungen, wobei a) ein dreidimensionales Gewebe, b) gleichgerichtete Fasern und c) lange ungerichtet angeordnete Fasern darstellt. [HEN11a, S. 341]

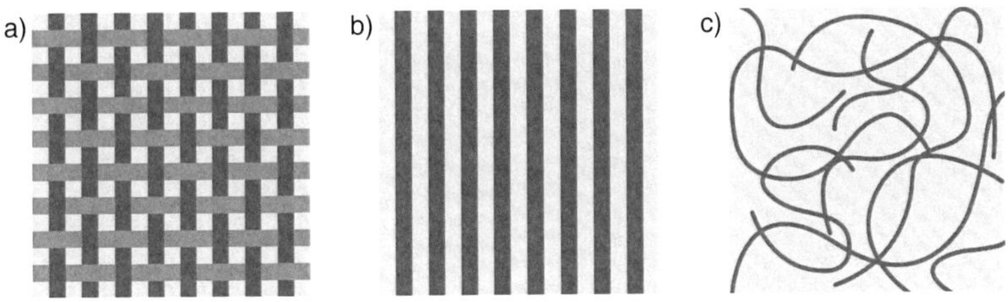

Abb. 23: Ausgewählte Möglichkeiten der Faseranordnung, nach [HEN11a, S. 341]

Aufgrund des anisotropen Aufbaus des Faserverbundwerkstoffs besteht eine Abhängigkeit des Winkels zwischen Faser und Zugrichtung. Die herausragenden Festigkeitseigenschaften besitzt die Faser nur in Faserrichtung. Aus diesem Grund sollte das FVK-Bauteil möglichst immer in Faserrichtung belastet werden, um die Vorteile des Faserverbundwerkstoffs bestmöglich auszunutzen. Eine belastungsgerechte Auslegung hat bei der Konstruktion eines FVK-Bauteils dementsprechend höchste Priorität. Die Abhängigkeit der Festigkeit von der Faserorientierung und der Belastungsrichtung ist in nebenstehender Abbildung 24 dargestellt.

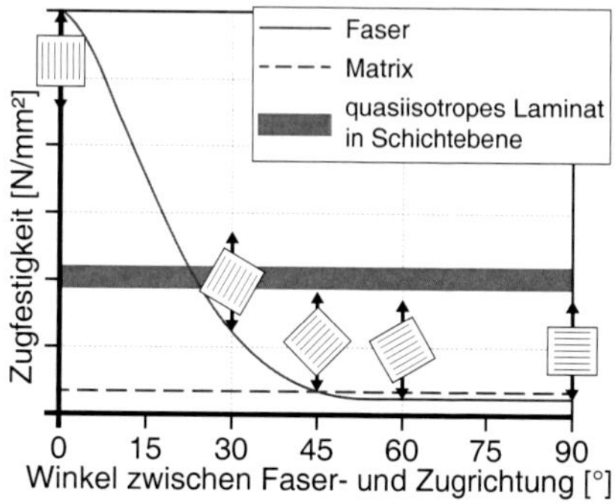

Abb. 24: Winkelabhängigkeit der Zugfestigkeit zwischen Faser- und Zugrichtung, in Anlehnung an [ASK96, S. 518; EHR06, S. 8]

Durch eine gezielte Kombination einzelner Faserlagen mit unterschiedlichen Faserorientierungen, vgl. Abbildung 25 (Makroebene), können FVK-Bauteile auf entsprechende Belastungen ausgelegt werden. Verlaufen dabei die Fasern ausschließlich in eine Richtung, liegt ein unidirektionales (UD) Laminat vor. Werden die Fasern in verschiedenen Richtungen angeordnet, kann das Laminat quasi-isotrop bzw. multidirektional sein. Der Laminataufbau sollte dabei immer symmetrisch erfolgen, um gleiche Verformungseigenschaften der einzelnen Faserlagen zu erreichen. [ASK96, S. 517; EHR06, S. 8 f.; HEL10, S. 205–209]

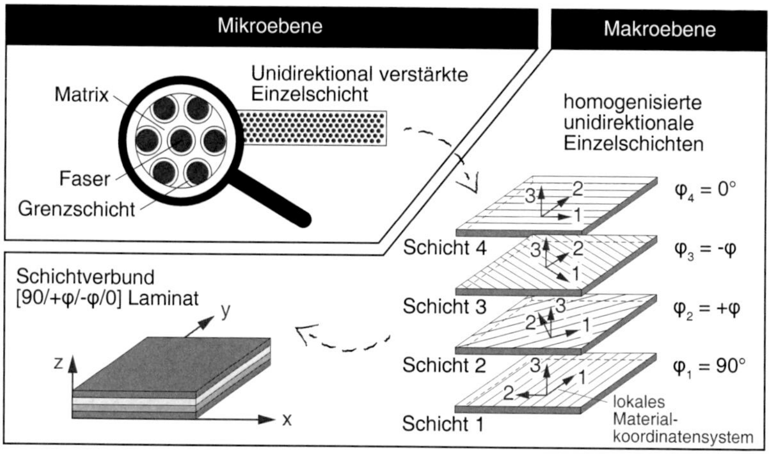

Abb. 25: Laminat aus unterschiedlich orientierten, unidirektionalen Einzelschichten, nach [HÖR02, S. 9]

Fasern

Zur Verstärkung stehen eine Vielzahl unterschiedlicher Fasern aus diversen Materialien zur Verfügung. Die wichtigsten Verstärkungsfasern im Bereich der Faserverbundkunststoffe sind Glas-, Kohlenstoff- und Aramidfasern. Die Fasern können dabei in unterschiedlichen Formen, z. B. Einzelfasern (endlos), Geweben, Matten, Rovings, Vliese oder Kurzfasern, vorliegen.

[FRE11, S. 62 f.; ROO17, S. 322] Nachfolgend werden die genannten Verstärkungsfasern beschrieben.[16]

Glasfaser
Glasfasern sind anorganische Fasern, deren relativ hohe Festigkeiten und E-Modulwerte auf den starken kovalenten Bindungen zwischen Silizium und Sauerstoff im dreidimensionalen Netzwerk des Glases beruhen. Zusätzlich beeinflussen eingesetzte Metalloxide die Netzwerkstruktur und Stärke der einzelnen Bindungen. Aufgrund ihrer amorphen Struktur besitzen Glasfasern isotrope Eigenschaften, was sie von Kohlenstoff- und Aramidfasern unterscheidet. [EHR06, S. 19; SCH07, S. 27]
Nachfolgend sind charakteristische mechanische Eigenschaften der Glasfasern aufgeführt [EHR06, S. 29 f.; SCH07, S. 28].

- Isotrop, d. h. die Werkstoffkennwerte in sind gleich denen quer zur Faserrichtung
- Sehr hohe Längs-Zug- sowie hohe Längs-Druckfestigkeit
- Hohe Bruchdehnung (Dehnung um ca. $3\ \%$ bis zum Bruch)
- Ausgezeichnete elektrische und thermische Isolationsfähigkeit
- Vollkommene Unbrennbarkeit
- Sehr geringe Feuchtigkeitsaufnahme
- Gute chemische und mikrobiologische Widerstandsfähigkeit

Kohlenstofffaser
Kohlenstofffasern sind industriell aus organischen Kohlenstoffverbindungen pyrolytisch erzeugte Materialien. Als Ausgangsmaterialien werden überwiegend Polyacrylnitril (PAN)-Varianten verwendet. [FRE11, S. 73; KAR14, S. 36] Diese werden zudem je nach Festigkeits- und Steifigkeitsspektrum klassifiziert und hinsichtlich ihrer Eigenschaftsgrenzen in HT (hochfest; engl.: high tenacity), IM (mittelsteif; engl.: intermediate modulus), HM (hochsteif; engl.: high modulus) und UHM (ultrasteif; engl.: ultra high modulus) eingeordnet. [EHR06, S. 38]
Nachfolgend sind charakteristische mechanische Eigenschaften der Kohlenstofffasern aufgeführt [EHR06, S. 41 f.; SCH07, S. 39 f.].

- Sehr leicht, die Dichte ($\rho \approx 1,8\ g/cm^3$) liegt deutlich unter derjenigen von Glasfasern ($\rho \approx 2,5\ g/cm^3$)
- Extrem hohe Festigkeiten und sehr hohe Elastizitätsmoduln
- Außerordentlich korrosionsbeständig sowie in großem Umfang beständig gegen die meisten Säuren und Alkalien
- Gut elektrisch und thermisch leitend
- Stark anisotrop (im Gegensatz zu Glasfasern)
- Fast dauerschwingfest; sehr gute Ermüdungsfestigkeit

Aramidfaser
Aramidfasern sind chemisch hergestellte Fasern aus synthetischen Polymeren, die aus aromatischem Langketten-Polyamid aufgebaut sind. Definitionsgemäß sind dabei mindestens 85 % des Masseanteils direkt mit zwei aromatischen Ringen verknüpft. [FRE11, S. 83; KAR14, S. 38] Diese Ringe verleihen den Aramidfasern eine hohe Steifigkeit [EHR06, S. 31].
Nachfolgend sind charakteristische mechanische Eigenschaften der Aramidfasern aufgeführt [EHR06, S. 33 f.; SCH07, S. 43 f.].

[16] Für Kennwerte der häufigsten Verstärkungsfasern wird auf einschlägige Literatur wie [KAR14, S. 32] verwiesen. Es wird darauf hingewiesen, dass diese als Richtwerte anzusehen sind.

- Sehr leichte Verstärkungsfaser (ρ = $1,45\ g/cm^3$; kleiner als die der Kohlenstofffaser und deutlich kleiner als die der Glasfaser)
- Stark anisotrop, d. h. die Werkstoffeigenschaften in Faserrichtung unterscheiden sich von denen quer zur Faser
- Zugfestigkeiten höher als die der Glasfaser, der Elastizitätsmodul ist nahezu doppelt so hoch, sehr gute Ermüdungsfestigkeit (größer als die der Glasfaser); Werte nur in Faserrichtung gültig (Anisotropie)
- In Faserrichtung sehr hohe Druckempfindlichkeit
- Neigung zur Feuchtigkeitsaufnahme (bis $7\ \%$)
- Dämpfung ist um eine Größenordnung höher als bei Glas- und Kohlenstofffasern

Matrixwerkstoff

Als Matrixwerkstoff eignen sich prinzipiell organische Kunststoffe, Metalle oder keramische Werkstoffe. Aufgrund der einfachen Verarbeitbarkeit ist die Verwendung von Kunststoffen als Matrixwerkstoff weit verbreitet. [ROO17, S. 323] Diese unterteilen sich in Duroplaste und Thermoplaste, wobei beide Vor- und Nachteile hinsichtlich der Verarbeitung, Eigenschaften und Anwendungen aufweisen [KAR14, S. 42]. Allgemein werden im Leichtbau häufig Duroplaste verwendet [KRA18, S. 503]. Typische Vertreter von diesen Matrixwerkstoffen sind Epoxidharze (EP), ungesättigte Polyesterharze (UP) sowie Vinylesterharze (VE) [KAR14, S. 42].[17]

In einem Faserverbundkunststoff hat die Matrix die Aufgabe Kräfte in die Fasern ein- und sie von Faser zu Faser überzuleiten sowie die geometrische Lage der Fasern und die äußere Gestalt des Bauteils zu sichern. Darüber hinaus bietet die Matrix den Fasern Schutz vor Umgebungseinflüssen. [EHR06, S. 50; HEN11a, S. 341; ROO17, S. 324] Die Haftung zwischen Matrix und Faser entsteht in Abhängigkeit der Werkstoffkombination durch unterschiedliche Anteile an mechanischer, chemischer und physikalischer Adhäsion. Ziel bei der Herstellung eines Faserverbundkunststoffs ist deshalb eine vollständige Benetzung der Faser mit der Matrix. [HEN11a, S. 341]

Grenzschicht

Entscheidend für die Verstärkungswirkung und somit für die Qualität eines Faserverbundwerkstoffs ist neben der Leistungsfähigkeit der Faser und der Matrix die Grenzschicht zwischen beiden Phasen [EHR06, S. 50; HEN11a, S. 341]. Diese Grenzschicht stellt die Anbindung zwischen Fasern und Matrix dar und sorgt bei polymeren Faserverbundwerkstoffen für die Einleitung der Kräfte in die Fasern. Hierfür ist eine gute Haftung in der Grenzfläche zwischen Fasern und Matrix erforderlich. Aufgrund der geringen chemischen Ähnlichkeit der meisten Kunststoffe mit den Fasern werden Haftvermittler eingesetzt. Da dieser Haftvermittler eine zusätzliche Schicht zwischen Faseroberfläche und Matrix darstellt, wird diese als Grenzschicht (oder Interphase) bezeichnet. [EHR06, S. 96] In der Regel sind diese Haftvermittler auf das Matrixsystem abgestimmt, sodass eine verbesserte physikalische und gegebenenfalls auch chemische Bindung zwischen Faser und Matrix realisiert werden kann [EHR06, S. 50]. Allgemein gilt, dass die Festigkeit des Faserverbundwerkstoffs mit besserer Haftung zwischen Faser und Matrix zunimmt [ROO17, S. 327].

[17] Für Kennwerte typischer duroplastischer Matrixwerkstoffe wird auf einschlägige Literatur wie [KAR14, S. 42] verwiesen.

2.4.2 Mechanische Eigenschaften

In diesem Unterabschnitt wird exemplarisch für viele andere mechanische Eigenschaften der Elastizitätsmodul (E-Modul) für unidirektionale Faserverbundwerkstoffe erläutert. Auch dieser ist abhängig von den Werkstoffkomponenten und den Faserorientierungen. Für ein tiefer greifendes Studium der mechanischen Eigenschaften von Faserverbundwerkstoffen wird auf einschlägige Literatur wie [ASK96, S. 511–516; EHR06, S. 103–106; SCH07, S. 185–204; BON09, S. 90–96] verwiesen.
Der E-Modul für unidirektionale Faserverbunde soll anhand der beiden einfachsten Belastungsfälle *Zugbelastung parallel zur Faserrichtung* (Spannungszustand 1) und *Zugbelastung senkrecht zur Faserrichtung* (Spannungszustand 2) in nachfolgender Abbildung 26 veranschaulicht werden.

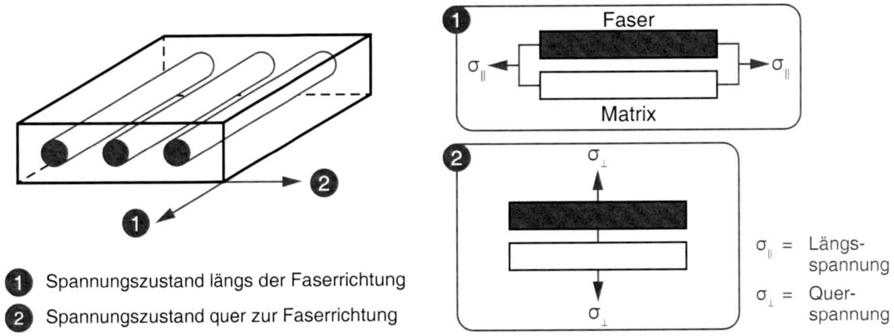

Abb. 26: Spannungszustände eines unidirektionalen Faser/Matrix-Verbunds und der Einzelkomponenten, nach [BON09, S. 90]

Bei einer Zugbelastung eines Faserverbunds in Längsrichtung der Faser wird angenommen, dass die Dehnungen der Fasern ε_f und der Matrix ε_m gleich der Dehnung des Faserverbunds $\varepsilon_{||}$ sind, vgl. nachfolgende Gleichung 2-24 [SCH07, S. 190].

$$\varepsilon_f = \varepsilon_m = \varepsilon_{||} \qquad (2\text{-}24)$$

Somit verteilt sich die am Faserverbund anliegende Gesamtspannung auf die Einzelkomponenten in Abhängigkeit ihres Volumenanteils (φ = Faservolumengehalt), vgl. Gleichung 2-25 [BON09, S. 91].

$$\sigma_{||} = \sigma_f \cdot \varphi + \sigma_m \cdot (1 - \varphi) \qquad (2\text{-}25)$$

mit

σ_f = Spannung der Faser

σ_m = Spannung der Matrix

Unter Vernachlässigung unterschiedlicher Querdehnverhalten – also bei gleicher Querkontraktionszahlen[18] von Faser und Matrix ($\nu_f = \nu_m$) – findet das Hookesche Gesetz Anwendung, vgl. nachfolgende Gleichungen 2-26 und 2-27 [SCH07, S. 190; BON09, S. 91].

[18] Eine elastische Verformung durch eine angelegte Zugspannung hat eine Kontraktion senkrecht zur Ausdehnung zur Folge. Dieser Effekt wird durch die Querkontraktionszahl (auch Poissonzahl genannt) ν beschrieben [BON09, S. 92 f.]: $\nu = -\frac{\varepsilon_\perp}{\varepsilon_{||}}$

$$\sigma_f = E_{f\parallel} \cdot \varepsilon_f \qquad (2\text{-}26)$$

$$\sigma_m = E_m \cdot \varepsilon_m \qquad (2\text{-}27)$$

mit

$E_{f\parallel}$ = Elastizitätsmodul längs der Faserrichtung

E_m = Elastizitätsmodul der Matrix

Somit kann der E-Modul eines unidirektionalen Faserverbunds mit kontinuierlichen Fasern parallel zur Faserrichtung des Faserverbunds $E_\parallel$ in Abhängigkeit der E-Moduln der Werkstoffkomponenten ($E_{f\parallel}$ und E_m) und des Faservolumengehalts φ mit nachfolgender Gleichung 2-28 beschrieben werden [SCH07, S. 189–191; BON09, S. 91].

$$E_\parallel = E_{f\parallel} \cdot \varphi + E_m \cdot (1 - \varphi) \qquad (2\text{-}28)$$

Bei analogem Vorgehen für den E-Modul eines unidirektionalen Faserverbundes mit kontinuierlichen Fasern senkrecht $E_\perp$ zur Faserrichtung in Abhängigkeit der E-Moduln der Werkstoffkomponenten ($E_{f\perp}$ und E_m) und des Faservolumengehalts φ ergibt sich folgender Zusammenhang, vgl. Gleichung 2-29 [SCH07, S. 193–196; BON09, S. 91].

$$E_\perp = \frac{E_{f\perp} \cdot E_m}{E_m \cdot \varphi + E_{f\perp} \cdot (1 - \varphi)} \qquad (2\text{-}29)$$

mit

$E_{f\perp}$ = Elastizitätsmodul quer zur Faserrichtung

2.4.3 Verfahren zur Fertigung endlosfaserverstärkter Duromerbauteile

Bedingt durch die Anisotropie des Werkstoffs hat das Fertigungsverfahren von Faserverbundkunststoffen einen großen Einfluss auf die Eigenschaften des gefertigten Bauteils. Die Fertigungsverfahren unterscheiden sich v. a. durch den verwendeten Matrixwerkstoff (z. B. duro- oder thermoplastische Matrix) und der Faserart (Kurz-, Lang-, Endlosfasern) [HEN11b, S. 606].

Funktionsbauteile aus FVK werden überwiegend aus endlosfaserverstärkten Kunststoffen mit duroplastischer Matrix hergestellt [ELL15, S. 14]. Nachfolgende Tabelle 4 stellt einen Auszug aus gängigen Fertigungsverfahren dar.

Tab. 4: Gängige Fertigungsverfahren von Funktionsbauteilen aus FVK, in Anlehnung an [LEN15, S. 7]

Verfahren	Prinzipskizze	Bauteil-qualität	Faservolumen-anteil	Investitions-kosten
Hand-laminieren	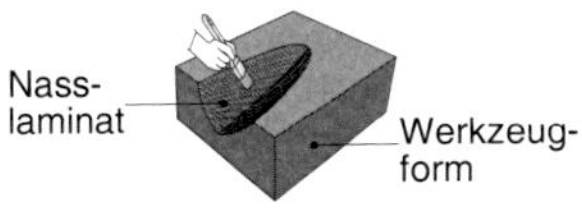	gering	35 %	gering
Prepreg/ Autoklav	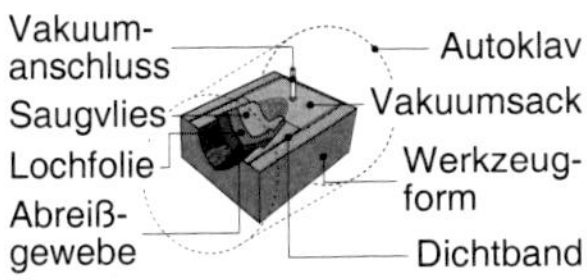	sehr hoch	60 %	hoch
Harz-injektion	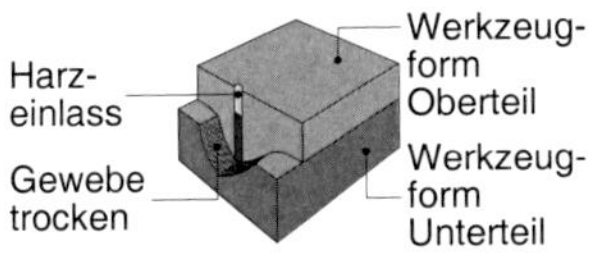	hoch	60 %	hoch
Pultrusion	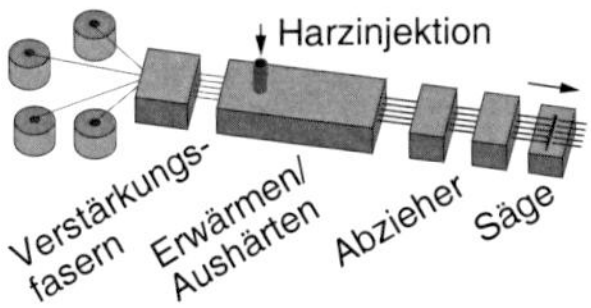	sehr hoch	bis zu 80 %	sehr hoch
Faser-wickeln	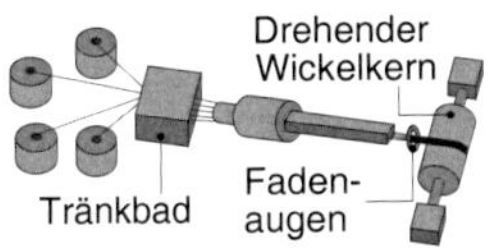	sehr hoch	40 - 70 %	sehr hoch

Das älteste Fertigungsverfahren für Bauteile aus Faserverbundkunststoffen ist das *Handlaminieren*. Standardmäßig werden dabei trockene Faserhalbzeuge manuell mit einer flüssigen Duromermatrix (Harz/Härter-Gemisch) schichtweise in einem meist einschaligen Werkzeug imprägniert. Es folgt eine Anhärtung (bis zu 24 Stunden) bei Raumtemperatur sowie ein definierter Temperaturprozess, bei dem das Bauteil nochmals mehrere Stunden (4 - 15 Stunden) einer höheren Temperatur (gängig 60 - 80 °C) ausgesetzt wird, um die Aushärtung der Duroplaste zu verbessern. Hintergrund ist die Sicherstellung der mechanischen Eigenschaften des Bauteils. [HEN11b, S. 625]

Ein bedeutendes Fertigungsverfahren für Strukturen aus Hochleistungsfaserverbunden, v. a. für den zivilen Luftfahrtbereich, ist die *Prepreg-Technologie*. Die Bezeichnung stammt aus dem englischen „preimpregnated" und beschreibt flächige textile Faserstrukturen, die in einem vorgeschalteten Prozess mit einer Matrix (Harz/Härter-Gemisch) imprägniert wurden und als Halbzeug verfügbar sind. [HEN11b, S. 630] Bei der Prepreg-Technologie werden die vorimprägnierten Halbzeuge manuell oder automatisiert in einer Werkzeugform angelegt. Der Aushärteprozess erfolgt üblicherweise im Umluftofen oder im Autoklav. Letztgenannter erlaubt die Herstellung qualitativ hochwertiger Bauteile unter reproduzierbaren Fertigungsbedingungen, ist jedoch auch eines der teuersten Fertigungsverfahren. Hierzu wird die belegte

Werkzeugform in einem Vakuumsack mit weiteren Hilfsmitteln (z. B. Abreißgewebe, gelochte Trennfolie etc.) gepackt und bei erhöhter Temperatur (100 - 180 °C), angelegtem Vakuum und zusätzlichem Druck (6 - 8 bar) im Autoklav ausgehärtet. [EHR06, S. 166]

Als *Harzinjektionsverfahren* werden Flüssigharz-Imprägnierverfahren bezeichnet, bei denen trockene textile Faserverstärkungen in eine zwei- oder mehrteilige Werkzeugform eingelegt werden und ein niederviskoses Harz mit Überdruck (max. 5 bar) in die Kavität injiziert und ausgehärtet wird [EHR06, S. 166; HEN11b, S. 645 f.; MIT14, S. 366]. Bekanntester Vertreter dieser Gruppe von Fertigungsverfahren ist das sogenannte Resin Transfer Moulding (RTM)-Verfahren.

Die *Pultrusion* – auch als Strangziehverfahren bekannt – ist ein kontinuierliches und somit großserientaugliches Verfahren zur Herstellung von faserverstärkten Kunststoffendlosprofilen [KAL12, S. 86]. Dieses Fertigungsverfahren bietet eine hohe Qualität und Reproduzierbarkeit sowie eine geringe Abfallrate und hohe Produktivität. Dabei werden Verstärkungsfasern mit einer Duromermatrix imprägniert, durch ein formgebendes Werkzeug gezogen und ausgehärtet. Die Orientierung der Fasern ist dabei im Wesentlichen auf die Längsrichtung beschränkt. [HEN11a, S. 317; SCH14b, S. 657 f.] In den vergangenen Jahren haben sich darüber hinaus Verfahrenskombinationen entwickelt, welche Defizite einzelner Verfahren ausgleichen. Zu nennen sind das *Pullwinding*, welches eine Kombination aus Pultrusion und Faserwickeln darstellt, und das *Pull-Braiding-Verfahren*, das die Pultrusion und die Flechttechnik kombiniert [HEN11a, S. 659; SCH14b, S. 322].

Beim *Faserwickeln* werden die zuvor in einem Tränkbad mit einem Matrixwerkstoff imprägnierten Endlosfaserstränge (Rovings) auf einen rotationssymmetrischen Wickelkern (Mandrel) in einem definierten Pfad abgelegt. Die Geometrie der entstehenden Bauteile wird dabei durch den Mandrel bestimmt. [HEN11b, S. 660; SCH14a, S. 326] Das Faserwickeln eignet sich für vollautomatisierte Fertigungszellen [ROL12, S. 41] und bietet daher eine hohe Produktivität. Moderne Wickelanlagen können bspw. bis zu 300.000 Druckbehälter pro Jahr vollautomatisch herstellen [AVK14, S. 362]. Entscheidende Merkmale sind die Bauart sowie die Anzahl an mechanischen und elektrischen Achsen. Das Spektrum erstreckt sich von zweiachsigen für die Herstellung von Rohren bis hin zu mehrachsigen (sechs Bewegungsachsen) Anlagen für Bauteile mit konvexer Krümmung. Der Einsatz eines Industrieroboters kann dabei die Aufgabe mehrerer Bewegungsachsen übernehmen. [HEN11b, S. 660; SCH14a, S. 329]

2.5 Zusammenfassung und Handlungsbedarf

Im Stand der Erkenntnisse wurden die Grundlagen zu den für die vorliegende Arbeit relevanten Themengebieten dargelegt. Diese umfassen sowohl die Zerspanung mit geometrisch bestimmter Schneide, da es sich um ein Fräswerkzeug handelt, als auch Faserverbundkunststoffe, um die Grundlagen für den Leichtbau-Innenkern zu vermitteln. Darüber hinaus wird auf Schwingungen, die als Störgröße in spanenden Bearbeitungsaufgaben auftreten, eingegangen, da daraus eine verminderte Prozessleistung sowie eine geringere Bearbeitungsgenauigkeit, die sich in schlechteren Oberflächengüten und verkürzten Werkzeugstandzeiten widerspiegelt, resultiert.

Zur Identifikation der Forschungslücke wurden Arbeiten und Ansätze, die sich mit gleichen oder ähnlichen Fragestellungen auseinandergesetzt haben, eingehender untersucht und in Tabelle 5 gegenübergestellt. Die Einordnung der vorliegenden Arbeit findet sich darin wieder.

Tab. 5: Übersicht wissenschaftlicher Arbeiten und Ansätze sowie Einordnung der vorliegenden Arbeit

Legende
● = Zutreffend
⦿ = Teilweise zutreffend

		Kriterien										
		Integrationsbereich			Fertigungsverfahren				Schwerpunkt			
Jahr	**Quelle**	Werkzeug	Peripherie	Sonstige	Fräsen	Drehen	Bohren	Sonstige	Schwingungsreduktion	Leichtbau	Simulation/ Math. Modell	Energieeffizienz
1973	[THO73]		●			●			●			
1992	[HAN92]			●					●	●		
1993	[KUS93]	●				●			●	⦿		
1999	[WAN99]	●					●		●			
2000	[REU00]			●	●				●		●	
2001	[WAN01]	●					●		●			
2001	[WEC01]		●					●	●			
2003	[ALR03]			●	●				●		●	
2005	[ADA05]	●				●			●			
2006	[KIM06]	●			●				●		●	
2006	[RAS06]		●		●				●			
2006	[WEC06b, S. 352–354]	●				●			●	⦿		
2006	[WEC06b, S. 356 f.]	●			●				●			
2007	[ÅKE07]	●				●			●			
2007	[CHE07]		●			●			●			
2007	[PAL07]			●	●				●		●	
2008	[BRE08]			●	●	●					●	
2008	[FLE08]	●			●				●			
2008	[DEN08]	●			●				●			
2008	[LAN08]	●				●			●		⦿	
2009	[MEI09]	●					●		●			
2009	[STR09]	●			●				●			
2010	[WAN10]		●			●			●		⦿	
2011	[HEI11]	●						●		●		
2011	[KRO11]		●		●	●		●		●		●
2012	[GER12]	●						●	⦿	●		
2012	[GUT12]		●						●			
2012	[HAI12]		●			●				●		
2012	[TAW12]			●				●	●	⦿		
2013	[WAI12]		●		●				●			
2014	[HAU14]		●		●	●	●			●		
2014	[KLI14]		●						⦿	●		⦿
2015	[HAR15]	●					●			●		
2016	[ALI16]	●			●				●	⦿		
2016	[SAN16]	●			●	●			●			
2016	[TZA16]		●		●					●		
2016	[WES16]	●			●						⦿	●
2019	[KÖN19]	●			●				⦿	●		●
	Vorliegende Arbeit	●			●				●	●	⦿	⦿

Zur Charakterisierung und Differenzierung dieser Arbeiten und Ansätze wurden nachfolgend näher beschriebene Kriterien bzw. Kriteriengruppen herangezogen.

Die erste Kriteriengruppe **Integrationsbereich** differenziert, welcher Bereich durch die jeweiligen Arbeiten und Ansätze betrachtet wird. Hierbei wird unterschieden, ob der Fokus auf der Werkzeug- oder Peripherieentwicklung einer Werkzeugmaschine liegt. Alle nicht den beiden Kategorien zuordenbaren Entwicklungen sind in der Kategorie Sonstige zusammengefasst. Die zweite Kriteriengruppe **Fertigungsverfahren** gibt an, welches Fertigungsverfahren nach DIN 8580 [DIN03c] in den betrachteten Arbeiten und Ansätzen fokussiert wird. Da in der vorliegenden Arbeit das Fertigungsverfahren Fräsen Anwendung findet, wird an dieser Stelle primär die Gruppe Spanen mit geometrisch bestimmte Schneide [DIN03a], vertreten durch die Fertigungsverfahren Fräsen, Drehen und Bohren, betrachtet. Weitere Fertigungsverfahren werden in der Kategorie Sonstige zusammengefasst. Die dritte Kriteriengruppe **Schwerpunkt** zeigt die in den jeweiligen Arbeiten und Ansätzen schwerpunktmäßig betrachtete Kategorie auf. Diese sind Schwingungsreduktion, Leichtbau, Simulation bzw. mathematische Modellierung (theoretische Betrachtungen) sowie Energieeffizienz.

Innerhalb des Schwerpunkts *Schwingungsreduktion* können drei Gruppen zur Reduktion der Störgröße Schwingung ausgemacht werden. Es existieren sowohl prozessseitige Ansätze als auch Zusatzsysteme, die wiederum in aktive und passive Zusatzsysteme unterteilt werden können. Des Weiteren gibt es Bestrebungen, die Resonanznachgiebigkeit zu verringern. Als Beispiele für prozessseitige Ansätze kann die Variation der Spindeldrehzahl [ALR03] sowie der Schnittparameter [PAL07] aufgeführt werden. Ebenso ist eine ungleiche Schneidenteilung [WEC06b, S. 356 f.] am Markt für Fräswerkzeuge zur Verringerung von Schwingungen etabliert. Die Funktionsweise von passiven Zusatzsystemen basiert auf der Umwandlung der Schwingungsenergie in eine andere Energieform. Hierzu zählen bspw. Reibungsdämpfer [WEC01], die einem System durch Reibung Schwingungsenergie entziehen, Impact-Dämpfer [THO73], bei denen die Dämpfung der Schwingung durch eine frei bewegliche zusätzliche Masse realisiert wird sowie Hilfsmassendämpfer [WAN10], bei denen eine Zusatzmasse über dämpfend wirkende Materialien (Polymere, Elastomere) an das schwingende System gekoppelt wird. Dem gegenüber führen aktive Zusatzsysteme dem schwingenden System gezielt mechanische Energie zu, um die Schwingungen zu beeinflussen. Als Beispiele können hier sowohl aktive Systeme am Werkzeug selbst, wie integrierte Piezostapelaktoren [ÅKE07], als auch an der Peripherie, wie eine aktive Werkstückauflage [RAS06] oder eine aktive, magnetgelagerte Spindel [CHE07], aufgeführt werden. Darüber hinaus existieren Systeme für adaptive Regelungsstrategien [WAI12]. Der Fokus der Arbeiten und Ansätze im Bereich der Verringerung der Resonanznachgiebigkeit beruht auf der Kombination verschiedener Materialien für Werkzeuge [KUS93; WEC06b, S. 352–354].

Im Schwerpunkt *Leichtbau* werden Ausführungen zu theoretischen Betrachtungen ohne Werkzeugentwicklung, wie die Charakterisierung des Dämpfungsverhaltens polymerer Faserverbundwerkstoffe [HAN92] oder die Bewertung des Einsatzes von Faserverbundkunststoffen im Werkzeugmaschinenbau [HAU14], beschrieben. Darüber hinaus existieren Entwicklungen von Werkzeuganbauten, z. B. ein CFK-Schaft für Reibwerkzeuge [HEI11], sowie Entwicklungen von Werkzeugen mit geometrisch bestimmten, bspw. ein Bohrwerkzeug mit Grundkörper aus CFK [HAR15], und geometrisch unbestimmten Schneiden, wie eine Schleifscheibe mit einem Trägerkörper aus CFK [GER12]. Die Mehrheit der Entwicklungen im Schwerpunkt Leichtbau ist jedoch im Integrationsbereich Peripherie zu finden. Erwähnenswert sind hierbei v. a. Bewegungsachsen [KLI14; TZA16] sowie ein Drehfutter aus CFK [HAI12].

Der Fokus der Arbeiten und Ansätze im Schwerpunkt *Simulation/Math. Modell* liegt letztendlich auf der Prozessstabilität bzw. der Reduktion von Schwingungen. Die bereits im Schwerpunkt Schwingungsreduktion vorgestellten Arbeiten [ALR03; PAL07] basieren auf einem Simulationsmodell bzw. der Entwicklung eines mathematischen Algorithmus zur Parametervariation. Simulationen können dabei sowohl das Werkzeug, bspw. die Simulation der Prozessstabilität lang auskragender Werkzeuge, als auch die Peripherie, wie die simulative Abbildung des dynamischen Verhaltens von Spindel-Lager-Systemen [BRE08], umfassen, werden aber in der Regel im Versuchsfeld validiert.

Im Schwerpunkt *Energieeffizienz* existieren einerseits Arbeiten und Ansätze, die eine höhere Energieeffizienz durch Leichtbau, bspw. durch Leichtbaukomponenten für Werkzeugmaschinen [KRO11; KLI14] oder eine Gewichtsreduzierung eines massiven Werkzeugs selbst, bspw. eines Messerkopfs, dessen Gewicht durch den Einsatz von Kohlenstofffasern, die roboterbasiert auf dem massiven Stahlbauteil platziert wurden, erheblich gesenkt werden konnte [KÖN19], anstreben. Andererseits sind Arbeiten bekannt, die durch optimierte Schneidengeometrien [WES16] zur Energieeffizienz spanender Bearbeitungsprozesse beitragen.

Wie Tabelle 5 zeigt, lässt sich zusammenfassend feststellen, dass sich die existierenden Arbeiten und Ansätze im Bereich der Schwingungsreduktion sowohl mit strategischen Ansätzen als auch mit zusätzlichen Systemen, die am Werkzeug selbst oder an der Peripherie angebracht werden können, beschäftigen. Im Bereich des Leichtbaus sind Arbeiten und Ansätze bekannt geworden, die von theoretischen Betrachtungen bis hin zu Entwicklungen von Peripherie und Werkzeugen reichen. Eine Kombination der Schwerpunkte Schwingungsreduktion und Leichtbau für den Integrationsbereich Werkzeug lässt sich nur bei sehr wenigen Arbeiten und Ansätzen identifizieren. Die Genannten beschränken sich zudem mit wenigen Ausnahmen vornehmlich auf das Fertigungsverfahren Drehen, bei dem der Leichtbauaspekt nicht seine volle Wirkung ausschöpfen kann.

Aus den ausgeführten Beschreibungen sowie der Tatsache, dass keine Arbeiten und Ansätze mit der Korrelation Werkzeug-Fräsen-Schwingungsreduktion-Leichtbau bei langauskragenden Werkzeugen bekannt sind, leitet sich der Handlungsbedarf für die Entwicklung eines Fräswerkzeugs mit Leichtbau-Innenkern ab. Dadurch sollen die aufgezeigten Defizite gelöst und die in Abschnitt 1.2 beschriebenen Ziele erreicht werden.

3 Analyse der Einsatzbedingungen von Schafteckfräsern

In diesem Kapitel wird der Einsatz von Schafteckfräsern in der Praxis dargestellt. Hierzu wurden in einer im Jahr 2019 durchgeführten Marktstudie sowohl Hersteller als auch Anwender dieser Art von Werkzeugen befragt.

Zielsetzung dieser Marktstudie war die Erfassung des Status quo, um somit die in Kapitel 1 beschriebenen Herausforderungen sowie die Ziele der vorliegenden Arbeit, vgl. Abschnitt 1.2, zu validieren. Als weiteres Ziel sollten aussagekräftige Ergebnisse als Entscheidungshilfe für den weiteren Verlauf dieser Arbeit herausgearbeitet werden. Beispiele hierfür sind die eingesetzten Werkzeugdurchmesser, das Länge zu Durchmesser (l/D)-Verhältnis sowie eine Kategorisierung der spanend bearbeiteten Werkstoffe.

3.1 Methodische Vorgehensweise zur Durchführung der Marktstudie

Wissenschaftlich fundierte Untersuchungsmethoden sowie ein geplanter Untersuchungsprozess sind erforderlich, um zweckdienliche Informationen zu sammeln und daraus neue Erkenntnisse systematisch zu gewinnen. Diesen beiden Aspekte kann durch die Orientierung an einem idealen Marktforschungsprozess Rechnung getragen werden. [HOM17, S. 252]

In der Literatur finden sich – abhängig vom Detaillierungsgrad sowie vom Umfang einer Marktstudie – Prozessmodelle mit unterschiedlich vielen Stufen, was v. a. davon abhängig ist, wie viele Einzelschritte in einer Prozessphase zusammengefasst sind. Die Prozessmodelle gleichen sich jedoch im Wesentlichen. Bekannt sind üblicherweise Prozessmodelle nach MAGERHANS mit fünf [MAG16, S. 47], nach KUSS mit sieben [KUSS18, S. 9] sowie nach HOMBURG mit zehn Stufen [HOM17, S. 253].

Die in der vorliegenden Arbeit verfolgte Marktstudie baut auf dem Fünfphasenmodell nach MAGERHANS auf und ist in Abbildung 27 dargestellt.

Abb. 27: Fünfphasenmodell einer Marktstudie, nach [MAG16, S. 47]

In der **Definitionsphase** werden die Untersuchungsziele festgelegt, wofür der Untersuchungsgegenstand möglichst genau beschrieben wird. [MAG16, S. 47 f.]

In der **Designphase** wird das Untersuchungsdesign – abhängig von der Zieldefinition – festgelegt. Im Gegensatz zu Längssschnittanalysen, welche dynamische Phänomene im Zeitverlauf analysieren, wird bei Querschnittsanalysen der Markt zu einem bestimmten Zeitpunkt untersucht [KUSS18, S. 12].

Die sogenannte *Primärforschung*, die auch als *field research* bezeichnet wird, da hierfür Kontakt mit Auskunftspersonen aufgenommen werden muss, dient der Erhebung der erforderlichen Daten. Die *Sekundärforschung* beschäftigt sich ferner mit der Auswertung bereits gesammelter Daten und wird deshalb auch als *desk research* bezeichnet. [KUSS18, S. 35]

Eine gezielte Befragung, wodurch Auskunftspersonen dazu bewegt werden sollen, die interessierenden Informationen zu teilen [KUSS18, S. 64], stellt somit die wichtigste Methode der Datenerhebung in der Primärforschung dar [MAG16, S. 115]. Hierbei gilt es zu beachten, dass standardisierte Befragungen eine bessere Vergleichbarkeit der Ergebnisse ermöglichen.

In diesem Kontext kann sich die Standardisierung sowohl auf die Fragen als auch auf die Antwortmöglichkeiten beziehen. [HOM17, S. 269]

Standardisierte Befragungen können mit und ohne Interviewer durchgeführt werden. Bei einer Befragung mit Interviewer ist der persönliche oder ein telefonischer Kontakt möglich und bietet den Vorteil, auf Rückfragen eingehen zu können. Eine Befragung ohne Interviewer wird entweder schriftlich in Papierform oder durch eine webbasierte Eingabemaske durchgeführt. [HOM17, S. 126]

In der **Datenerhebungsphase** werden geeignete Adressaten ausgewählt. Diese Zielgruppe der Untersuchung wird dabei als *Grundgesamtheit* bezeichnet. [HOM17, S. 253] Zudem wird entschieden, ob eine Vollerhebung (Befragung der kompletten Grundgesamtheit) oder eine Teilerhebung (Befragung einer Stichprobe) durchgeführt wird. [MAG16, S. 73 f.]

Im Anschluss an die Datenerhebungsphase folgt die **Datenanalysephase**. Nach der sogenannten Editierung (Identifikation und evtl. Elimination unzulässiger und fehlerhafter Antworten) [HOM17, S. 254] erfolgt die Auswertung der Antworten entweder deskriptiv (ausschließlich beschreibend) oder induktiv (Ziehen von Rückschlüssen der Stichprobe auf die Grundgesamtheit) [MAG16, S. 49].

Die **Dokumentationsphase** zeigt die Zusammenfassung der Ergebnisse auf. Die in der Definitionsphase festgelegten Untersuchungsziele werden hierbei aufgegriffen und mit den Ergebnissen verknüpft. [HOM17, S. 254] Darüber hinaus werden Vorschläge für weitere Marktforschungsaktivitäten sowie Empfehlungen für zukünftige Forschungs- und Entwicklungsthemen gegeben.

3.2 Ausgestaltung der Datenerhebung

Die für die Definitionsphase wichtige Beschreibung des Untersuchungsgegenstandes wurde in der vorliegenden Arbeit bereits ausgiebig beschrieben, vgl. hierzu Unterabschnitt 2.2.4.

Zur Abfrage des Status quo sowie zur Identifikation von Entwicklungspotentialen wurde eine Querschnittsanalyse in der Designphase durchgeführt. Die Primärforschung erfolgte dabei auf Grundlage einer webbasierten Eingabemaske. Hauptgrund für diese Art der Befragung ist neben der Wirtschaftlichkeit auch das automatisch digitale Vorliegen der Daten zur Analyse mit einer geeigneten Software [KUSS18, S. 135].

Die beiden genannten Abfrageziele erfordern dabei unterschiedliche Fragenformate. Grund hierfür ist der deskriptive Charakter der Abfrage des Status quo sowie der explorative Charakter der Ermittlung des Entwicklungspotentials. Erstgenanntes verwendet hierzu quantitative Methoden und numerisch messbare und vergleichbare Ergebnisse, wohingegen Zweitgenanntes mit qualitativen Methoden durchgeführt wird. Prinzipiell wird zwischen *geschlossenen* und *offenen Fragen* unterschieden. Geschlossene Fragen dienen der Erfassung quantitativer Ergebnisse, während offene Fragen im Zuge der qualitativen Forschung zu neuen Erkenntnissen führen können. Weiterhin existieren auch Hybridformen zwischen diesen beiden Frageformaten. Die für die vorliegende Arbeit durchgeführte Datenerhebung gliedert sich in insgesamt sechs Themengebiete, die von allgemeinen zu spezifischen Fragen geordnet sind, vgl. Abbildung 28.

Die Themengebiete Eins und Sechs behandeln soziodemografische Merkmale sowie Informationen über das jeweilige Unternehmen. Diese beiden korrelierenden Themengebiete wurden jedoch geteilt, da sie meist ein ungünstiger Einstieg in die Befragung sind, was primär daran liegt, dass diese Fragen nicht fachspezifisch sind und somit das Risiko eines vorzeitigen Abbruchs erhöhen. Deshalb sollten sie am Ende der Datenerhebung stehen. [HÄD15, S. 231]

❶ Branchenzugehörigkeit	→ ❷ Spanende Fertigung	→ ❸ Fräswerkzeuge	→ ❹ Schaftfräser	→ ❺ Schafteckfräser	→ ❻ Unternehmen
# 2 (U)	# 2 (H)	# 1 (H)	# 3 (H)	# 7 (H)	# 6 (U)
	# 4 (A)	# 4 (A)	# 3 (A)	# 10 (A)	

Fragenanzahl; → Reigenfolge der Fragen
(U) Unspezifische Frage; (H) Herstellerspezifische Frage; (A) Anwenderspezifische Frage

Abb. 28: Aufbau der Datenerhebung

Themengebiet Eins umfasst daher nur zwei Fragen und behandelt die für die weitere Datenerhebung zwingend notwendigen Informationen. Diese dienen als sogenannte Filterfragen. Die Datenerhebung unterscheidet dabei *Hersteller* und *Anwender* von Schafteckfräsern. Um die relevanten Fragen für diese beiden Gruppe anzeigen zu können, müssen die befragten Personen auswählen, welcher dieser Gruppen sie angehören. [KLÖ14, S. 679] Hieraus ergeben sich drei Arten von Fragen. Erstens unspezifische Fragen, die für alle befragten Personen relevant sind, zweitens herstellerspezifische Fragen, die nur Hersteller von Schafteckfräsern betreffen, und drittens anwenderspezifische Fragen, die nur Anwender von Schafteckfräsern gestellt bekommen. Insgesamt umfasst die Datenerhebung *acht* unspezifische, 13 herstellerspezifische und 21 anwenderspezifische Fragen.
Durch eine Recherche bei Verbänden, wie dem Verband Deutscher Maschinen- und Anlagenbauer e.V. (VDMA) oder dem Verband Deutscher Werkzeug- und Formenbauer e.V. (VDWF), sowie bei einschlägigen Berufskammern wurden 59 Unternehmen in Deutschland als potentielle Hersteller von Schafteckfräsern identifiziert. Nach einer Kontaktaufnahme stellte sich heraus, dass sich davon 28 als Teilnehmer an der Marktstudie eignen, vgl. Abbildung 29 a).

Abb. 29: a) Stichprobengröße der Hersteller von Schafteckfräsern, b) Branchen und Anwendungsbereich von Schafteckfräsern

Von diesen 28 potentiellen Teilnehmern beendeten 20 die Datenerhebung, was einer Rücklaufquote von 71 % entspricht. Als mögliche Anwender von Schafteckfräsern wurden insgesamt 640 Unternehmen aus verschiedenen Branchen kontaktiert, vgl. Abbildung 28 b), wovon 24 Teilnehmer die Datenerhebung beendeten, was einer Rücklaufquote von 4 % entspricht.[19] Unter Berücksichtigung, dass wahrscheinlich nicht alle kontaktierten Unternehmen Schafteckfräser einsetzen, wird davon ausgegangen, dass die Rücklaufquote in einem durchschnittlichen Bereich liegt. Da Hersteller von Informationen zum Markttrend bzw. den Be-

[19]Üblicherweise liegen Antwortquoten bei schriftlichen Befragungen, worunter auch die webbasierte Befragung einzuordnen ist, in einem Bereich zwischen 10 % und 30 %, können bei als weniger interessant empfundenen Themen aber auch nur 1 % betragen [KUSS18, S. 130].

dürfnissen der Anwender wesentlich mehr profitieren, liegt der Schluss nahe, dass diese im Gegensatz zu den Anwendern eine gesteigerte Motivation aufzeigen, sodass sich die niedrigere Antwortrate der Anwender begründet.

3.3 Ergebnisse und daraus abgeleitete Erkenntnisse der Datenerhebung

3.3.1 Befragte Unternehmen

Für einen ersten Überblick sind in nachfolgender Abbildung 30 a) und b) die befragten Unternehmen nach ihrer Größe gemäß der Empfehlung der EU-Kommission 2003/361/EG [EU03] dargestellt. Dabei wird ersichtlich, dass mehr als die *Hälfte* (55 %) der befragten Hersteller von Schafteckfräsern kleinen und mittleren Unternehmen, sowie weitere 40 % Großunternehmen zuzuordnen sind. Aufgrund fehlender Angaben konnten die restlichen *fünf Prozent* der Unternehmen hinsichtlich ihrer Größe nicht zugeordnet werden. Bei den befragten Anwendern von Schafteckfräsern ist die Verteilung von kleinen und mittleren Unternehmen zu Großunternehmen mit einem jeweiligen Anteil von 46 % gleich. Hierbei konnten *acht Prozent* aus eben genannten Grund nicht nach ihrer Größe zugeordnet werden.

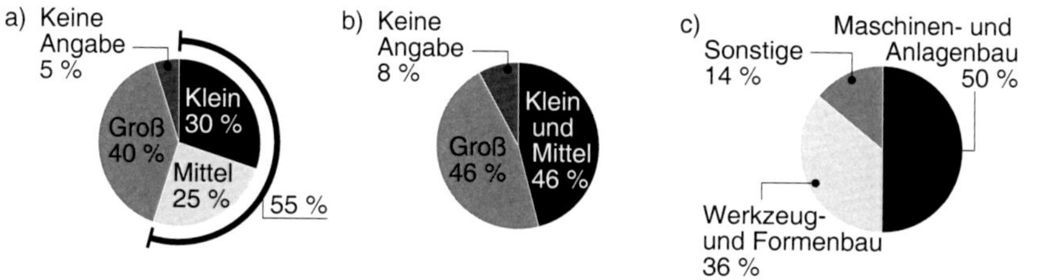

Abb. 30: Größenstruktur der befragten Unternehmen – a) Hersteller und b) Anwender sowie c) Branchen der Anwender

Darüber hinaus zeigt Abbildung 30 c), dass die *Hälfte* der teilnehmenden Anwender von Schafteckfräser dem Maschinen- und Anlagenbau zuzuordnen sind. Mit einem Anteil von 36 % ist die Branche des Werkzeug- und Formenbaus vertreten. Unter Sonstige (14 %) sind Branchen wie der Automobil- und Fahrzeugbau oder Optikwaren zusammengefasst.

Darüber hinaus wurden die Anwender zu den mit Schafteckfräser bearbeiteten Werkstoffen befragt. In nachfolgender Abbildung 31 sind die Ergebnisse in abnehmender Häufigkeit dargestellt. Meistgenannte Werkstoffe sind diverse Stahlsorten (Zugfestigkeit in Klammern angegeben) und Aluminium.

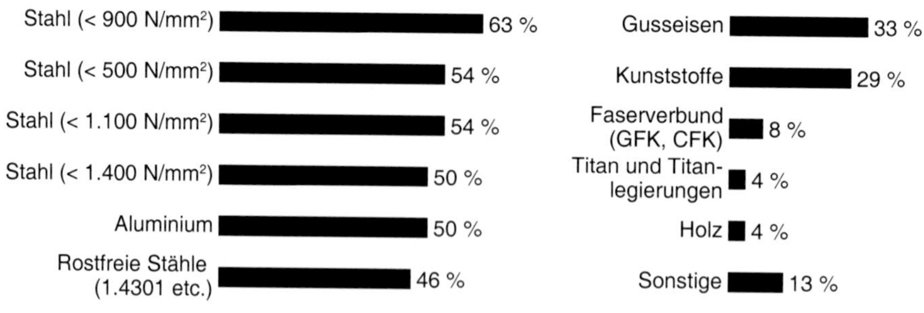

Abb. 31: Mit Schafteckfräser spanend bearbeitete Werkstoffe

Daraus lässt sich für das in der vorliegenden Arbeit zu entwickelnde Referenzwerkstück, vgl. Kapitel 4, sowie den weiteren experimentellen Untersuchungen im Laborumfeld ableiten, dass als verwendeter Werkstoff eine Stahlsorte mit einer Zugfestigkeit R_m *zwischen* 500 *und* 900 N/mm^2 *gewählt werden sollte.*

Zur weiteren Identifikation des Nutzungsverhaltens von Schafteckfräsern wurden die Anwender nach eingesetzten Durchmessern, *l/D*-Verhältnissen sowie der Schneidenanzahl befragt. Die Ergebnisse sind in nachfolgender Tabelle 6 dargestellt.

Tab. 6: Aktuelle Einsatzbedingungen von Schafteckfräsern (Auswahl)

Durchmesser		**11 - 20 mm**	**21 - 40 mm**	**> 40 mm**
Häufigkeit der Anwendung		71 %	42 %	21 %
l/D-Verhältnis	< 5	50 %	78 %	50 %
	5 - 10	50 %	22 %	25 %
	> 10	0 %	0 %	25 %
Schneidenanzahl	1	0 %	0 %	0 %
	2	12 %	0 %	0 %
	3	6 %	10 %	20 %
	4	59 %	40 %	20 %
	5	0 %	40 %	20 %
	>5	24 %	10 %	40 %

Die Mehrheit der befragten Anwender (71 %) nutzt Schafteckfräser in einem Durchmesserbereich zwischen 11 und 20 mm. Dieser folgen mit 42 % Durchmesser zwischen 21 und 40 mm. 21 % der befragten Anwender setzen auch Schafteckfräser mit einem Durchmesser größer als 40 mm ein. Über alle Durchmesser hinweg war ein verwendetes *l/D*-Verhältnis *kleiner fünf* am häufigsten. Ein *l/D*-Verhältnis *größer zehn* wurde nur bei Schafteckfräser mit einem Durchmesser größer 40 mm angegeben. Nur für Durchmesser zwischen 11 und 20 mm werden *zwei Schneiden* verwendet. Für Durchmesser von 11 bis 20 mm und 21 bis 40 mm werden am häufigsten *vier Schneiden* eingesetzt. Bei Durchmessern größer als 40 mm finden üblicherweise *mehr als fünf Schneiden* Verwendung.

Aufgrund der beschriebenen Ergebnisse wird für die vorliegende Arbeit ein Schafteckfräser mit einem Durchmesser zwischen 11 und 20 mm gewählt. Wie beschrieben, werden nur bei dem zu wählenden Durchmesserbereich zwei Schneiden, am häufigsten jedoch vier Schneiden, eingesetzt. Um die Belastung der einzelnen Wendeschneidplatten und somit den Verschleiß zu erhöhen, wird in der vorliegenden Arbeit ein dreischneidiges Werkzeug gewählt.

3.3.2 Vergleich von Herstellern und Anwendern

Um einen Überblick über allgemeine Zieldimensionen zu erhalten, wurden Hersteller von Schafteckfräsern gebeten, die Relevanz vordefinierter allgemeiner Zieldimensionen bei ihren Kunden im Hinblick auf die Optimierung der Bearbeitungsprozesse zu bewerten. Ein Vergleich ergibt sich aus den Antworten der Anwender. Nachfolgende Abbildung 32 lässt erkennen, dass die Unterschiede relativ gering sind bzw. dass die Hersteller die allgemeinen Zieldimensionen ihrer Kunden – also der Anwender – sehr gut einschätzen können. Der Datenerhebung zufolge ist die Qualität die am höchsten bewertete vordefinierte Zieldimension, gefolgt von der Bearbeitungszeit, während der Energieverbrauch unter den vordefinierten Zieldimensionen als am wenigsten relevant eingestuft wird.

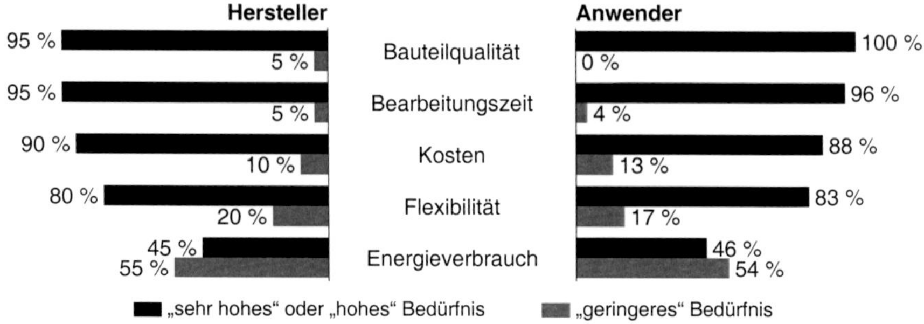

Abb. 32: Zieldimensionen von Zerspanprozessen

Bei einer detaillierteren Fragestellung nach der Bewertung des Verbesserungsbedarfs von Schafteckfräsern ergaben sich größere Unterschiede zwischen den befragten Herstellern und Anwendern. Analog den allgemeinen Zieldimensionen wurden auch hier die Hersteller gebeten, die Bedürfnisse ihrer Kunden, sowie die Anwender ihre eigenen Bedürfnisse zu evaluieren. Nachfolgende Abbildung 33 verdeutlicht, dass sowohl Hersteller als auch Anwender der Schwingungsdämpfung größtes Verbesserungspotential zusprechen.

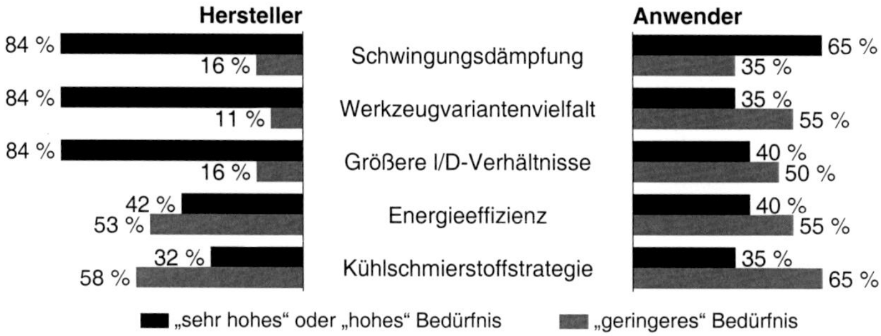

Abb. 33: Verbesserungsbedarf von Schafteckfräser

Aus den in diesem Unterabschnitt vorgestellten Ergebnissen lassen sich für die vorliegende Arbeit weitere Erkenntnisse ableiten. Demnach werden die Ziele nach einer Steigerung der Schwingungsreduktion des Werkzeugs sowie der Verbesserung der Oberflächenqualität, vgl. Abschnitt 1.2, bestätigt. Ergänzend wird mit dem Ziel nach einem höheren Widerstandsmoment des Schafteckfräsers auch der zweithäufigst genannten Zieldimension Bearbeitungszeit – im Sinne von Steigerung der Prozesseffizienz – Rechnung getragen.

3.3.3 Voraussetzung für den Einsatz eines schwingungsgedämpften Schafteckfräsers

Wie in Unterabschnitt 3.3.2 gezeigt, wird der Schwingungsdämpfung größtes Verbesserungspotential für Schafteckfräser zugesprochen. Aus diesem Grund wurden die Anwender weiter gefragt, was die Anforderungen sowie die Hemmnisse für den Einsatz eines solchen schwingungsgedämpften Schafteckfräsers seien. Die in nachfolgender Abbildung 34 dargestellten Ergebnisse lassen sich darüber hinaus auch auf weitere Verbesserungsmaßnahmen an Schafteckfräsern übertragen, da die Antworten nicht an die Schwingungsdämpfung spezifisch gekoppelt sind.

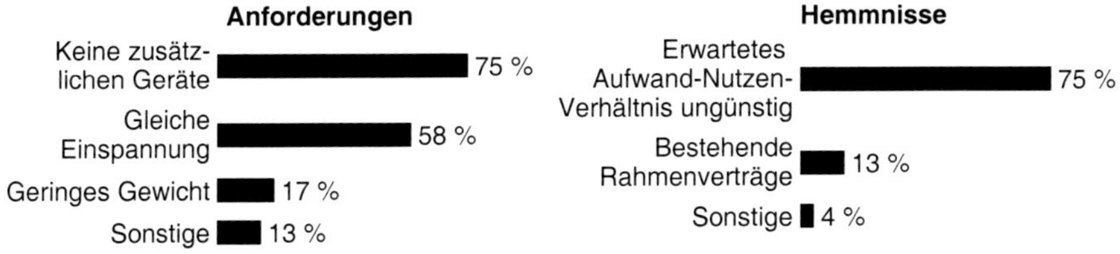

Abb. 34: Anforderungen und Hemmnisse für die Verwendung schwingungsgedämpfter Schafteckfräser

Die beiden bedeutendsten Anforderungen für den Einsatz eines solchen Werkzeugs waren demnach, dass keine zusätzlichen Geräte installiert werden müssen (75 %) sowie die gleiche Einspannung verwendet werden kann (58 %). Als Hemmnis zum Einsatz eines schwingungsgedämpften Schafteckfräsers gaben 75 % der befragten Anwender an, ein ungünstiges Aufwand-Nutzen-Verhältnis zu erwarten. Mit dieser Antwort stehen sicherlich neben dem erwarteten Preis-Leistungs-Verhältnis auch die Antworten auf die Frage nach den Anforderungen in Verbindung. Es wird vermutet, dass als Aufwand zusätzlich zum Preis auch die möglichen Neuanschaffungen in Form zusätzlicher Geräte oder neuer Einspannungen angesehen werden. Darüber hinaus gaben 13 % der Befragten an, an Rahmenverträge gebunden zu sein. Sonstige Hemmnisse sind weniger relevant.

Für die vorliegende Arbeit lässt sich aus den vorgestellten Ergebnissen ableiten, dass für den Einsatz des zu entwickelnden Schafteckfräsers keine zusätzlichen Geräte notwendig sein sollen sowie die herkömmliche Einspannung verwendet werden kann. Da an der Außenhülle des Schafteckfräsers keine Veränderungen vorgenommen und die Verbesserung durch den Leichtbau-Innenkern realisiert werden sollen, werden diese Kriterien erfüllt.

4 Entwicklung eines Referenzwerkstücks

Ein Bezug ist ein theoretisch genaues, geometrisches Element, auf welches sich bezogen wird [GRO01b, S. 287]. Ein Referenzwert – in der Qualitätssicherung sowie in der Statistik gleichzusetzen mit einem Sollwert – ist definiert als der Wert eines quantitativen Merkmals, von dem die Istwerte so wenig wie möglich abweichen sollen [GRO01a, S. 318] und stellt somit die Basis für eine Vergleichbarkeit unterschiedlicher Ausprägungen in einem Prozess dar. Bei technischen Anwendungen werden dabei üblicherweise reale Bauteile, die spezifische Bearbeitungsaufgaben repräsentieren, verwendet, um die Maschinen und Werkzeuge bezüglich ihrer technischen Leistungsfähigkeit und Effizienz vergleichbar zu machen.
Zum Vergleich von Werkzeugmaschinen sowie von Werkzeugen existieren bereits etablierte Werkstücke, von denen eine Auswahl im folgenden Abschnitt beschrieben, ehe ein Referenzwerkstück, das realitätsnahe Zerspanungsaufgaben repräsentieren soll, für die vorliegende Arbeit definiert wird. Diesen Praxisbezug gilt es auch bei der Definition der Zerspanungsparameter zu berücksichtigen, weshalb Expertenwissen von Werkzeugherstellern und Anwenderunternehmen mit einbezogen wurde. Ferner ist dieser von Bedeutung, da häufig wissenschaftliche Erkenntnisse im Forschungsfeld der spanenden Fertigung nicht oder nur zögerlich in der Industrie umgesetzt werden [OWO13, S. 153–158].

4.1 Vorgehen zur Adaption

Werkzeughersteller definieren oftmals für die Neu- bzw. Weiterentwicklung von Fräswerkzeugen ein eigenes Referenzwerkstück, das sich meist nur aus wenigen Zerspanungsaufgaben zusammensetzt und auf den jeweiligen technischen Anforderungen und Erfahrungen basiert [FLO16, S. 31]. Beispielsweise dienen zur Ermittlung der Standzeit T einfache Abzeiloperationen oder konturparallele Bearbeitungsmodi. Diese meist unter idealen Bedingungen durchgeführten Versuche weichen deshalb oftmals von realen Einsatzbedingungen ab.
Aus diesem Grund wird in der vorliegenden Arbeit ein Referenzwerkstück entwickelt, das in der Praxis auftretende Bearbeitungsfälle mit wechselnden Eingriffsbedingungen, Zustellungen und Eingriffswinkeln am Fräswerkzeug integriert. Im Folgenden wird das Vorgehen zur Adaption eines Referenzwerkstücks für Schafteckfräser beschrieben, das anhand von Abbildung 35 veranschaulicht wird. Das zu entwickelnde Referenzwerkstück bildet einen Bestandteil für Vergleichsmessungen und der zielgerichteten Optimierung des Schafteckfräsers mit Leichtbau-Innenkern.
Neben den beschriebenen eigenen Referenzwerkstücken der Werkzeughersteller existieren auch welche aus der Forschung und der Literatur, vgl. Abbildung 35 „Bestehende Referenzwerkstücke“. Den Genannten ist gemeinsam, dass meist nur wenige in der Praxis häufig vorkommende Elemente der Zerspanungsaufgaben in ihnen enthalten sind, wodurch diese an Aussagekraft verlieren [WES16, S. 78]. Diesen Umstand nahmen WESTERMANN ET AL. [WES15] zum Anlass, Geometrieelemente gefertigter Bauteile mit in ein Referenzwerkstück einfließen zu lassen, vgl. Abbildung 35 „Charakteristische Zerspanungsaufgaben“. Für die genannte Klassifikation, Segmentierung und Integration bietet sich der Featureansatz nach der Norm ISO 14649-10:2004(E) [ISO04] an. Dieser internationale Standard findet auch in weiteren wissenschaftlichen Arbeiten im Bereich der spanenden Fertigung wie [BEH09, S. 41; LOR12, S. 46 f.; TRA12, S. 37–42] Anwendung und wird im nachfolgenden Unterabschnitt 4.1.1 erläutert. Die möglichen Bearbeitungsarten wurden den mit einem Schafteckfräser herstellbaren, aus dem Referenzwerkstück nach WESTERMANN ET AL. [WES15] extrahierten Features zugeordnet und in einem neuen Referenzwerkstück adaptiert.

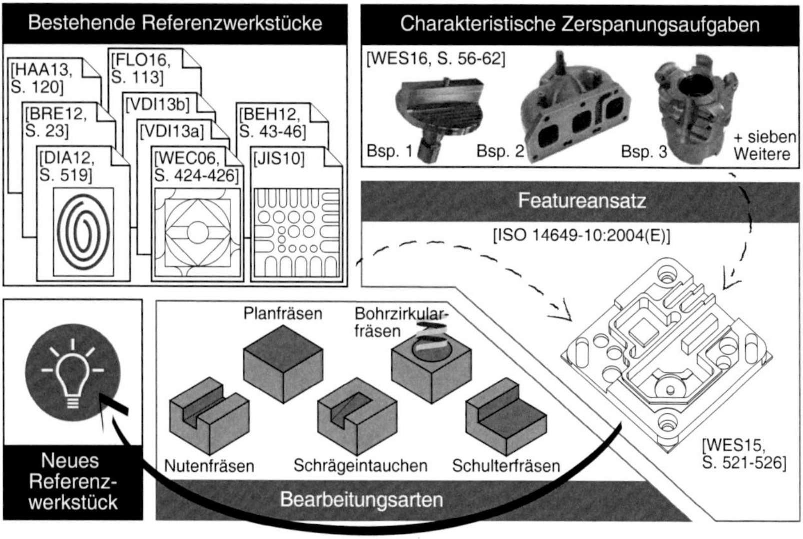

Abb. 35: Vorgehen zur Adaption des Referenzwerkstücks

4.1.1 Featureansatz nach ISO 14649-10:2004(E) und Aufbau des Referenzwerkstücks

In der VDI-Richtlinie 2218 wird ein Feature als „Aggregation von Geometrieelementen und/ oder Semantik“ definiert [VDI03, S. 11]. Zudem wird unter Semantik eine „für die jeweilige Phase des Produktlebenszyklus interpretierbare Bedeutung des Features“ verstanden [RIE95] *in* [VDI03].

Mittels den in der Norm ISO 14649-10:2004(E) definierten Geometrieelementen, vgl. Abbildung 36, ist es möglich, diese Gestaltungselemente geometrisch zu definieren und somit die charakteristischen Zerspanungsaufgaben in einzelne Formelemente aufzuteilen.

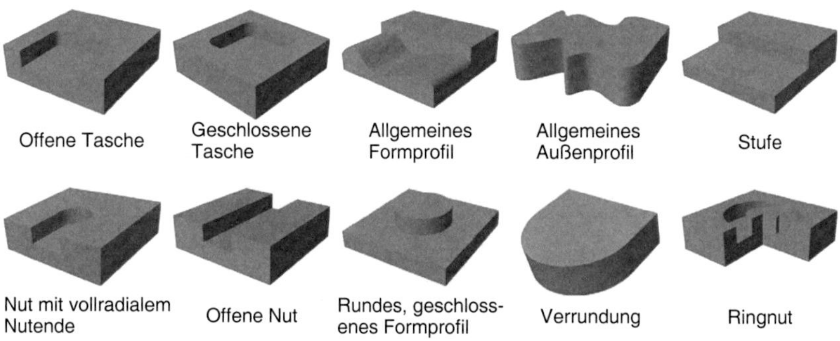

Abb. 36: Abgeleitete Features, eigene Darstellung basierend auf [ISO04]

Für die Entwicklung des Referenzwerkstücks der vorliegenden Arbeit wurden aus dem von Westermann et al. entwickelten Referenzwerkstück [WES15] diejenigen Features extrahiert, die spezifische Bearbeitungsarten von Schafteckfräsern widerspiegeln. Für die anschließende gewichtete Zusammensetzung der möglichen Formelemente wurden die Anteile der zerspanten Werkstoffvolumina aus [WES15, S. 524] herangezogen. Die in das Referenzwerkstück zu integrierenden Features sowie deren Gewichtung können nachfolgender Abbildung 37 entnommen werden.

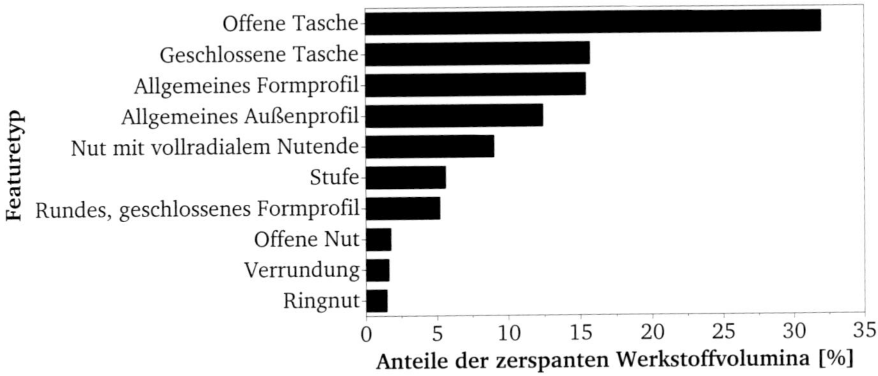

Abb. 37: Featurearten sowie deren Anteile der zerspanten Werkstoffvolumina

4.1.2 Auswahl des Referenzwerkstoffs

Bei der Definition eines Referenzwerkstücks gilt es, da die Zerspankräfte maßgeblich von der Zusammensetzung des Werkstoffs aus Grundmetall und Legierungsbestandteilen sowie der Gefügeausbildung am stärksten beeinflusst werden [PAU08, S. 86], einen entsprechenden Werkstoff auszuwählen. PAUCKSCH empfiehlt als brauchbare Vergleichsgrößen für die entstehenden Zerspankräfte die mechanischen Kennwerte Härte und Zugfestigkeit [PAU08, S. 86]. Die in Kapitel 3 beschriebene Marktstudie zeigt, dass v. a. Stähle mit einer Zugfestigkeit $< 900\ N/mm^2$ mit den in dieser Arbeit betrachteten Werkzeugen *Schafteckfräser* bearbeitet werden. Ein weit verbreiteter Vertreter dieser Güteklasse ist der unlegierte Vergütungsstahl C45E (Werkstoffnummer 1.1191), der eine gemittelte Zugfestigkeit in Höhe von $775\ MPa$ aufweist. Die Hauptanwendung findet dieser Werkstoff v. a. bei Bauteilen mit mittlerer Beanspruchung [GAR14, S. 7] im allgemeinen Maschinen- und Anlagenbau [BÜL18, S. 287] (z. B. normalbeanspruchte Wellen [ZIM18, S. 662]). Somit wird dieser als geeigneter Referenzwerkstoff angesehen und für das in dieser Arbeit definierte Referenzwerkstück festgelegt.

4.2 Ableitung des Referenzwerkstücks

Auf Grundlage der in Abbildung 35 aufgezeigten Referenzwerkstücke sowie Expertenwissen von Werkzeugherstellern und Anwenderunternehmen soll in diesem Abschnitt die Ableitung des Referenzwerkstücks für die vorliegende Arbeit vorgestellt werden.

Für die Entwicklung des Referenzwerkstücks, auch vor dem Hintergrund der notwendigen Dimensionierung der Außenabmessung, musste zunächst der Werkzeugdurchmesser festgelegt werden. Zu diesem Zweck wurden in der in Kapitel 4 vorgestellten Marktumfrage Werkzeughersteller nach der prozentualen Verteilung der verkauften Durchmesser von Schafteckfräsern befragt. Dabei gaben $71\ \%$ der befragten Anwender an, dass sie Schafteckfräser mit einem Durchmesser bis $20\ mm$ einsetzen. Folglich wurde für die Bearbeitung des Referenzwerkstücks der vorliegenden Arbeit der Werkzeugdurchmesser des Schafteckfräsers auf $20\ mm$ festgelegt.

Der Umstand, dass die getesteten Schafteckfräser an ihre Leistungs- und Verschleißgrenze

gebracht werden sollen, fand ebenso wie das Bestreben nach einem möglichst großen abgespanten Volumen (definiert auf $75\ \%$) bei der Dimensionierung der Außenabmessungen des Referenzwerkstücks Berücksichtigung. Zu beachten ist hierbei jedoch die Verzerrung der Messdaten aufgrund des zunehmenden Werkzeugverschleißes, vgl. Gleichung 2-10 sowie Unterabschnitt 2.2.5. Neben der Anforderung, dass alle Features im Referenzwerkstück enthalten sein müssen, mussten diese nach Abschluss der Bearbeitung auch für die Analyse der Oberflächengüten erhalten bleiben. Unter Berücksichtigung der genannten Randbedingungen sowie der Restriktion, das Referenzwerkstück ohne Handhabungshilfen leicht gebrauchen zu können, wurden die Außenabmessungen mit einer Länge von $200\ mm$, einer Breite von $200\ mm$ sowie einer Höhe von $14\ mm$ definiert.
Die parametrische Konstruktion wurde mit der Software Creo Parametric 4.0 der PTC Inc. (Parametric Technology Corporation) durchgeführt. Hierbei wurden die identifizierten Features auf das festgelegte Halbzeug übertragen, angeordnet und letztlich das Referenzwerkstück abgeleitet. Dieses wird in nachfolgender Abbildung 38 sowohl in der Draufsicht unter Angabe der Features als auch räumlich dargestellt.

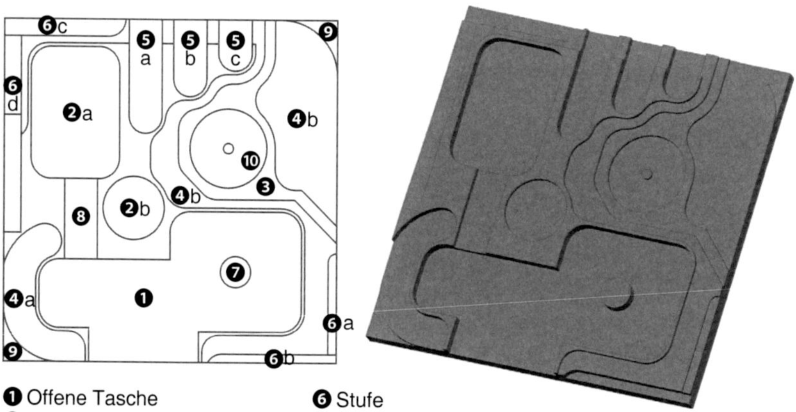

❶ Offene Tasche
❷ Geschlossene Tasche
❸ Allgemeines Formprofil
❹ Allgemeines Außenprofil
❺ Nut mit vollradialem Nutende
❻ Stufe
❼ Rundes, geschlossenes Formprofil
❽ Offene Nut
❾ Verrundung
❿ Ringnut

Abb. 38: Entwickeltes Referenzwerkstück mit Darstellung der Einzelfeature

Die parametrische Konstruktion wurde zugleich für die Fertigungsprogrammierung verwendet, da das integrierte CAD/CAM-Programmiersystem von Creo Parametric 4.0 gerade für Regelgeometrien sehr effizient arbeitet.[20] Zuerst wurde bei der Fertigungsprogrammierung die Bearbeitungsbaugruppe aus Rohmaterialgeometrie und zu fertigendem Bauteil definiert. Im nächsten Schritt wurden die Bearbeitungsschritte für die einzelnen Features sowie für das Werkzeug und die Bearbeitungsparameter, vgl. Abschnitt 4.3, festgelegt. Auf Basis dieser Daten werden von der CAM-Programmierumgebung alle Bewegungen und Funktionen der Werkzeugmaschine berechnet und in einem programmspezifischen Code, der in einem weiteren Schritt mittels Postprozessor in einen maschinenspezifischen Code nach der Norm DIN

[20]Eine Fertigungszeichnung ist Anhang A.2.1 zu entnehmen.

66025 [DIN83; DIN88] übersetzt wird, gespeichert. [FRE18, S. 969] Zur Kontrolle und zur Vermeidung von möglichen Kollisionen wurde abschließend eine realitätsnahe Simulation in der CAM-Programmierumgebung durchgeführt. Für den weiteren Verlauf der vorliegenden Arbeit stand somit ein systematisch konzipiertes Referenzwerkstück[21] zur Ermittlung der Leistungsfähigkeit von Schafteckfräsern zur Verfügung.

4.3 Festlegung der Bearbeitungs- und Hilfsparameter

Wie bereits einleitend in diesem Kapitel beschrieben, sollen das Referenzwerkstück sowie die dafür zugrunde gelegten Parameter praxisorientiert ausgewählt sein. Zu diesem Zweck wurde bei der Festlegung der Bearbeitungs- und Hilfsparameter auf das Expertenwissen von Werkzeugherstellern und Anwenderunternehmen zurückgegriffen. Die für die Herstellung des Referenzwerkstücks definierten Parameter sind in nachfolgender Tabelle 7 zusammengefasst und dienen als Basis für die durchzuführenden Zerspanversuche.

Tab. 7: Festgelegte Bearbeitungs- und Hilfsparameter für das Referenzwerkstück

#	Feature	Bearbeitungsart	a_e [mm]	a_p [mm]	f_z [mm]	v_f [mm/min]	v_c [m/min]	n [min^{-1}]
1	Offene Tasche	Schulter-/ Nutenfräsen	1,50	6,00	0,10	400	80	1.280
2a	Geschlossene Tasche	Bohrzirkular-/ Schulter-/ Nutenfräsen	2,00	6,00	0,10	400	80	1.280
2b			2,00	0,50	0,10	400	80	1.280
3	Allgemeines Formprofil	Schulterfräsen	2,00	3,60	0,10	400	80	1.280
4a	Allgemeines Außenprofil	Schulterfräsen	20,00	4,00	0,13	400	63	1.000
4b			2,00	2,00	0,10	400	80	1.280
5a	Nut mit vollradialem Nutende	Nutenfräsen	20,00	2,00	0,10	400	80	1.280
5b			20,00	2,00	0,13	500	80	1.280
5c			20,00	2,00	0,16	600	80	1.280
6a	Stufe	Schulterfräsen, Schrägeintauchen	2,50	3,00	0,13	400	63	1.000
6b			2,50	6,00	0,13	400	63	1.000
6c			2,50	6,00	0,10	400	80	1.280
6d			2,50	3,00	0,10	400	80	1.280
7	Rundes, geschlossenes Formprofil	Schulterfräsen	–	6,00	0,10	400	80	1.280
8	Offene Nut	Nutenfräsen	20,00	1,65	0,18	700	80	1.280
9	Verrundung	Schulterfräsen	3,00	6,00	0,10	400	80	1.280
10	Ringnut	Schulterfräsen	–	–	0,10	400	80	1.280

Für den weiteren Verlauf der vorliegenden Arbeit stehen damit realitätsnahe Parameter zur Verfügung, die als Vergleichsgrundlage bei der Herstellung des definierten Referenzwerkstücks herangezogen werden.

[21] Allen Maßen des in Abbildung 38 dargestellten Referenzwerkstücks liegt ein Werkzeugdurchmesser von 20 mm zugrunde.

5 Entwicklung und Durchführung von Simulationsläufen

5.1 Einführung und Ziele der Simulation

Durch die kontinuierliche Steigerung der Rechenleistung sowie der Speicherkapazität von Computern hat die Simulation – in der ingenieurwissenschaftlichen Forschung und Entwicklung v. a. die Finite Elemente Analyse (FEA) – in den vergangenen Jahren stetig an Bedeutung gewonnen [SIE17, S. 179; RIE19, S. 2]. Auch wenn auf experimentelle, physikalische Untersuchungen heutzutage nicht verzichtet werden kann, wird der Entwicklungsprozess durch den Einsatz der Simulation verkürzt und das Ergebnis verbessert [SIE17, S. 187 f.].

Das beschriebene Vorgehen soll auch in der vorliegenden Arbeit Anwendung finden. Hierzu soll die Finite Elemente Analyse mit Zerspanversuchen verknüpft werden, um so zur Zielerreichung beizutragen. Durch die Simulation können Wirkzusammenhänge zwischen den Eigenschaften des Leichtbau-Innenkerns sowie dessen Auswirkungen auf Widerstandsmomente und die Schwingungsreduktion, und somit die statische und dynamische Nachgiebigkeit der Schafteckfräser mit Leichtbau-Innenkern analysiert werden.

Die Simulation hat zum Ziel, Erkenntnisse zur optimierten Gestaltung des Leichtbau-Innenkerns aus Faserverbundkunststoffen, der verwendeten Werkstoffe selbst sowie der Dimensionierung zu gewinnen. Diese bilden die Basis und sind Hauptbestandteil der weiteren Entwicklung sowie der Herstellung der Demonstratorwerkzeuge.

5.2 Modellbildung der Finiten Elemente Analyse

5.2.1 Generelles Vorgehen zur Modellbildung

Als Eingangsgröße für die Finite Elemente (FE)-Simulation dient in der Regel eine Computer Aided Design (CAD)-Konstruktion. Die einzelnen Schritte des Ablaufs einer FE-Simulation werden mit nachfolgender Abbildung 39 veranschaulicht.

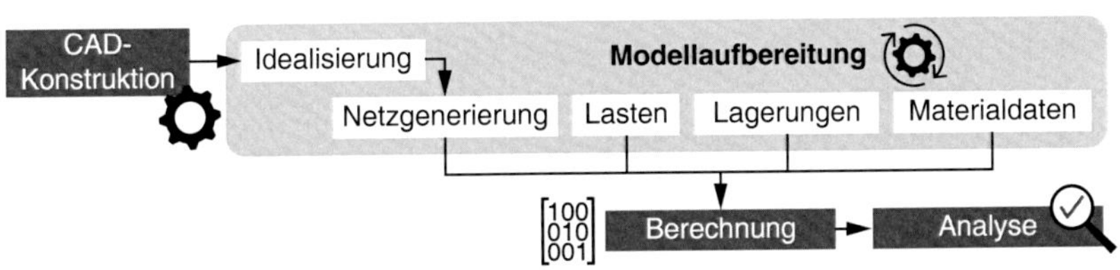

Abb. 39: Schritte des Ablaufs einer FE-Simulation, in Anlehnung an [KLE15, S. 6; WAG19, S. 4]

Die CAD-Konstruktion wird vor der Berechnung auf Grundlage der auf das Bauteil wirkenden Bedingungen im Hinblick auf die Ziele der Simulation bearbeitet. Hierbei wird die Geometrie des zu untersuchenden Bauteils soweit vereinfacht, dass das strukturmechanische Ergebnis nicht beeinträchtigt wird. Beispiele sind Geometriedetails wie irrelevante Bohrungen. Dieser Vorgang verringert unnötigen Rechenaufwand und wird als **Idealisierung** bezeichnet. Im Anschluss daran erfolgt die Aufteilung des Berechnungsgebiets in kleine Teile – den finiten Elementen. Durch diese Elemente sowie deren Knoten entsteht ein Netz (**Netzgenerierung**) mit dem Ziel einer möglichst genauen Abbildung des idealisierten Geometriemodells. [WAG19, S. 4] Abweichungen zwischen dem diskretisierten Netz und der realen Oberfläche haben direkten Einfluss auf die Ergebnisqualität der FEA und werden als Diskretisierungsfehler bezeichnet. Diese Fehler sind unvermeidlich, sollen jedoch möglichst gering gehalten werden. Aufgrund der Tatsache, dass ein feineres Netz jedoch mehr Knotenpunkte und somit aufwendigere Berechnungen bedeutet, kann dieses aus Kosten- sowie Effizienzgründen nicht beliebig fein gewählt werden. Es gilt jedoch sicherzustellen, dass bei feinerer Unterteilung der Fehler kleiner wird und dass bei beliebig feiner Unterteilung die Näherungslösung gegen die exakte Lösung konvergiert. [KNO17, S. 268] Darüber hinaus sind neben dem Netz die Randbedingungen – also die äußeren Kräfte (**Lasten**) und die Lagerbedingungen (**Lagerungen**) – zu definieren, indem diese von der Realität auf das Modell übertragen werden. Darüber hinaus müssen den einzelnen Geometrien auch Materialien zugeordnet werden (**Materialdaten**). Bei der anschließenden **Berechnung** werden die gesamten Informationen in der FE-Software zu einem Gleichungssystem zusammengesetzt und numerische Lösungen errechnet. Als letzter Schritt erfolgt die **Analyse** der generierten Ergebnisse, um Fehleinschätzungen durch falsche Berechnungen auszuschließen. An dieser Stelle ist die Expertise des Bedieners unabdingbar. Auch ein Vergleich mit vorgegebenen Grenzwerten und dahingehender Bewertung ist Teil des letzten Schrittes. [WAG19, S. 4]

5.2.2 Durchzuführende Analysen mit der Finiten Elemente Analyse

Mit der FE-Analyse, die in der vorliegenden Arbeit mit der Software ANSYS®, Version ANSYS® Workbench 19.2 – nachfolgend ANSYS genannt – durchgeführt wird, werden sowohl statisch-strukturmechanische Analysen, eine Modalanalyse zur Ermittlung der Eigenfrequenzen, vgl. Unterabschnitt 2.3.3, als auch eine Frequenzganganalyse zur Beurteilung der dynamischen Nachgiebigkeit, vgl. Gleichung 2-20, durchgeführt. Die durchzuführenden Schritte werden für die einzelnen Analysen nachfolgend skizziert.

Statisch-strukturmechanische Analysen unter Biege- und Torsionsbelastung

Mittels statisch-strukturmechanischen Analysen werden Verformungen, Spannungen und Dehnung in Bauteilen, hervorgerufen durch äußere, ruhende Lasten ohne dynamische oder dämpfende Anteile, ermittelt [GEB18, S. 140].

In der vorliegenden Arbeit sollen diese Verformungen, die sowohl durch eine Kraft als auch ein Torsionsmoment hervorgerufen werden, für den Schafteckfräser mit Leichtbau-Innenkern ermittelt und optimiert werden. Hierzu wird eine Flächenlast auf die Wendeschneidplattensitze[22] aufgebracht, um die Durchbiegung – also eine Verschiebung senkrecht zur Werkzeugachse – zu ermitteln. Zudem erfolgt das Aufbringen eines Torsionsmoments, sodass die Abdrängung senkrecht zur Werkzeugachse in Form der Verschiebung als Vergleichsgröße dient. Voraussetzung ist ein parametrisierbares Simulationsmodell des Schafteckfräsers mit Leichtbau-Innenkern, sodass mit Hilfe einer Optimierung verschiedenste Kombinationen geometrischer und werkstofftechnischer Parameter untersucht werden können. Die Parametrisierung bezieht sich hierbei auf die Geometrie des Leichtbau-Innenkerns sowie dessen Werkstoffkennwerte.

[22] Die Wendeschneidplatten selbst sowie die Befestigungsschrauben wurden in der FE-Simulation aufgrund der Vereinfachung nicht berücksichtigt, vgl. Unterabschnitt 5.2.1.

Modalanalyse

Zur Ermittlung der Eigenfrequenzen wird in der vorliegenden Arbeit auf die Modalanalyse zurückgegriffen. Nach den in Abbildung 39 beschriebenen Schritten zur Modellaufbereitung erfolgt für die Modalanalyse der ungedämpften Systeme die Auswahl des Solvers. Für das in nachfolgender Gleichung 5-1 zu lösende Eigenwertproblem stehen in ANSYS die Solvertypen *Direct, Iterative, Supernode, Subspace* und *Unsymmetric* zur Verfügung.[23]

$$[K]\{x_n\} = \lambda_n[M]\{x_n\} \tag{5-1}$$

mit

$[K]$ = Steifigkeitsmatrix
$[M]$ = Massenmatrix
$\{x_n\}$ = Eigenvektor
λ_n = Eigenwert

Ein konventioneller Schafteckfräser besteht aus einem isotropen Werkstoff, sodass keine richtungsabhängigen Eigenschaften hinsichtlich der Steifigkeit und der Querkontraktion bestehen. Somit liegt eine dünnbesetzte und symmetrische Steifigkeitsmatrix vor. Für die Lösung des Eigenwertproblems ist das Block Lanczos Verfahren gebräuchlich.

Die in der vorliegenden Arbeit zu entwickelnden Schafteckfräser mit Leichtbau-Innenkern bestehen jedoch sowohl aus isotropen (Werkzeugmantel aus Werkzeugstahl) als auch aus anisotropen Werkstoffen (Leichtbau-Innenkern aus Faserverbundwerkstoff).[24] Der anisotrope Werkstoff besitzt somit richtungsabhängige Elastizitätseigenschaften, die vom Lagenaufbau bzw. der Faserorientierung abhängen. Die Steifigkeitsmatrix ist zwar ebenso symmetrisch, jedoch nicht mehr dünn-, sondern vollbesetzt. Vollständig anisotrope Werkstoffe haben keine Symmetrieebenen im Werkstoff und können somit mit 21 unabhängigen Elastizitätskonstanten beschrieben werden. Die Orthotropie ist ein Spezialfall der Anisotropie, wobei im Werkstoff drei Symmetrieebenen vorliegen. Das bedeutet, dass bei Belastung in den Symmetrieachsen nur vernachlässigbare Schubverzerrungen auftreten und sich somit die Steifigkeitsmatrix aus nur noch neun unabhängigen Elastizitätskonstanten zusammensetzt. Bei einer Betrachtung der einzelnen Lagen des Verbunds können diese als orthotrop betrachtet werden. [SCH07, S. 177–181] Somit kommt in der vorliegenden Arbeit für die zu entwickelnden Schafteckfräser mit Leichtbau-Innenkern ebenso ein Solver der nach dem Block Lanczos Verfahren arbeitet zum Einsatz.

Frequenzganganalyse

In der vorliegenden Arbeit dient die Frequenzganganalyse, die ebenso auf der Bewegungsdifferentialgleichung aus Gleichung 2-21 beruht, der Ermittlung der dynamischen Nachgiebigkeiten. Bei dieser Analyse wird die stationäre Antwort als Funktion der Frequenz einer Struktur auf dynamische Belastungen errechnet. Die harmonisch aufgebrachten Lasten sind

[23] Es folgt eine kurze Erläuterung der Solvertypen, für ein tiefer greifendes Studium der genannten Solver wird jedoch auf einschlägige Literatur verwiesen. Der Solvertyp Direct und Iterative bedient sich hierbei dem Block Lanczos Verfahren zur Lösung von Eigenwertproblemen bei großen symmetrischen dünnbesetzten Matrizen [LAN50; GRI94]. Zur Lösung von großen symmetrischen Eigenwertproblemen für viele Eigenmoden dient der Solvertyp Supernode [BEI09]. Der Solvertyp Subspace arbeitet analog dem Block Lanczos Verfahren mit dem Vorteil, dass beide Matrizen $[K]$ und $[M]$ zur selben Zeit indefinit sein dürfen, was zum Nachteil der Rechenzeit geschieht. Der Solvertyp Unsymmetric findet bei unsymmetrischen Systemmatrizen Anwendung, bedingt jedoch deutlich höhere Rechenzeiten. [WAN02]

[24] Vgl. hierzu auch Unterabschnitt 5.4.1.

dabei sinus- oder cosinusförmig sowie zeitlich veränderlich bei bekannter Amplitude und Frequenz. Eine solche Frequenzganganalyse bietet lediglich die Möglichkeit, eingeschwungene Schwingungsantworten als Folge erzwungener Schwingungen bei linearen Strukturen zu berechnen. Die transienten Schwingungsanteile infolge freier Schwingungen finden keine Berücksichtigung.

Zur Lösung einer Frequenzganganalyse stehen in ANSYS drei Methoden zur Verfügung – die *Methode mit vollständigen Matrizen* (engl.: full method)[25], die *Methode mit reduzierten Systemmatrizen* (engl.: reduced method)[26] sowie die *Methode der modalen Superposition* (engl.: modal superposition). Bei letztgenannter Methode, die auch in der vorliegenden Arbeit Anwendung findet, wird die dynamische Antwort der Struktur durch eine Superposition – also einer Überlagerung – einzelner Eigenschwingungsformen approximiert.[27] Im Vergleich zu den anderen genannten Methoden, insbesondere gegenüber den Methoden mit vollständigen Systemmatrizen, bietet diese Methode den Vorteil einer wesentlich geringeren Rechenzeit. Darüber hinaus sind Elementlasten sowie eine modale oder konstante Dämpfung möglich. Dem gegenüber stehen die Nachteile, bspw. die Notwendigkeit einer vorgelagerten Modalanalyse sowie das Fehlen einer Berücksichtigung von Nichtlinearitäten.

5.3 Ermittlung der Werkstoffkennwerte der Faserverbundkunststoffe

Für eine realitätsgetreue Parametereingabe der Werkstoffkennwerte in das Simulationsmodell sind die Angaben aus den Datenblättern der Hersteller ebenso wie die aus der Literatur – aufgrund zahlreicher Kombinationsmöglichkeiten – meist nicht ausreichend. Die für die vorliegende Arbeit relevanten Werkstoffkennwerte sind die E-Moduln, die Querkontraktionszahlen sowie die Schubmoduln in den jeweiligen Richtungen. Aus diesem Grund werden die potentiell zur Anwendung kommenden Faserverbundwerkstoffe ausführlich charakterisiert, was in diesem Abschnitt beschrieben wird.

5.3.1 Prüfkörper

Aufgrund des Vorliegens unterschiedlicher Ausgangszustände der Proben – Prepregs als unidirektional faserverstärkte Kunststoffverbundwerkstoffe und faserverstärktes Gewebe, vgl. Abbildung 23, als Ausgangsmaterial für die Herstellung von FVK-Platten sowie pultrudierte FVK-Stäbe – müssen jeweils geeignete Prüfversuche durchgeführt werden. Diese sind für die Prüfkörper, die aus den FVK-Platten ausgesägt werden, *Zugversuche* und für die pultrudierten Stäbe *3-Punkt-Biegeversuche*.

Prüfkörper für die Zugversuche

Aus den mittels Autoklavverfahren (Autoklav des Herstellers Scholz mit V: 3.000 l, TS: 0/300 °C, PS: 10,5 bar, PT: 17,0 bar), vgl. Unterabschnitt 2.4.3, hergestellten FVK-Platten wurden die Prüfkörper mit einer Labortrennsäge Typ: DIADISC 6200 des Herstellers Mutronic® ausgesägt und anschließend mit Krafteinleitungselementen versehen. Diese dienen neben der flächigen Krafteinleitung in die Prüfkörper auch der Vermeidung von möglichen Beschädigungen jener durch die Einspannung. Die nachfolgende Abbildung 40 zeigt a) das Autoklavverfahren sowie b) den Sägeprozess.

[25] Bei der Methode mit vollständigen Systemmatrizen wird auf eine Reduzierung der Dimension des Problems verzichtet, sodass alle Nichtlinearitäten bei der Berechnung berücksichtigt werden können [MÜL07, S. 217].

[26] Die Methode der reduzierten Systemmatrizen nutzt zur Berechnung einer Frequenzganganalyse die Guyan-Reduktion, die die Anzahl der Hauptfreiheitsgrade sowie die Systemmatrizen reduziert [GUY65, S. 380].

[27] Eine ausführliche Beschreibung der Methode der modalen Superposition kann einschlägiger Literatur wie [GEB18, S. 53, 391–401] entnommen werden.

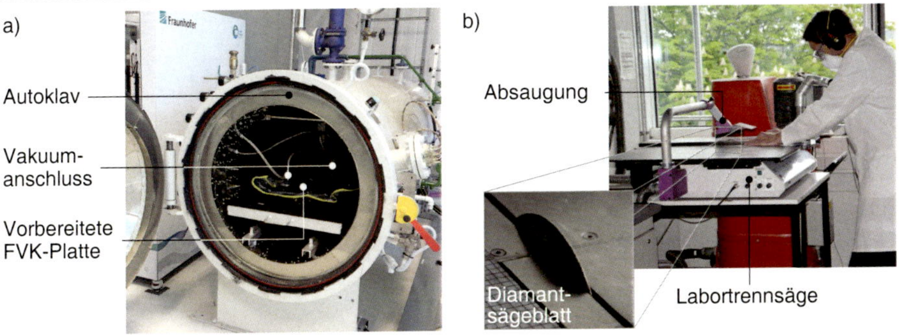

Abb. 40: Versuchsaufbau zur Herstellung der Prüfkörper für die Zugversuche – a) Autoklavverfahren, b) Sägeprozess

Der Aufbau der Prüfkörper mit Ausgangsmaterialien in unidirektionalem Zustand wird durch die Norm DIN EN ISO 527-5 [ISO10] bestimmt. Die Abmaße sind entsprechend der Faserorientierung zu wählen. Hierbei wird zwischen Typ A (Faserorientierung längs zur Zugrichtung) und Typ B (Faserorientierung quer zur Zugrichtung) unterschieden. Für die Prüfkörper mit Gewebe als Ausgangsmaterial kommt die Norm DIN EN ISO 527-4 [ISO97] zur Anwendung. In der vorliegenden Arbeit wurden Prüfkörper des Typs 3 (rechteckig mit verklebten Krafteinleitungselementen) verwendet. Die Lagenaufbauten der in der vorliegenden Arbeit untersuchten Prüfkörper für die Zugversuche sind in nachfolgender Tabelle 8 definiert.

Tab. 8: Normgerechte Ausgestaltung der Prüfkörper für den Zugversuch

Werkstofftyp	Norm	Typ	Faser-orientierung	Geometrie		Prüfgeschwindigkeit $\left[\frac{mm}{min}\right]$
				Breite $[mm]$	Höhe $[mm]$	
Unidirektional	[ISO10]	A	[0°]	15 ± 0,5	1 ± 0,2	2
		B	[90°]	25 ± 0,5	2 ± 0,2	1
	[ISO97]	3	[±45°]	25 ± 0,5	2 - 10	2
Gewebe	[ISO97]	3	[0°/90°]	25 ± 0,5	2 - 10	2
		3	[±45°]	25 ± 0,5	2 - 10	2
				Länge 250 mm		

Als Werkstoffe kommen Aramidfaserverstärkter Kunststoff (AFK) und Basaltfaserverstärkter Kunststoff (BFK) zum Einsatz. Darüber hinaus werden Kohlenstofffaserverstärkter Kunststoff (CFK), CFK mit Hochmodulfasern (HM) sowie CFK mit Ultrahochmodulfasern (UHM) jeweils sowohl Unidirektional (UD) als auch als Gewebe getestet. Abgerundet wird das Werkstoffspektrum mit Glasfaserverstärktem Kunststoff (GFK), vorliegend als Gewebe.

Prüfkörper für die 3-Punkt-Biegeversuche

Die Prüfkörper für die 3-Punkt-Biegeversuche wurden von einem externen Partnerunternehmen im Pultrusionsverfahren, vgl. Tabelle 4 in Unterabschnitt 2.4.3, hergestellt. Der Querschnitt dieser FVK-Stäbe war kreisrund, was durch das formgebende Werkzeug definiert wurde. Wie bei dem verwendeten Fertigungsverfahren üblich, ist die Faserorientierung rein auf die Längsrichtung ausgelegt. Die in der vorliegenden Arbeit verwendeten Prüfkörper für die 3-Punkt-Biegeversuche hatten eine Länge von $100\ mm$ und einen Durchmesser von $11\ mm$. Als Werkstoffe wurden Kohlenstofffaserverstärkter Kunststoff (CFK_{Stab}) und Glasfaserverstärkter Kunststoff (GFK_{Stab}) geprüft.

5.3.2 Experimentelle Untersuchungen

Zugversuche

Die Zugversuche an den in Tabelle 8 vorgestellten Prüfkörpern wurden mit einer Universalprüfmaschine Typ 1475 des Herstellers ZwickRoell mit mechanischen Keilspannbacken unter quasi-statischen Bedingungen nach den genannten Normen durchgeführt, vgl. nebenstehende Abbildung 41.

Abb. 41: Zugversuche mit der Universalprüfmaschine Typ 1475

Dabei werden mit einem Kraftsensor die anliegende Kraft sowie mit einem Extensometer die Längenänderung von der Universalprüfmaschine erfasst. Durch die zusätzliche Applikation von Dehnungsmessstreifen (DMS) können die Querkontraktionszahlen ermittelt werden. Für eine möglichst hohe Genauigkeit der Werkstoffkennwerte für die FE-Simulation wurde jede Versuchsreihe normgerecht fünfmal wiederholt.

Die Spannung σ in Zugrichtung ergibt sich aus der anliegenden Kraft F und der Anfangsquerschnittsfläche A_0, vgl. nachfolgende Gleichung 5-2.

$$\sigma = \frac{F}{A_0} \qquad (5\text{-}2)$$

Die aufgrund der äußeren Belastung entstehende Verlängerung ΔL bezogen auf die Anfangslänge des Prüfkörpers L_0 wird als normative Dehnung ε bezeichnet und mit nachfolgender Gleichung 5-3 beschrieben [BIE15, S. 119].

$$\varepsilon = \frac{\Delta L}{L_0} \qquad (5\text{-}3)$$

Der Elastizitätsmodul E wird aus dem Quotienten der Änderung der Spannung sowie dem entsprechenden Unterschied der Dehnungen bei den Werten $\varepsilon = 0,05\ \%$ und $\varepsilon = 0,25\ \%$ ermittelt und entspricht somit der Steigung im Spannungs-Dehnungs-Diagramm [DIN12c], vgl. nachfolgende Gleichung 5-4.

$$E = \frac{\Delta\sigma}{\Delta\varepsilon} = \frac{\sigma_2 - \sigma_1}{\varepsilon_2 - \varepsilon_1} \qquad (5\text{-}4)$$

Die Querkontraktionszahl ν wird durch den negativen Quotienten der Querdehnung ε_Q (Einschnürung) und der Längsdehnung ε_L bestimmt, vgl. nachfolgende Gleichung 5-5.

$$\nu = -\frac{\varepsilon_Q}{\varepsilon_L} \qquad (5\text{-}5)$$

Der Schubmodul G wird aus dem Quotienten der Änderung der Schubspannung τ sowie dem entsprechenden Unterschied der Schubverformung γ bei den Werten $\gamma = 0,1\ \%$ und $\gamma = 0,5\ \%$ ermittelt [DIN98a], vgl. nachfolgende Gleichung 5-6.

$$G = \frac{\tau_2 - \tau_1}{\gamma_2 - \gamma_1} \tag{5-6}$$

3-Punkt-Biegeversuche

Die 3-Punkt-Biegeversuche wurden mit einer Universalprüfmaschine inspekt 5 table blue des Herstellers Hegewald & Peschke, wie sie in Abbildung 42 dargestellt ist, durchgeführt. Die Prüfkörper wurden bei einem Auflagerabstand von $80\ mm$ mit einer konstanten Prüfgeschwindigkeit von $5\ ^{mm}/_{min}$ verformt, bis diese gebrochen sind oder die Verformung die maximale Kraft der Universalprüfmaschine von $5\ kN$ erreicht hat.

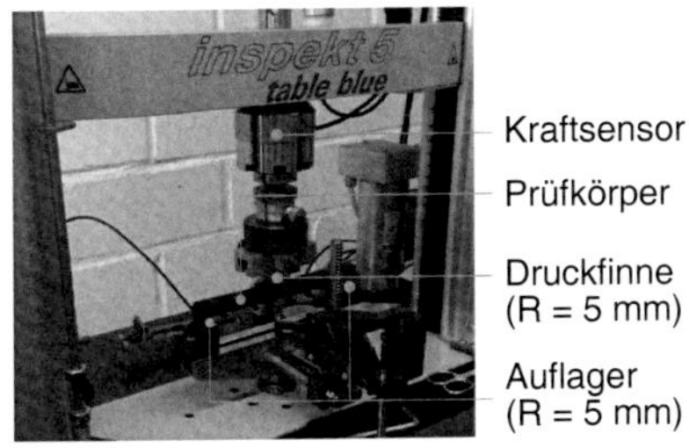

Abb. 42: 3-Punkt-Biegeversuche mit der Universalprüfmaschine inspekt 5 table blue

Der E-Modul in Längsrichtung bei Biegebeanspruchung wurde aus der aus dem 3-Punkt-Biegeversuch errechneten Randfaserdehnung $\varepsilon_{(x,z=\frac{d}{2})}$ ermittelt, vgl. nachfolgende Gleichung 5-7[28] sowie Abbildung 43.

$$\varepsilon_{(x,z)} = \frac{1}{\rho(x)} \cdot z = \frac{M_b(x)}{E \cdot I_{yy}} \cdot z \tag{5-7}$$

mit

$\varepsilon_{(x,z)}$ = Dehnung
$\frac{1}{\rho(x)}$ = Krümmung des Biegebalkens
$M_b(x)$ = Biegemoment

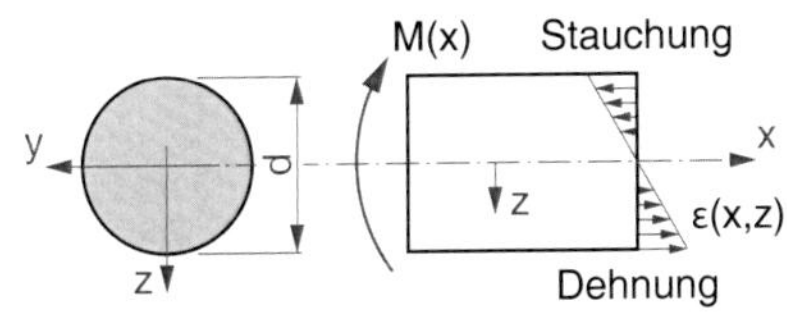

Abb. 43: Erläuterung der Randfaserdehnung

Durch Einsetzen des Flächenträgheitsmomentes für die Grundfläche eines Kreises (im vorliegenden Fall handelt es sich um einen kreisrunden Stab) $I_{yy} = \frac{\pi r^4}{4}$ in Gleichung 5-7 sowie unter Berücksichtigung der Randfaserdehnung $\varepsilon_{(x,z=\frac{d}{2})}$, ergibt sich für den E-Modul in Längsrichtung nachfolgende Gleichung 5-8.

$$E = \frac{M_b(x) \cdot 4}{\varepsilon_{(x,z=\frac{d}{2})} \cdot \pi \cdot r^3} \tag{5-8}$$

5.3.3 Ergänzende simulative Werkstoffkennwertermittlung

Anders als bei den Werkstoffen der Zugversuche konnten diverse Werkstoffkennwerte nicht aus den Ergebnissen des realen 3-Punkt-Biegeversuchs berechnet werden. Da zudem auch nicht die Kennwerte der Einzelkomponenten Faser und Matrix bekannt waren, konnten diese unbekannten Werkstoffkennwerte (ν_{xy}, ν_{xz}, ν_{yz}, G_{xy}, G_{xz} und G_{yz}) hieraus ebenso wenig berechnet werden.

Um die erforderlichen Kennwerte für die FE-Simulation des Schafteckfräsers mit Leichtbau-

[28] Eine Herleitung der Gleichung kann einschlägiger Literatur zum Themenkomplex der Technischen Mechanik, hier der Elastostatik, wie [GRO17] oder [SPU19] entnommen werden.

Innenkern zu erhalten, wurde der reale 3-Punkt-Biegeversuch in der FE-Simulation nachgestellt. Durch die Parametrisierung der unbekannten Werkstoffkennwerte sowie durch Variation mittels Optimisierungsverfahren konnten die Ergebnisse des Simulationsmodells die realen Ergebnisse des 3-Punkt-Biegeversuchs hinreichend genau abbilden. Für diese Optimierung wurde der Built-in Optimierungsalgorithmus *NLPQL* (Nonlinear Programming by Quadratic Lagrangian)[29] von ANSYS genutzt.
Hierfür wurde dem Simulationsmodell die aus dem realen 3-Punkt-Biegeversuch bekannte Kraft bei einer Verschiebung (Durchbiegung) von $1\ mm$ sowie die bereits ermittelten Werkstoffkennwerte ρ, E_x, E_y und E_z vorgegeben. Im Anschluss daran wurden die unbekannten Werkstoffkennwerte variiert, bis sich eine Konvergenz sowohl der Verschiebungskomponente als auch der Werkstoffkennwerte abzeichnete. Exemplarisch wird dies für den Werkstoff GFK_{Stab} anhand der Verschiebungskomponente und eines Schubmoduls in den nachfolgenden Abbildungen 44 und 45 veranschaulicht. Hierbei werden die Konvergenzen deutlich sichtbar, sodass die nach diesem Vorgehen ermittelten Kennwerte eine hinreichende Genauigkeit aufweisen.

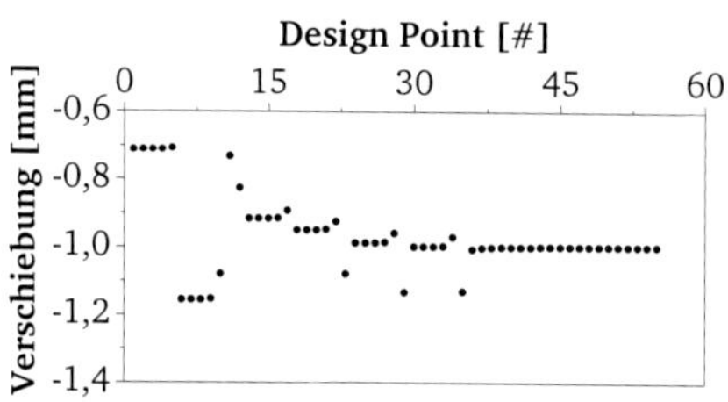

Abb. 44: Entwicklung der Verschiebungskomponente bei der simulativen Werkstoffkennwertermittlung am Beispiel des Werkstoffs GFK_{Stab}

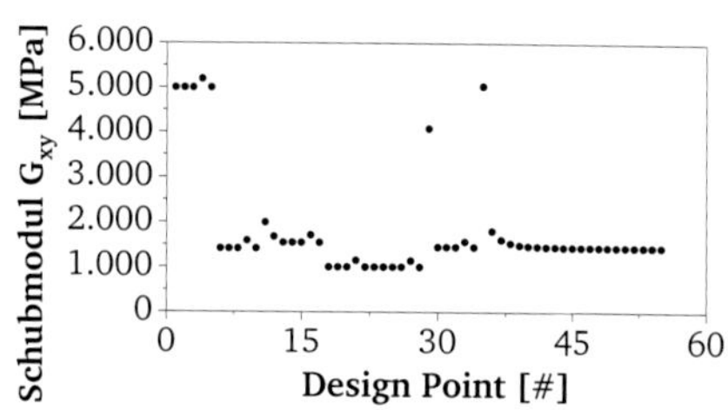

Abb. 45: Entwicklung der Optimierung eines Schubmoduls bei der simulativen Werkstoffkennwertermittlung am Beispiel des Werkstoffs GFK_{Stab}

Eine Zusammenfassung der experimentell ermittelten sowie der in diesem Unterabschnitt beschriebenen simulativ ermittelten Werkstoffkennwerte ist den Tabellen 9 und 10 im nachfolgenden Unterabschnitt zu entnehmen.

5.3.4 Werkstoffkennwerte für die Finite Elemente Analyse

In den vorangegangenen Unterabschnitten wurden die unterschiedlichen Vorgehensweisen zur Ermittlung der für die FE-Simulation benötigten Werkstoffkennwerte beschrieben. Abschließend hierzu stellen nachfolgende Tabelle 9 für die Werkstoffe mit einer Faserorientierung von $[0°]$ sowie Tabelle 10 für die Werkstoffe mit einer Faserorientierung von $[\pm 45°]$ eine Übersicht dieser dar. Die Werkstoffe sowie die Art der Ermittlung der Werte können anhand der Bezeichnung Unterabschnitt 5.3.1 entnommen werden.

[29] Die NLPQL-Methode basiert auf einem gradientenbasierten Algorithmus, sodass ein lokales Optimierungsergebnis errechnet wird. Es wird hiermit eine Zielsetzung unterstützt und ist auf kontinuierliche Eingabeparameter beschränkt. [LEE19, S. 318]

Tab. 9: Ermittelte Werkstoffkennwerte mit einer Faserorientierung von $[0^\circ]$ für die Finite Elemente Analyse

Bezeichnung	Ermittelte Werkstoffkennwerte						
	Dichte $\rho\ \left[\frac{kg}{m^3}\right]$	E_x $[MPa]$	$E_y \mathrel{\hat{=}} E_z$ $[MPa]$	$\nu_{xy} \mathrel{\hat{=}} \nu_{xz}$ $[-]$	ν_{yz} $[-]$	$G_{xy} \mathrel{\hat{=}} G_{xz}$ $[MPa]$	G_{yz} $[MPa]$
CFK_{UD}	1.601,10	122.676,39	9.886,30	0,30	0,40	1.276,45	353,08
CFK_{Stab}	1.608,00	79.710,71	33.702,50	0,07	0,33	1.733,71	1.142,20
CFK_HM_{UD}	1.494,20	203.108,30	6.211,44	0,23	0,40	1.273,84	221,84
CFK_UHM_{UD}	1.774,70	344.897,00	5.369,35	0,24	0,40	1.429,50	191,76
GFK_{Stab}	2.179,20	5.489,55	2.737,58	0,07	0,27	1.423,38	153,29

Tab. 10: Ermittelte Werkstoffkennwerte mit einer Faserorientierung von $[\pm 45^\circ]$ für die Finite Elemente Analyse

Bezeichnung	Ermittelte Werkstoffkennwerte						
	Dichte $\rho\ \left[\frac{kg}{m^3}\right]$	$E_x \mathrel{\hat{=}} E_y$ $[MPa]$	E_z $[MPa]$	ν_{xy} $[-]$	$\nu_{xz} \mathrel{\hat{=}} \nu_{yz}$ $[-]$	G_{xy} $[MPa]$	$G_{xz} \mathrel{\hat{=}} G_{yz}$ $[MPa]$
AFK	1.342,40	3.139,22	500,00	0,07	0,30	538,49	192,31
BFK	1.947,30	1.309,36	500,00	0,09	0,30	1.273,77	192,31
CFK_G	1.601,10	3.586,52	988,63	0,30	0,41	2.755,18	351,83
CFK_HM_G	1.494,20	3.957,69	621,14	0,30	0,55	4.312,05	199,98
CFK_UHM_G	1.774,70	4.778,79	536,94	0,40	0,67	7.167,18	160,66
GFK	2.011,00	1.809,76	500,00	0,08	0,30	1.546,71	192,31

5.4 Entwicklung eines Simulationsmodells des Schafteckfräsers mit Leichtbau-Innenkern mit der Finiten Elemente Analyse

Beim Aufbau und der Analyse des Simulationsmodells auf Basis der Finiten Elemente Analyse wird auf die in Unterabschnitt 5.2.1 aufgezeigten theoretischen Grundlagen zurückgegriffen sowie die in Unterabschnitt 5.2.2 beschriebenen Analysen durchgeführt.

5.4.1 CAD-Konstruktion, Idealisierung und Modellaufbereitung

Basis des FE-Simulationsmodells des zu entwickelnden Schafteckfräsers mit Leichtbau-Innenkern bildete eine parametrische 3D-CAD-Konstruktion, die von einem Partnerunternehmen bereitgestellt wurde.

Bei der Modellaufbereitung wurden aufgrund der Übersichtlichkeit der 3D-CAD-Konstruktion und somit der eher geringen Auswirkungen auf die Rechenzeit keine geometrischen Anpassungen vorgenommen. Die FE-Simulation wurde jedoch sowohl ohne Wendeschneidplatten als auch ohne zugehörige Befestigungsschrauben durchgeführt.

Das lokale Verhalten im Kontaktbereich zwischen Werkzeugmantel und Leichtbau-Innenkern wurde in der vorliegenden Arbeit nicht näher betrachtet. Aus diesem Grund wurde die Verbindung dahingehend idealisiert, dass diese als fest verbunden definiert wurde, wodurch eine Trennung oder Relativbewegung ausgeschlossen wird. Hierzu wurde in ANSYS der Kontakttyp *Verbund* (engl. *bonded*) gewählt. [GEB18, S. 172 f.; WAG19, S. 215]

Prinzipieller Aufbau des Schafteckfräsers mit Leichtbau-Innenkern

Wie in Abschnitt 1.2 beschrieben, soll ein Schafteckfräser mit lastgerecht ausgelegtem Innenkern aus Faserverbundkunststoff für die Metallzerspanung entwickelt werden. Nachfolgende Abbildung 46 zeigt den konzeptionellen Aufbau der Entwicklung.

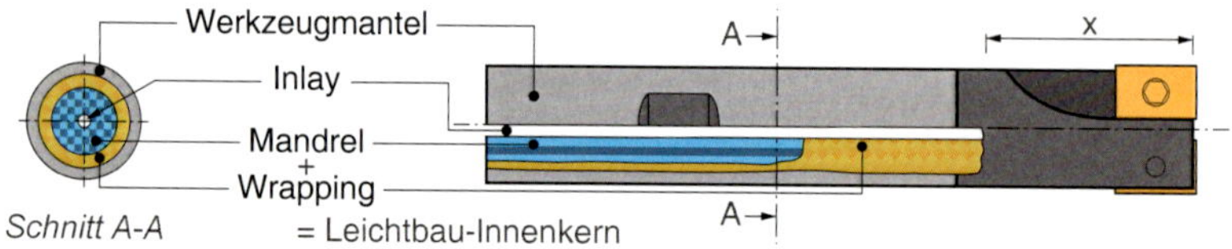

Abb. 46: Konzept des Schafteckfräsers mit Leichtbau-Innenkern

Die in Kapitel 3 vorgestellte Marktstudie beschreibt, dass die Zerspanungsbranche als konservative Branche einzuordnen ist. Das zeigt sich bspw. daran, dass keine zusätzlichen Geräte für den Einsatz innovativer Schafteckfräser oder die gleiche, konventionelle Einspannung zum Einsatz kommen sollen, vgl. Unterabschnitt 3.3.3. Um diesem Umstand Rechnung zu tragen, sollen einerseits keine zusätzlichen Geräte bzw. Anbauten verwendet werden und andererseits der Werkzeugmantel – also die Außenhülle des Schafteckfräsers – unberührt bleiben, sodass diese analog einem konventionellen Schafteckfräser aus Werkzeugstahl (1.2312) besteht. Die genannten Restriktionen haben für die Anwender den positiven Nebeneffekt, dass weder die Lagerung, die Handhabung noch die Montage gegenüber bestehenden Schafteckfräsern abweichen.

Das in Abbildung 46 dargestellte Konzept des Schafteckfräsers beinhaltet weiterhin den Leichtbau-Innenkern, der aus einem rotationssymmetrischen FVK-Wickelkern (Mandrel) besteht, auf dem ein weiterer FVK-Werkstoff unter einem bestimmten Winkel abgelegt wird (Wrapping). Die Geometrie des Leichtbau-Innenkerns wird dabei durch den Mandrel bestimmt [HEN11b, S. 660; SCH14a, S. 326]. Die Haftung zwischen Mandrel und Wrapping gewährleisten vorimprägnierte Fasern. Entsprechend der Belastungen des Schafteckfräsers erfolgt die lastgerechte Orientierung der Fasern des Leichtbau-Innenkerns. Das hier beschriebene Konzept des Leichtbau-Innenkerns wurde zweigeteilt aufgebaut. Grund hierfür ist die mögliche Variation der Faser- (Kohlenstoff-, Glas-, Aramidfaser etc.) und Matrixwerkstoffe (Duroplast, Thermoplast) sowohl für das Wrapping als auch für den Mandrel je nach Anforderungen (bspw. an die Steifigkeit oder die Dämpfung). Zum Schutz des FVK vor dem durchströmenden Kühlschmierstoff wird ein gegen diesen beständiges Inlay beim Herstellungsprozess des Leichtbau-Innenkerns vorgesehen.

Zielgrößen und Restriktionen

Wie bereits in Kapitel 1 der vorliegenden Arbeit erläutert, werden mit der Entwicklung des Schafteckfräsers mit Leichtbau-Innenkern die Zielgrößen Biegung, Torsion sowie dynamische Nachgiebigkeit verfolgt und gelten äquivalent bei der FE-Simulation.

Einfluss genommen werden kann auf diese durch Variation der Außendurchmesser von Mandrel und Wrapping, vgl. Abbildung 46, sowie durch Variation der Mandrel- und Wrappingwerkstoffe, wodurch implizit die Parameter Dichte ρ, E-Moduln (E_x, E_y, E_z), Querkontraktionszahlen (ν_{xy}, ν_{xz}, ν_{yz}) sowie Schubmoduln (G_{xy}, G_{xz}, G_{yz}) variiert werden.

Basierend auf der aufzunehmenden Belastungsart von Mandrel und Wrapping wurden die in Unterabschnitt 5.3.4 vorgestellten Werkstoffe vorselektiert. Da der Mandrel primär der

Aufnahme der Biegebelastungen dienlich sein soll und somit einen Biegebalken darstellt, wurden die Werkstoffe mit unidirektionaler Faserorientierung CFK_{UD}, CFK_{Stab}, CFK_HM_{UD}, CFK_UHM_{UD} und GFK_{Stab} als mögliche Mandrelwerkstoffe definiert[30], vgl. Tabelle 9. Darüber hinaus soll das Wrapping v. a. den auftretenden Torsionsbelastungen entgegenstehen und fungiert als Torsionsrohr, weshalb die als Gewebe vorliegenden Werkstoffe AFK, BFK, CFK_G, CFK_HM_G, CFK_UHM_G und GFK ausgewählt wurden[31], vgl. Tabelle 10.

Des Weiteren wurde eine Restriktion bezüglich der Wandstärke des Wrappings definiert. Prinzipiell entspricht der Außendurchmesser des Mandrels dem kleinsten Innendurchmesser des Wrappings. Aus Herstellungsgründen wurde die minimale Wandstärke des Wrapping mit $1\ mm$ definiert.

Ferner hatte das verwendete kühlschmierstoffbeständige Inlay einen Außendurchmesser von $2,4\ mm$, weshalb der kleinste Außendurchmesser des Mandrels mit $5\ mm$ festgelegt wurde. Der maximale Außendurchmesser mit $13\ mm$ beruht auf dem definierten maximalen Außendurchmesser des Leichtbau-Innenkerns und daher des Wrappings von $15\ mm$ auf Grundlage des Werkzeugmantels mit Spannfläche für eine Anschlagschraube und einem Außendurchmesser von $20\ mm$. Abbildung 47 veranschaulicht die genannten geometrischen Restriktionen.

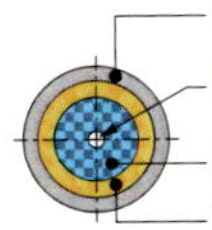

Abb. 47: Geometrische Restriktionen des Schafteckfräsers mit Leichtbau-Innenkern (Angaben entsprechen den Außendurchmessern)

Als letzte Restriktion wurde aufgrund der Verteilung der Innenkühlkanäle sowie der Aufnahme der Wendeschneidplatten die maximale Länge des Leichtbau-Innenkerns als Länge des gesamten Schafteckfräsers abzüglich $50\ mm$ – in Abbildung 46 mit „x“ gekennzeichnet – definiert.

5.4.2 Vorgehensweise und Ergebnisse der Finiten Elemente Analyse

Nachfolgende Abbildung 48 zeigt die Vorgehensweise bei der simulativen Ermittlung der Eigenschaften des Schafteckfräsers mit Leichtbau-Innenkern.

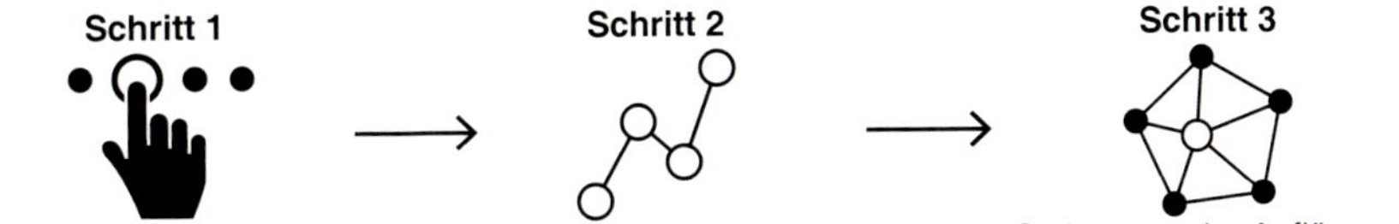

Abb. 48: Vorgehensweise bei der simulativen Eigenschaftsermittlung

Nachdem die Werkstoffe aus den Tabellen 9 und 10 in der ANSYS-Datenbank angelegt und den einzelnen Bestandteilen des FE-Simulationsmodells zugewiesen wurden, wurden die für das Wrapping definierten Werkstoffe sowie dessen Außendurchmesser variiert. Dies ermöglichte die Auswahl eines geeigneten Werkstoffs für das Wrapping. Im Anschluss daran wurde eine Vorauswahl des Werkstoffs für den Mandrel durch Variation der Werkstoffe bei drei Außendurchmessern für Mandrel und Wrapping durchgeführt, sodass die Anzahl an Werkstoffen für den Mandrel für die weiteren Simulationen verringert werden konnte, um dadurch die Rechenzeit zu senken. Zum Abschluss wurde mit den ausgewählten Werkstoffen eine Simula-

[30] Für einen Biegebalken eignet sich ein FVK-Werkstoff mit einer $[0^\circ]$-Faserorientierung [AVK14, S. 297].

[31] FVK-Bauteile, die auf Torsion belastet werden, werden mit $[\pm 45^\circ]$-Wicklungen gefertigt [AVK14, S. 297].

tion mit höherer Auflösung hinsichtlich des Außendurchmessers von Mandrel und Wrapping, die in Abstimmung mit dem späteren Herstellprozess gewählt wurde, durchgeführt. Die Ergebnisse der einzelnen Schritte wurden jeweils in Relation zum Referenzwerkzeug verglichen und werden im Folgenden genauer erläutert.

Schritt 1

In einem ersten Schritt der FE-Simulation wurde der Wrappingwerkstoff bei konstantem Mandrelwerkstoff und -durchmesser (CFK_{UD}, Außendurchmesser $5\ mm$) innerhalb der beschriebenen Grenzen des Außendurchmessers variiert, um das Verhalten der einzelnen Wrappingwerkstoffe in Bezug auf die Zielgrößen Biegung, Torsion und dynamische Nachgiebigkeit zu untersuchen. Die Ergebnisse können den nachfolgenden Abbildungen 49 - 51 entnommen werden.

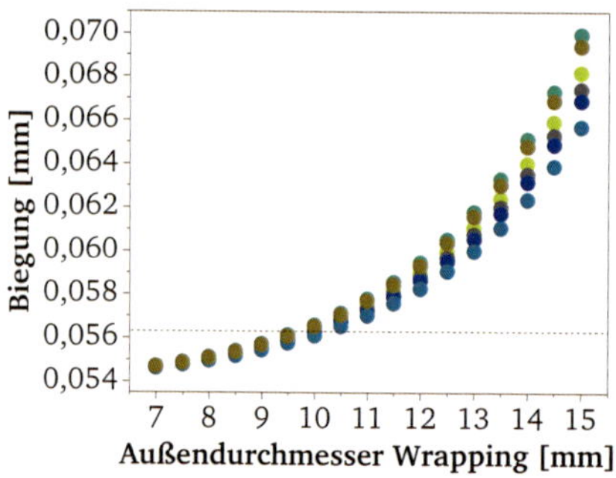

Abb. 49: Ergebnisse der Variation des Wrappingwerkstoffs und des -außendurchmessers in Bezug auf die Biegung

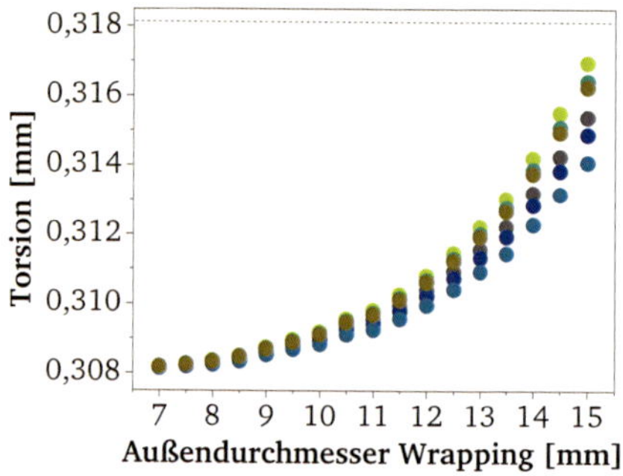

Abb. 50: Ergebnisse der Variation des Wrappingwerkstoffs und des -außendurchmessers in Bezug auf die Torsion[32]

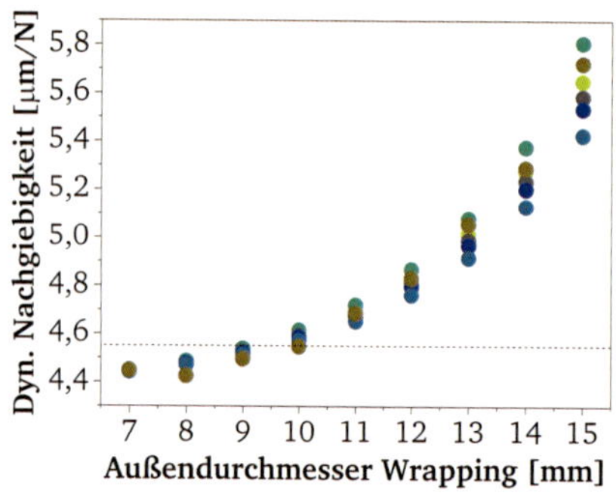

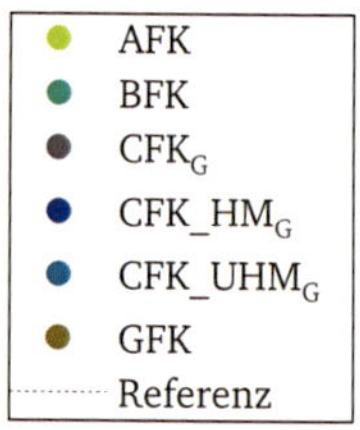

Abb. 51: Ergebnisse der Variation des Wrappingwerkstoffs und des -außendurchmessers in Bezug auf die dynamische Nachgiebigkeit

[32] Einheit der Ordinatenachse in mm, da die Abdrängung des Wendeschneidplattensitzes bedingt durch die Torsionsbelastung senkrecht zur Werkzeugachse in Form der maximalen Verschiebung als Vergleichsgröße dargestellt wird, vgl. Unterabschnitt 5.2.2.

Deutlich zu erkennen ist die Zunahme der Streuung der Ergebnisse für die einzelnen Werkstoffe bei den jeweiligen Zielgrößen mit steigendem Außendurchmesser für das Wrapping. Die geringste Biegung sowie die geringste Verschiebung aufgrund des angelegten Torsionsmoments zeigt der Werkstoff CFK_UHM$_G$. Für die Zielgröße dynamische Nachgiebigkeit zeigen beim kleinstmöglichen Außendurchmesser für das Wrapping alle untersuchten Werkstoffe sehr ähnliche Werte. Bis zum Grenzwert des Referenzwerkzeugs weist der Werkstoff GFK die geringsten Werte auf. Erst danach kann sich der Werkstoff CFK_UHM$_G$, der bei den anderen Zielgrößen am besten abschnitt, durchsetzen.

Für den weiteren Verlauf der Arbeit wurde der Werkstoff GFK als Wrappingwerkstoff festgelegt, sodass dieser für den zweiten Schritt der FE-Simulation als konstant definiert wurde. Nebenstehende Abbildung 52 zeigt die gewichtete Rangfolge mit den Zielgrößen Biegung, Torsion und dynamische Nachgiebigkeit sowie der Wirtschaftlichkeit. Deren Gewichtung ist dabei in eckigen Klammern in der Legende angegeben. Der niedrigste Wert zeigt dabei den geeignetsten Werkstoff auf. Demnach begründet sich diese Entscheidung darin, dass einerseits, wie bereits erläutert, die Biegung vornehmlich durch den Mandrel aufgenommen werden soll. Andererseits stehen durch die Vorselektion nur Werkstoffe zur Auswahl, die sich prinzipiell für die Aufnahme von Torsionsbelastungen eignen. Der entscheidende Grund zur Auswahl von GFK findet sich jedoch in der dynamischen Nachgiebigkeit. Für die spätere Anwendung beim Fräsprozess ist eine Reduzierung der Schwingungen von essentieller Bedeutung. Durch die Auswahl von GFK als Wrappingwerkstoff wird diesem Umstand bereits in Schritt 1 Rechnung getragen. Darüber hinaus ist aus wirtschaftlichen Aspekten der Werkstoff GFK dem Werkstoff CFK_UHM$_G$ vorzuziehen.

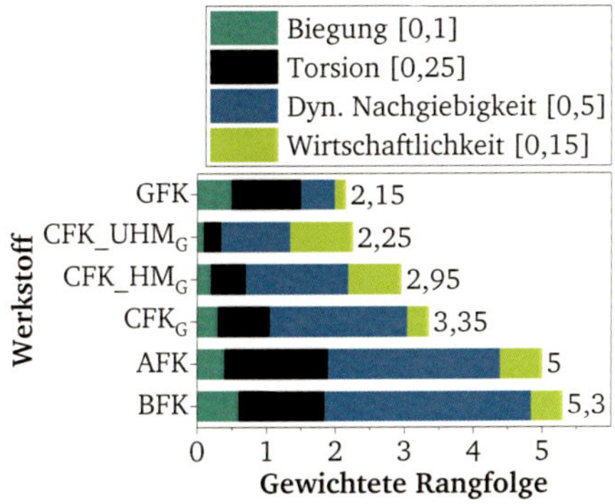

Abb. 52: Gewichtete Rangfolge der Werkstoffauswahl für das Wrapping

Schritt 2

Der zweite Schritt der FE-Simulation diente der Vorauswahl des Mandrelwerkstoffs. Nach der in Unterabschnitt 5.4.1 beschriebenen Vorselektion der Werkstoffe wurde an dieser Stelle der Außendurchmesser sowohl des Mandrels als auch des Wrappings variiert. Zur effizienten Berechnung sowie Reduzierung der Rechenzeit wurden für diesen Schritt lediglich sechs Simulationsdurchläufe durchgeführt. Für den Mandrel wurden die Außendurchmesser $5,0\ mm$, $9,0\ mm$ und $13,0\ mm$ sowie die Außendurchmesser $7,0\ mm$ (●), $11,0\ mm$ (■) und $15,0\ mm$ (▲) für das Wrapping simuliert, vgl. hierzu die Abbildungen 53 - 55[33].

[33]Zur übersichtlicheren Darstellung werden die Ergebnisssymbole versetzt dargestellt.

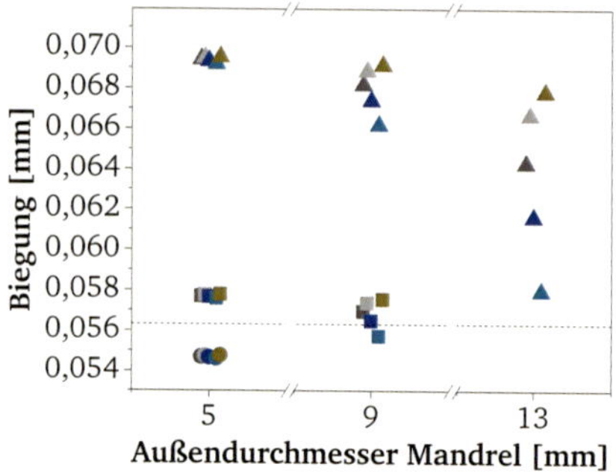

Abb. 53: Ergebnisse der Variation des Mandrelwerkstoffs bei definierten -außendurchmessern in Bezug auf die Biegung

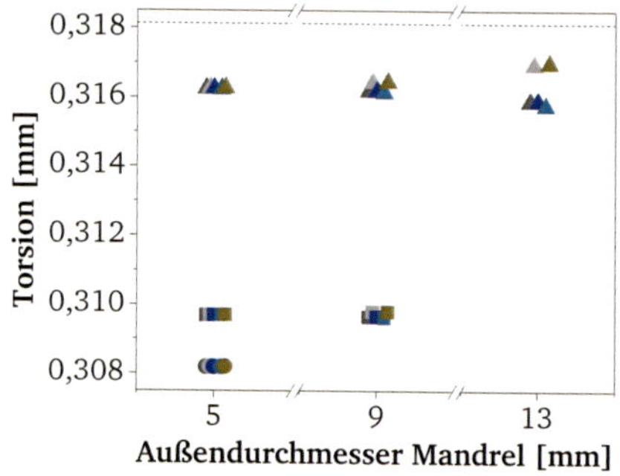

Abb. 54: Ergebnisse der Variation des Mandrelwerkstoffs bei definierten -außendurchmessern in Bezug auf die Torsion[34]

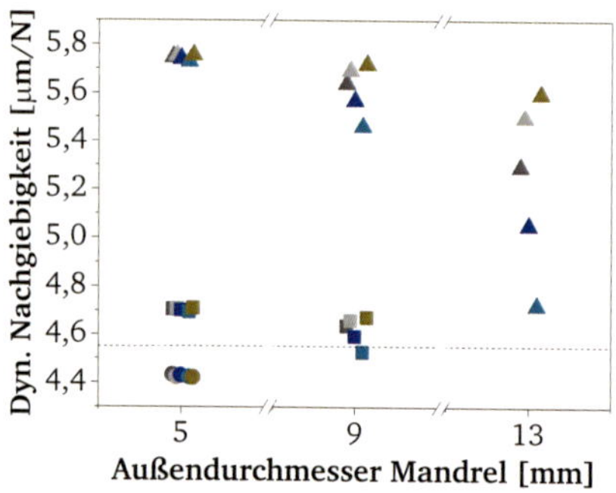

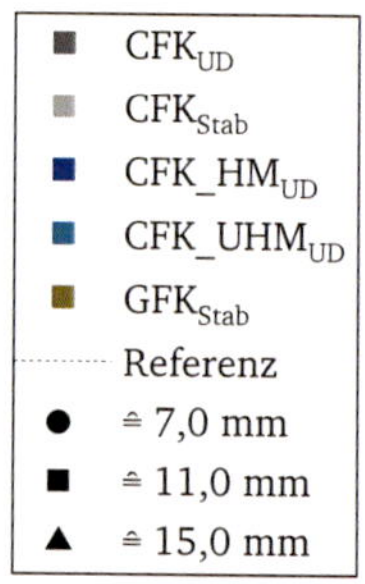

Abb. 55: Ergebnisse der Variation des Mandrelwerkstoffs bei definierten -außendurchmessern in Bezug auf die dynamische Nachgiebigkeit

Die aus Prepregs hergestellten Werkstoffe CFK_{UD}, CFK_HM_{UD} sowie CFK_UHM_{UD} erreichen in der FE-Simulation in Abhängigkeit vom Außendurchmesser des Wrappings – über alle Zielgrößen und Durchmesservariationen betrachtet – bessere Ergebnisse als die mittels Pultrusionsverfahren hergestellten Werkstoffe CFK_{Stab} und GFK_{Stab}.[35]

Darüber hinaus ist der steigende Einfluss des Werkstoffs für den Mandrel mit dessen zunehmenden Durchmesser deutlich zu verzeichnen. Verglichen mit dem Referenzwerkzeug konnte jedoch keine Kombination mit einem Außendurchmesser des Wrappings von $15\ mm$ gefunden werden, die bessere Ergebnisse in Bezug auf die Zielgrößen Biegung und dynamische Nachgiebigkeit liefert. Wohingegen die Kombinationen mit einem Mandreldurchmesser von $5\ mm$ in allen Zielgrößen stets bessere Ergebnisse als das Referenzwerkzeug zeigen, können bei den Kombinationen mit einem Mandreldurchmesser von $9\ mm$ nur noch wenige überzeugen. Demnach ist eine eindeutige Tendenz zu kleineren Außendurchmessern von Mandrel

[34] Vgl. Fußnote 32.

[35] In Bezug auf die Herstellung von Demonstratorwerkzeugen ist die Herstellung der Leichtbau-Innenkerne aus Prepregs darüber hinaus aus wirtschaftlicher Betrachtung zu bevorzugen. Das Herstellverfahren Pultrusion kann erst bei einer industriellen Massenproduktion wirtschaftlich rentabel eingesetzt werden.

und Wrapping festzustellen.

Für den nachfolgenden Schritt, bei dem die Anzahl der Design-Points wesentlich gesteigert wurde, jedoch die Rechenzeit nicht unnötig erhöht werden sollte, wurden die Werkstoffe CFK_{UD} und CFK_UHM_{UD} berücksichtigt. Diese beiden zeigen in nebenstehender Abbildung 56, welche erneut die gewichtete Rangfolge mit den Zielgrößen sowie der Wirtschaftlichkeit beschreibt, einen niedrigen bzw. den niedrigsten Wert und werden somit als geeignet eingestuft. Die Hauptaufgabe des Mandrels ist – neben der Berücksichtigung der dynamischen Nachgiebigkeit – die Aufnahme der Biegekräfte. Bei Betrachtung der Ergebnisse aus Abbildung 53 zeigt der Werkstoff CFK_UHM_{UD} stets niedrigste Werte, worin sich hauptsächlich dessen Auswahl begründet. Eine wirtschaftliche Betrachtung der Werkstoffkosten führte zudem zur Entscheidung, den Werkstoff CFK_{UD} in die weiteren FE-Simulationen einzubeziehen.

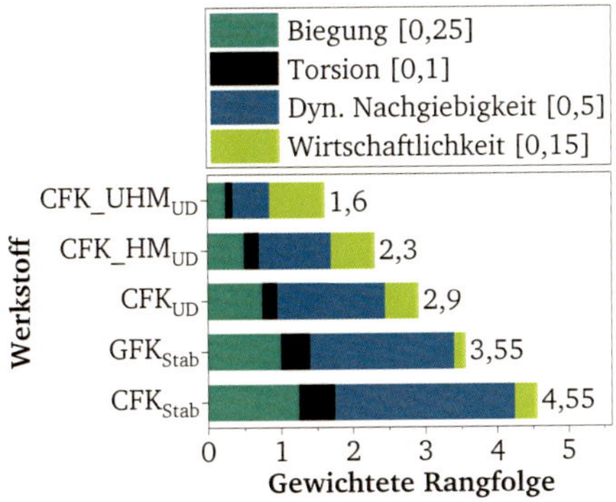

Abb. 56: Gewichtete Rangfolge der Werkstoffauswahl für den Mandrel

Schritt 3

Im dritten Schritt wurde die Anzahl der Design-Points bezogen auf den Außendurchmesser von Mandrel und Wrapping bei reduzierter Werkstoffauswahl erhöht und für jeden Werkstoff FE-Simulationen in Bezug auf die Zielgrößen Biegung, Torsion und dynamische Nachgiebigkeit bei variierendem Mandrel- und Wrappingdurchmesser durchgeführt. Die Auswahl der Design-Points wurde mit Hilfe der Built-in Funktion *Adaptive Mehrfach-Zielgröße*[36] von ANSYS automatisiert. Die Ergebnisse können den nachfolgenden Abbildungen 57 - 59 entnommen werden. Aufgrund des isotropen Werkstoffs des Referenzwerkzeugs ist für einen Vergleich mit diesem lediglich der Wert der z-Achse von Relevanz. Zur besseren Anschaulichkeit wurde in den Abbildungen 57 - 59 eine graue Ebene hierfür eingezeichnet. Weiterhin wurde die z-Achse invertiert, sodass Ergebnisse oberhalb dieser Ebene Verbesserungen gegenüber der Referenz darstellen. An dieser Stelle sei nochmals darauf hingewiesen, dass die Simulationsergebnisse Ergebnisse mit Idealisierungen darstellen und in der Erprobung überprüft werden müssen.

[36]Die Methode Adaptive Mehrfach-Zielgröße unterstützt bei der Suche nach einem globalen Optimum mehrere Ziele und Bedingungen. Hierbei können kontinuierliche und herstellbare Eingabeparameter verarbeitet werden. [LEE19, S. 318]

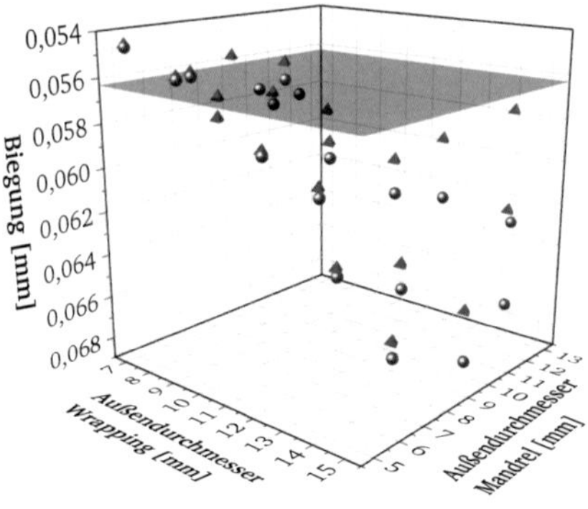

Abb. 57: Ergebnisse der Variation des Mandrel- und Wrappingaußendurchmessers bei vorselektierten Mandrelwerkstoff in Bezug auf die Biegung

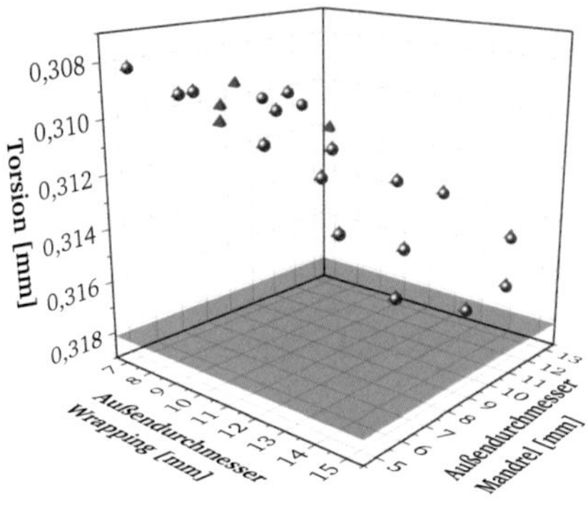

Abb. 58: Ergebnisse der Variation des Mandrel- und Wrappingaußendurchmessers bei vorselektierten Mandrelwerkstoff in Bezug auf die Torsion[37]

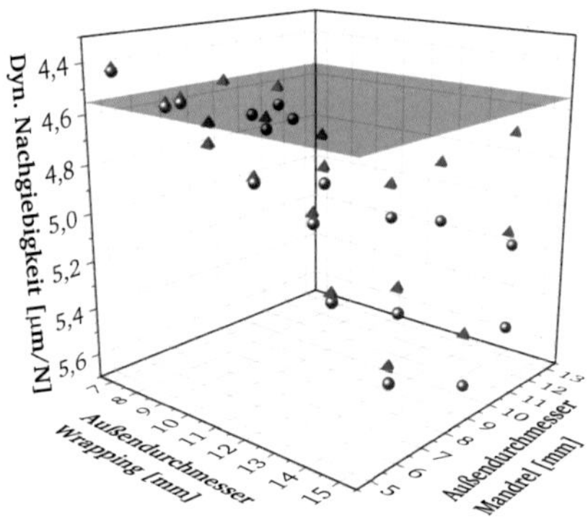

Abb. 59: Ergebnisse der Variation des Mandrel- und Wrappingaußendurchmessers bei vorselektierten Mandrelwerkstoff in Bezug auf die dynamische Nachgiebigkeit

In Anlehnung an Schritt 2 lässt sich ebenso feststellen, dass der Einfluss des Außendurchmessers dem der Werkstoffe übersteigt, d. h. die Verbesserungen durch die ausgewählten Werkstoffe bei gleichen Außendurchmessern geringer ausfällt als die bei Änderung des Außendurchmessers.

5.4.3 Ableitung von Schafteckfräsern mit Leichtbau-Innenkern

Im vorangehenden Unterabschnitt wurde das Vorgehen zur systematischen Entwicklung von Varianten des Schafteckfräsers mit Leichtbau-Innenkern mit Hilfe der FE-Analyse beschrieben. Hierbei wurden die Zielgrößen Biegung, Torsion sowie dynamische Nachgiebigkeit sukzessive optimiert.

[37]Vgl. Fußnote 32.

Um der dritten und letzten Zielsetzung an das Werkzeug aus Abschnitt 1.2 – der Senkung der Masse – Rechnung zu tragen, wurde darüber hinaus mit Hilfe der FE-Simulation ein Leichtbau-Innenkern gesucht, der unter Berücksichtigung der fertigungstechnischen Toleranzen das größte Volumen einnimmt und zugleich eine Verbesserung gegenüber dem Referenzwerkzeug abbildet. Da, wie in Unterabschnitt 5.4.2 gezeigt, die in Abbildung 46 dargestellte Kombination aus Mandrel und Wrapping mit ihren differenzierten Aufgaben ihr Optimum eher bei kleinen Außendurchmessern besitzt, wurde die FE-Simulation mit ausgewählten Werkstoffen als Mono-Leichtbau-Innenkern durchgeführt. Basierend auf den Erkenntnissen aus dem in Unterabschnitt 5.4.2 beschriebenen Schritt 2, dass die jeweiligen Werte der einzelnen Zielgrößen mit kleinstmöglichen Außendurchmesser für das Wrapping die besten Ergebnisse lieferten, wurde die FE-Simulation hierfür lediglich auf die für den Mandrel vorselektierten Werkstoffe[38], vgl. Tabelle 9, beschränkt. Die Ergebnisse können, analog den Ergebnissen aus Unterabschnitt 5.4.2, nachfolgender Abbildung 60 entnommen werden.

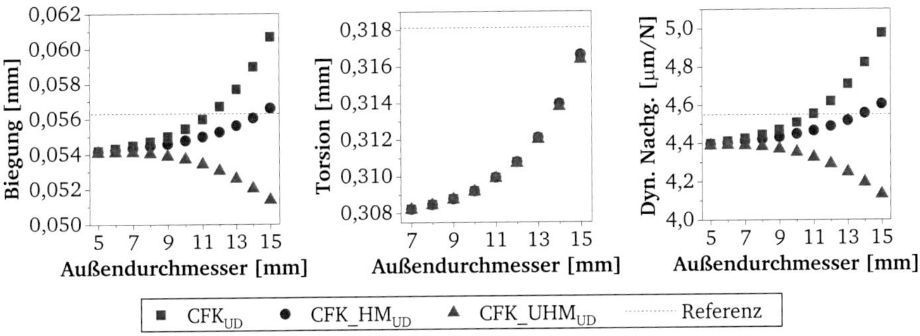

Abb. 60: Ergebnisse der Variation des Außendurchmessers eines Mono-Leichtbau-Innenkerns[39]

Während die Werkstoffe CFK_{UD}, CFK_HM_{UD} und CFK_UHM_{UD} bei Betrachtung der Simulationsergebnisse der Torsion sehr ähnliche Werte aufzeigen, können bei den Zielgrößen Biegung und dynamische Nachgiebigkeit deutliche Unterschiede verzeichnet werden. Mit einem zunehmenden E-Modul in Faserrichtung, vgl. Tabelle 9, zeigt sich eine deutliche Senkung der Biegung bei Betrachtung der jeweiligen Werkstoffe in den dargestellten Außendurchmessern. Auch die dynamische Nachgiebigkeit zeichnet ein ähnliches Bild. Im Vergleich zum Referenzwerkzeug können mit allen ausgewählten Werkstoffen für den Leichtbau-Innenkern Außendurchmesser gefunden werden, die eine Verbesserung gegenüber jenem aufzeigen. Auf Basis des Ziels des größtmöglichen Volumens und somit der größtmöglichen Gewichtseinsparung wird an dieser Stelle der Werkstoff CFK_UHM_{UD} ausgewählt.
Somit lassen sich für die weiteren Untersuchungen in der vorliegenden Arbeit nachfolgende in Abbildung 61 dargestellte Versionen des Schafteckfräsers mit Leichtbau-Innenkern zusammenfassen.

[38] Ausgenommen hiervon sind die durch das Pultrusionsverfahren hergestellten Werkstoffe. Begründung analog Schritt 2 in Unterabschnitt 5.4.2.

[39] Vgl. Fußnote 32.

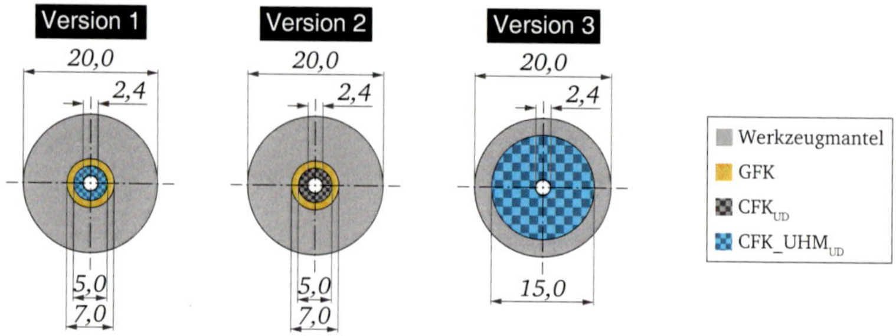

Abb. 61: Schnittdarstellung des Aufbaus der aus der Simulation abgeleiteten Versionen des Schafteckfräsers mit Leichtbau-Innenkern

Demnach setzt sich ein optimierter Leichtbau-Innenkern aus den Werkstoffen CFK_UHM_{UD} für den Mandrel sowie GFK für das Wrapping mit einem Außendurchmesser von $5\ mm$ für erstgenannten sowie $7\ mm$ für zweitgenannten Werkstoff zusammen, vgl. Abbildung 61 Version 1. Die in Abbildung 61 Version 2 dargestellte zweite Variante weist gleiche Dimensionen auf, unterscheidet sich jedoch im Werkstoff für den Mandrel. Für diese Version wird, wie bereits beschrieben, aufgrund einer wirtschaftlichen Betrachtung, der Werkstoff CFK_{UD} eingesetzt. Die dritte Version, dargestellt in Abbildung 61 Version 3, beinhaltet den Mono-Leichtbau-Innenkern bestehend aus dem Werkstoff CFK_UHM_{UD} sowie einem Außendurchmesser von $15\ mm$.

Diese drei Versionen des Schafteckfräsers mit Leichtbau-Innenkern wurden im Anschluss an die FE-Analyse mit Unterstützung externer Partnerunternehmen als Demonstratorwerkzeuge hergestellt und im weiteren Verlauf der vorliegenden Arbeit erprobt.

6 Technische Umsetzung

6.1 Verbindung zwischen Leichtbau-Innenkern und Werkzeugmantel

In diesem Abschnitt werden die systematische Identifizierung von Lösungsalternativen für die konstruktive Verbindung des Leichtbau-Innenkerns mit dem Werkzeugmantel sowie deren Beurteilung aufgezeigt. Nach der Definition der Verbindungsart wird deren eingehende Untersuchung beschrieben.

6.1.1 Einsatz von Kreativitätstechniken

Unter Kreativitätstechniken werden Methoden zur Förderung der Kreativität sowie dem gezieltem Erzeugen neuer Ideen zur Entwicklung innovativer Lösungen oder zum Lösen von bestehenden Problemen zusammengefasst. Ziel dieser Methoden ist der Abbau von Denkblockaden, das Verlassen von eingefahrenen Denkweisen sowie die Förderung des Zulassens neuer Gedankenwege. [KOL17, S. 12 f.] Nachfolgende Abbildung 62 dient der Einteilung dieser Methoden in *Trial & Error* für einfache Problemstellungen sowie in *Intuitive* und *Diskursive Methoden* für anspruchsvolle Aufgaben.

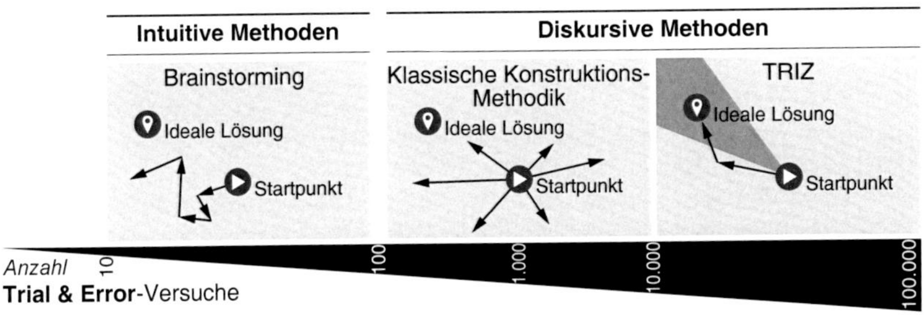

Abb. 62: Ideenfindung bei schwierigen Problemen, basierend auf [KAM10, S. 22; KOL17, S. 12, 15–17, 28]

ALTSCHULLER teilte Problemlösungen in fünf Niveaus ein, die v. a. nach dem Kriterium der Anzahl der notwendigen Versuche zur Lösungsfindung durch Anwendung von Trial & Error beurteilt werden [ALT98, S. 32–38]. Für anspruchsvolle Aufgaben (> 10 Trial & Error-Versuche) dienen systematische Vorgehensweisen der Zielerreichung. Als Beispiel für Intuitive Methoden – also Methoden, die in kurzer Zeit sehr viele Ideen liefern – ist das *Brainstorming* zu nennen. [KOL17, S. 12] Dieses lässt sich als moderierte Suche nach Ideen in einer Gruppe mit gegenseitiger Inspiration sowie erlaubtes freies Assoziieren und Phantasieren definieren [EBE10, S. 149; JAK19, S. 22]. Wichtig dabei ist, während des Sammelns der Ideen keine Kritik zu äußern sowie vorerst keine Beurteilung oder Wertung der Ansätze vorzunehmen. Die entstandenen Ideen werden protokolliert und erst im Anschluss sortiert und bewertet. [EBE10, S. 149] Demgegenüber existieren Diskursive Methoden, die als systematische Prozesse der Lösungssuche mit logisch aufbauenden Schritten beschrieben werden können. Durch die analytische Aufspaltung der vollständigen Problembeschreibung in kleinste Einheiten werden die Ideen systematisch erarbeitet. Als Beispiele hierfür können die klassische Konstruktions-Methodik, der morphologische Kasten, Fragebögen oder Mindmaps aufgezählt werden.[40] TRIZ, eine leistungsfähige Kreativitätstechnik [KOL17, S. 12 f.],

[40] Für ein tiefer greifendes Studium der genannten Beispiele wird auf einschlägige Literatur wie [ORL06, S. 30–36] oder [EBE10, S. 148–152] verwiesen.

steht für ein russisches Akronym und bedeutet sinngemäß »Theorie des erfinderischen Problemlösens«. Dabei darf TRIZ nicht als einzelne Methode verstanden werden, sondern als Theorie, die auf Analysen von zunächst 400.000 Patenten sowie Beobachtungen beruht. Den Ursprung bildete GENRICH ALTSCHULLER um das Jahr 1946 in der ehemaligen Sowjetunion mit der Motivation, einen systematischen Weg zur Erarbeitung erfinderischer Lösungen zu finden. [KOL17, S. 21 f.] TRIZ bietet hierfür eine Reihe von methodischen Werkzeugen, die dabei unterstützen, technische Systeme zu analysieren, auf einer abstrakten Ebene kreativ zu lösen und so eine Maßnahme für das spezifische Problem zu finden. Als Beispiele für klassische TRIZ-Werkzeuge sind an dieser Stelle die Widerspruchsanalyse, die Stoff-Feld-Analyse oder das Zwerge-Modell genannt.[41]

6.1.2 Erarbeitete Verbindungen mit Kreativitätstechniken

Zur Generierung von Lösungsideen für die Verbindung zwischen dem Leichtbau-Innenkern und dem Werkzeugmantel, vgl. Abbildung 46, kamen in der vorliegenden Arbeit sowohl die intuitive Methode *Brainstorming* als auch die TRIZ-Theorie in Form der Widerspruchs- und der Stoff-Feld-Analyse als Vertreter der Diskursiven Methoden zur Anwendung. Die entstandenen Lösungsideen und die angewandten Kreativitätstechniken werden im Folgenden beschrieben.

Brainstorming

In der Vorbereitungsphase wurden zunächst die teilnehmenden Personen sorgfältig ausgewählt, da der Zusammenstellung der Gruppe eine besondere Bedeutung zukommt. In der Literatur wird eine Gruppengröße von fünf bis acht Personen empfohlen [LIN09, S. 143], was auch für diese Arbeit mit einer Personenanzahl von sechs berücksichtigt wurde. Die Gruppe setzte sich dabei sowohl aus wissenschaftlichem Personal als auch aus Technikern bzw. Herstellervertretern zusammen.

Die während der Ideenfindungsphase erarbeiteten und anschließend aufbereiteten Lösungen können nachfolgender Tabelle 11 entnommen werden. Zudem findet sich in dieser eine kurze Lösungsbeschreibung sowie ein Hinweis auf mögliche Herausforderungen bei der praktischen Umsetzung.

Beim Betrachten der erarbeiteten Lösungen ist eine Affinität zu klassischen Welle-Nabe-Verbindungen, die sich anhand der Verbindungstechniken Formschluss, Reibschluss sowie Stoffschluss unterteilen lassen, deutlich ersichtlich. Aus diesem Grund wurde Tabelle 11 um die Spalte *Welle-Nabe-Verbindung* erweitert. Dieses Vorgehen arbeitet nach der klassischen Konstruktions-Methodik, die einen Vertreter der Diskursiven Methoden darstellt und somit den Übergang zur Beschreibung der Lösungen nach der TRIZ-Theorie bildet.

[41] Eine ausführliche Beschreibung der genannten Beispiele kann einschlägiger Literatur wie [KAM10, S. 81–121] entnommen werden.

Tab. 11: Erarbeitete Lösungen für die Verbindung zwischen Leichtbau-Innenkern und Werkzeugmantel mit der Brainstorming-Methode

Nr.	Abbildung	Lösungsbeschreibung/ Hinweis auf mögliche Herausforderungen	Welle-Nabe-Verbindung [KOL84, S. 6]
1	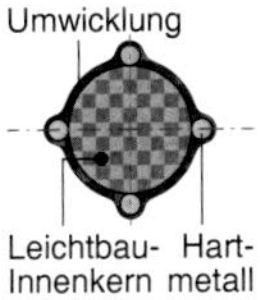	Eingelegte Hartmetallstäbe mit Prepregs zur Sicherung gegen Torionsversagen umwickeln – Leichtbau-Innenkerne können nicht passgenau geschliffen werden – Undefinierte Kanten führen zur Zerstörung des äußeren Lagenaufbaus beim Einbringen in den Werkzeugmantel	Formschluss: Längsstift 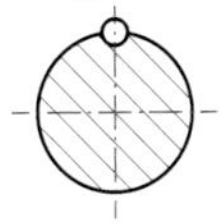
2	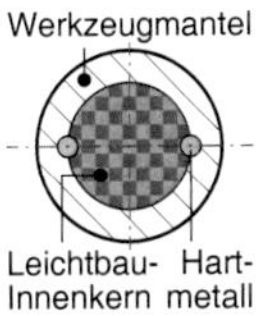	Nachträgliches Einbohren und Einbringen von Hartmetallstäben zur Sicherung gegen Torionsversagen – Tieflochbohren an der Verbindungsstelle führt zur Abdrändung des Bohrers – Zerstörung des äußeren Lagenaufbaus beim Tieflochbohren	Formschluss: Längsstift 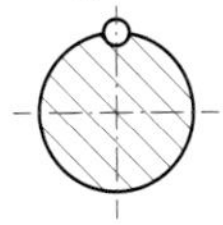
3	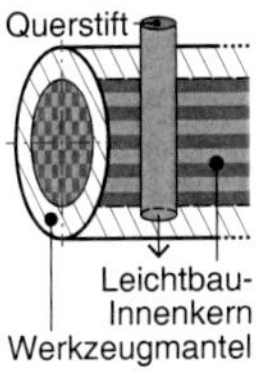	Einbringen eines Querstifts zur Sicherung gegen Torsionsversagen – Mechanische Verbindungselemente erfordern Bohrungen, die eine lokale Spannungsüberhöhung im Faserverbund bewirken – Besonders durch nachträgliches Einbohren tritt eine Schwächung des Faserverbunds auf	Formschluss: Querstift 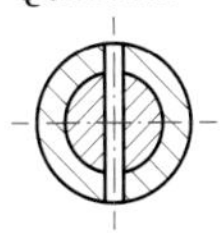
4	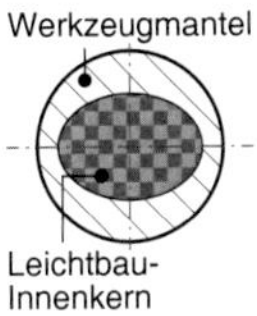	Ovaler Leichtbau-Innenkern als formschlüssige Verbindung – Einarbeiten einer passgenauen ovalen Öffnung in den Werkzeugmantel sehr aufwendig	Formschluss: Polygonprofil 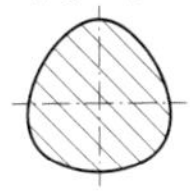
5	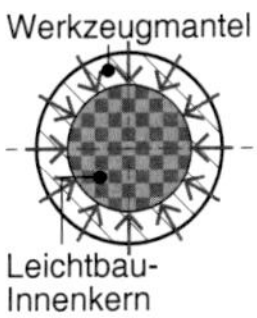	Einschrumpfen des Leichtbau-Innenkerns in den Werkzeugmantel – Konstante Erwärmung des Werkzeugmantels über die gesamte Länge herausfordernd – Mögliches Schmelzen der Matrix bei Kontakt mit dem erwärmten Werkzeugmantel	Reibschluss: Pressverband 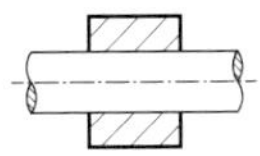
6		Einkleben des Leichtbau-Innenkerns in den Werkzeugmantel – Definiertes Spaltmaß sowie Zentrierung des Leichtbau-Innenkerns sicherstellen – Klebstoff ist vielen äußeren Einflüssen (Temperatur, Biegung, Torsion etc.) ausgesetzt	Stoffschluss: Geklebte Welle-Nabe-Verbindungen

TRIZ-Theorie

Wie bereits in Unterabschnitt 6.1.1 beschrieben, ist TRIZ eine Theorie, die sich methodischer Werkzeuge zur Lösung spezifischer technischer Herausforderungen bedient. In der vorliegenden Arbeit werden zur Lösungsfindung für die Verbindung zwischen dem Leichtbau-Innenkern und dem Werkzeugmantel die Werkzeuge *Widerspruchsanalyse* und *Stoff-Feld-Analyse* verwendet und im Folgenden vorgestellt.

Widerspruchsanalyse

Ein Grundgedanke von TRIZ ist die Findung einer innovativen Lösung durch die Überwindung von Widersprüchen. Ein technischer Widerspruch existiert dann, wenn eine Eigenschaft eines Systems verbessert werden soll und sich dadurch eine weitere Eigenschaft verschlechtert [KLE14, S. 42]. ALTSCHULLER definierte gleichartige technische Widersprüche durch 39 Widerspruchsmerkmale, die sich durch 40 innovative Grundprinzipien auflösen lassen. Durch deren Kombination entsteht die sogenannte Widerspruchsmatrix mit 1.201 Widerspruchslösungen [KLE14, S. 38]. Eine Übersicht über die genannten Widerspruchsmerkmale sowie die innovativen Grundprinzipien können Anhang A.3.1 entnommen werden.
Übertragen auf die vorliegende Problemstellung der Verbindung zwischen Leichtbau-Innenkern und Werkzeugmantel wurde als sich verändernde Eigenschaft die *Komplexität der Schnitt- bzw. Fügestelle* gewählt. Hierfür wurden anschließend aus den 39 Widerspruchsmerkmalen *Fertigungsfreundlichkeit*[42] als sich verbessernde Eigenschaft sowie *Festigkeit*[43] als sich verschlechternde Eigenschaft definiert. Nachfolgende Abbildung 63 zeigt die Vorgehensweise zur Bestimmung innovativer Grundprinzipien mit Hilfe der Widerspruchsmatrix ausgehend von der definierten verändernden Eigenschaft.

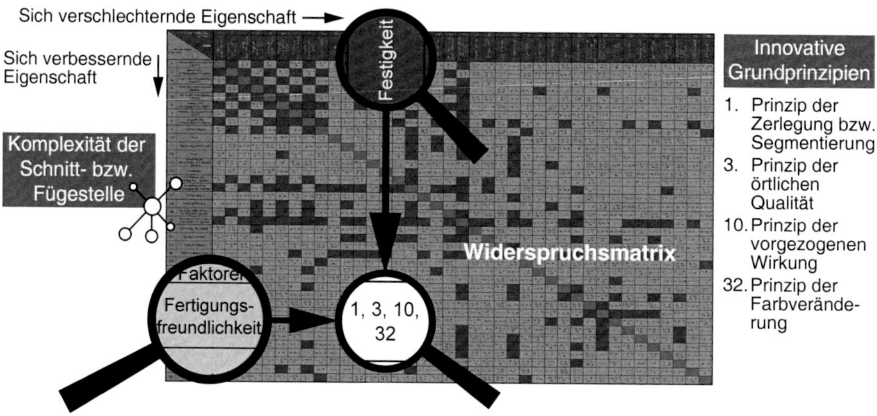

Abb. 63: Darstellung der Vorgehensweise zur Bestimmung innovativer Grundprinzipien mit Hilfe der Widerspruchsmatrix

Die sich ergebenden innovativen Grundprinzipien sind demnach die Prinzipien der Zerlegung bzw. Segmentierung, der örtlichen Qualität, der vorgezogenen Wirkung sowie der Farbverän-

[42] Das Widerspruchsmerkmal *Fertigungsfreundlichkeit* beschreibt dabei die Einfachheit sowie den Komfort, mit der ein Objekt bzw. Produkt erzeugt werden kann [KOL17, S. 103].

[43] Das Widerspruchsmerkmal *Festigkeit* bildet die Fähigkeit eines Objekts oder eines Systems ab, äußere Belastungen aufzunehmen und diese zu übertragen, ohne zerstört zu werden [KOL17, S. 101].

derung. Letztgenannte kann für die vorliegende Problemstellung ausgenommen werden, da die alleinige Farbgebung (hierzu zählt bspw. der Farbton, aber auch die Durchsichtigkeit des Objekts) keinen Einfluss hat. Die Lösungsvorschläge zu den anderen innovativen Grundprinzipien werden in nachfolgender Tabelle 12 näher erläutert.

Tab. 12: Erarbeitete Lösungen für die Verbindung zwischen Leichtbau-Innenkern und Werkzeugmantel mit der Widerspruchsanalyse

Nr.	Innovatives Grundprinzip	Abbildung	Lösungsbeschreibung/ Hinweis auf mögliche Herausforderungen
1	1. Prinzip der Zerlegung bzw. Segmentierung	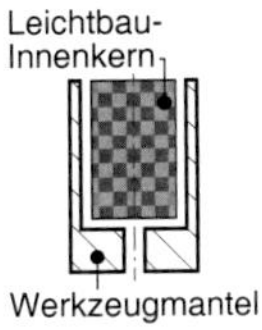	Zerlegung des Werkzeugmantels in zwei Schalen – Schalen müssen wieder gefügt werden, z. B. durch Schweißen, was zu einer hohen Wärmebelastung des Leichtbau-Innenkerns führt – Nachbearbeitungsaufwand steigt
2	3. Prinzip der örtlichen Qualität	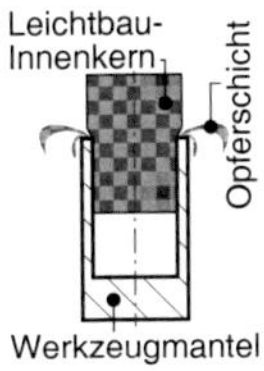	Hinzufügen einer zusätzlichen äußeren Faserverbundschicht als „Opferschicht" – Durch das Einpressen kann mehr als die Opferschicht des Leichtbau-Innenkerns zerstört werden, sodass keine gleichmäßige Verbindung bzw. Kraftübertragung zwischen diesem und dem Werkzeugmantel existiert
3	10. Prinzip der vorgezogenen Wirkung	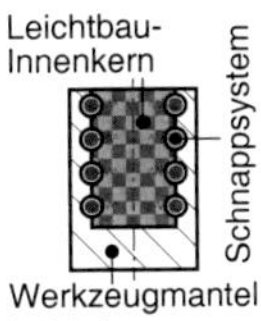	Einfügen eines „Schnappmechanismus" – Durch das Einbringen eines Schnappsystems wird sowohl der Leichtbau-Innenkern als auch der Werkzeugmantel geschwächt – Herstellung des Systems sehr aufwendig
4	10. Prinzip der vorgezogenen Wirkung	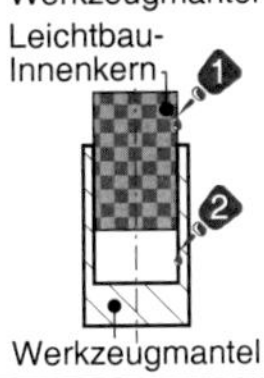	Verwendung eines 2-Komponenten-Klebstoffes, der seine Wirkung erst nach dem Fügen entfaltet – Definiertes Spaltmaß sowie Zentrierung des Leichtbau-Innenkerns sicherstellen – Klebstoff ist vielen äußeren Einflüssen (Temperatur, Biegung, Torsion etc.) ausgesetzt

Stoff-Feld-Analyse

Die Stoff-Feld-Analyse dient ähnlich der Widerspruchsanalyse der Definition von abstrakten Problemmodellen und zeigt sogenannte 76 Standardlösungen auf, die in der Vergangenheit zu erfolgreichen Lösungsansätzen geführt haben. Diese basieren auf der Erkenntnis, dass das kleinste arbeitsfähige System immer aus zwei Stoffen und einem Feld besteht. Die beiden Stoffe können jedes Objekt repräsentieren. Das Feld bildet dabei die Wechselwirkung zwischen diesen ab und kann ein physikalisches Feld, aber auch jede Art von Interaktion zwi-

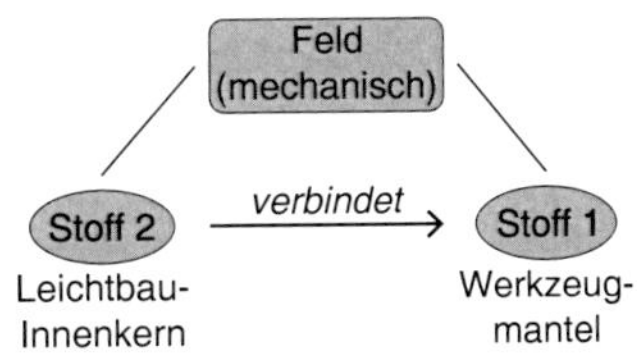

Abb. 64: Stoff-Feld-Modell des vorliegenden Problems

schen den Stoffen sein. [KAM10, S. 104] Abbildung 64 stellt das arbeitsfähige System für die vorliegende Problemstellung dar.
Nach dieser Identifizierung der Einzelelemente sowie der Konstruktion des Stoff-Feld-Modells folgt die Entwicklung von Lösungsideen unter Zuhilfenahme der 76 Standardlösungen[44].
Für die vorliegende Problemstellung der Verbindung zwischen Leichtbau-Innenkern und Werkzeugmantel wurden vier Lösungsideen aus zwei Kategorien gefunden, woraus Konzepte zur Realisierung der technischen Lösung erarbeitet wurden und nachfolgend anhand der Auflistung aus Anhang A.3.2 beschrieben werden. Die ersten beiden Lösungsideen sind der Kategorie 1 *Aufbau bei nicht vorhandener Interaktion oder unvollständigem System, Zerlegung bei schädlichen Interaktionen* zuzuordnen. Diese Lösungsideen sind in den nachfolgenden Abbildungen 65 und 66 dargestellt und wurden aus den Standardlösungen *Füge einen dritten Stoff zwischen den beiden existierenden Stoffen ein* und *Füge einen Stoff als „Opfer" ein (Bodyguard)* appliziert.

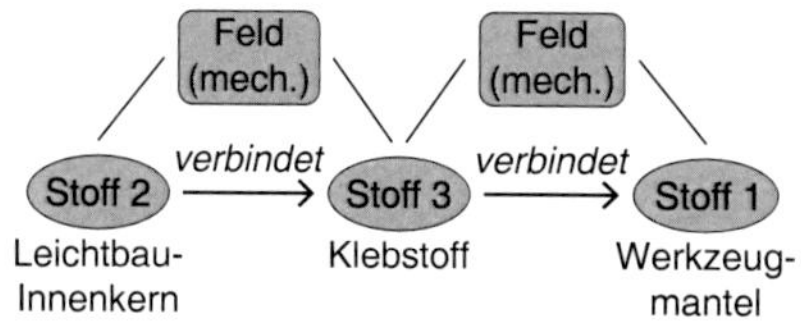

Abb. 65: Lösungsidee 1 des Stoff-Feld-Modells anhand einer Standardlösung der Kategorie 1

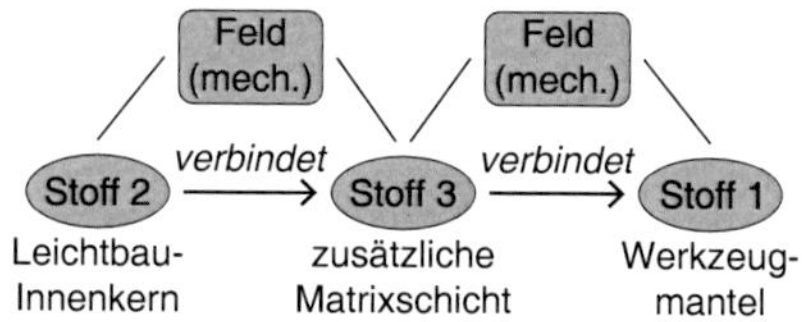

Abb. 66: Lösungsidee 2 des Stoff-Feld-Modells anhand einer Standardlösung der Kategorie 1

Die in Abbildung 65 dargestellte Lösungsidee beinhaltet als dritten Stoff einen Klebstoff und stellt somit die Verbindung zwischen Leichtbau-Innenkern und Werkzeugmantel her. Herausforderungen hierbei sind, wie bereits beschrieben, der Erhalt eines definierten Spaltmaßes, die Zentrierung des Leichtbau-Innenkerns im Werkzeugmantel sowie die äußeren Einflüsse, die auf den Klebstoff v. a. während des Zerspanprozesses wirken. Die in Abbildung 66 dargestellte Lösungsidee verfolgt einen gegenteiligen Ansatz. Hierbei wird kein zusätzlicher Stoff integriert, sondern der Leichtbau-Innenkern mit einer zusätzlichen Matrixschicht – also einem Aufmaß – versehen. Es wird somit bewusst in Kauf genommen, dass die äußere Matrixschicht beim Fügen verloren geht, was bei der Auslegung des Leichtbau-Innenkerns berücksichtigt werden muss. Ein definierter Materialabtrag findet hierbei jedoch nicht statt, vgl. Tabelle 12.
Darüber hinaus wurden zwei Lösungsideen der Kategorie 2 *Weiterentwicklung und Verbesserung, Effizienzsteigerung des Systems* erarbeitet, die in den Abbildungen 67 und 68 dargestellt werden. Diese Lösungsideen wurden aus den Standardlösungen *Füge ein zweites Feld ein* und *Erhöhe den Grad der Porosität* appliziert.
Die Lösungsidee aus Abbildung 67 beruht auf dem Hinzufügen eines thermischen Feldes zum mechanischen Feld. Durch eine Erwärmung des Werkzeugmantels soll dieser geweitet werden, sodass der Leichtbau-Innenkern eingeschrumpft werden kann. Die Herausforderungen hierzu wurden bereits in Tabelle 11 beschrieben. Lösungsidee 4 steht in engem Zusammenhang mit Lösungsidee 1. Hierbei soll von einem massiven Objekt über ein Objekt mit Hohlraum/-räumen (perforiertes Objekt) zu einem kapillar porösen Objekt mit definierter

[44] Eine Übersicht über diese Standardlösungen kann einschlägiger Literatur wie [KOL17, S. 282–315] entnommen werden. Im Anhang A.3.2 dieser Arbeit findet sich ein Auszug als übersichtliche Darstellung nach [KAM10, S. 108 f.].

Struktur übergegangen werden [KOL17, S. 291]. Für die vorliegende Arbeit wäre somit eine definierte Struktur im Werkzeugmantel (Stoff 1) zum Zweck der gleichmäßigen Verteilung des Klebstoffes anzustreben.

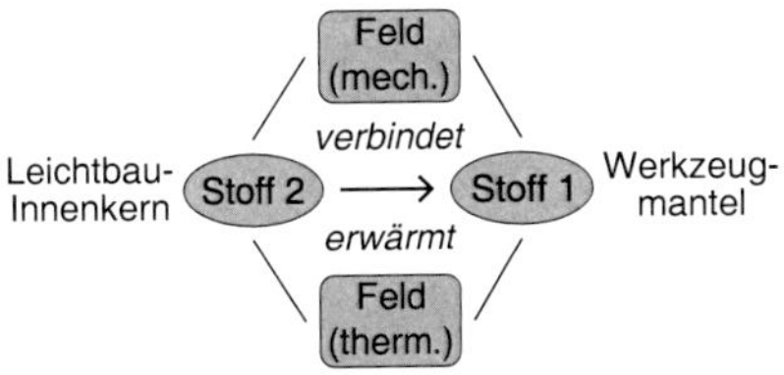

Abb. 67: Lösungsidee 3 des Stoff-Feld-Modells anhand einer Standardlösung der Kategorie 2

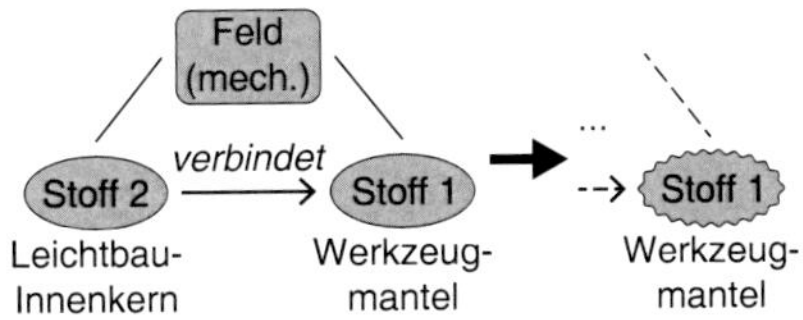

Abb. 68: Lösungsidee 4 des Stoff-Feld-Modells anhand einer Standardlösung der Kategorie 2

6.1.3 Bewertung der erarbeiteten Verbindungen

Pkt.	Bedeutung
0	absolut unbrauchbare Lösung
1	sehr mangelhafte Lösung
2	schwache Lösung
3	tragbare Lösung
4	ausreichende Lösung
5	befriedigende Lösung
6	gute Lösung mit geringen Mängeln
7	gute Lösung
8	sehr gute Lösung
9	über die Zielvorstellung hinausgehende Lösung
10	Ideallösung

Tab. 13: Werteskala für die Nutzwertanalyse [LIN17, S. 724]

Die Nutzwertanalyse (NWA) ist neben der technisch-wirtschaftlichen Bewertung nach VDI 2225 (Blatt 3) [VDI98] ein anerkanntes Entscheidungsverfahren zur Bewertung von ingenieurwissenschaftlichen bzw. technischen Lösungen [SCH91, S. 122; LIN17, S. 724]. Das Vorgehen der NWA erfolgt prinzipiell in vier Schritten. Im ersten Schritt müssen die Ausgangswerte (Bewertungskriterien und Alternativen) gefunden und festgelegt werden. Im Anschluss daran werden diese im zweiten Schritt gewichtet, sodass je nach Anwendungsfall prioritäre Bewertungskriterien hervorgehoben werden können [SCH91, S. 122]. In einem dritten Schritt wird für alle Alternativen ein Nutzwert ermittelt, der die Eignung bezüglich des jeweiligen Bewertungskriteriums beurteilt. Für diese Bewertung hat sich eine elfstufige Bewertungsskala bewährt, vgl. Tabelle 13. [WAR13, S. 392; LUF16, S. 792] Im letzten Schritt werden die Partiellnutzwerte durch Multiplikation der Gewichtungsfaktoren mit den Punkten der einzelnen Bewertungsfaktoren errechnet. Diejenige Lösung mit dem höchsten gewichteten Gesamtwert stellt die beste Lösung dar. [SCH91, S. 122; LIN17, S. 724]

Übertragen auf die vorliegende Problemstellung der Verbindung zwischen Leichtbau-Innenkern und Werkzeugmantel sind die Bewertungskriterien *Technische Umsetzung*, *Übertragungsfläche*, *Reproduzierbarkeit* und *Wirtschaftlichkeit* bestimmend und werden nachfolgend erläutert.[45]

In der vorliegenden Arbeit wird unter *technischer Umsetzung* dasjenige Bewertungskriterium verstanden, das die technische Durchführbarkeit und Machbarkeit der Verbindung zwischen

[45] Die Auswahl der Bewertungskriterien, die Festlegung der Gewichtungsfaktoren sowie die Bewertung der jeweiligen Alternativen stellen eine Empfehlung des Autors dar. Je nach bewertender Person kann diese Wertung unterschiedlich ausfallen.

Leichtbau-Innenkern und Werkzeugmantel bewertet. Die auf den Schafteckfräser aufgebrachten bzw. von außen wirkende Kräfte müssen von der Schneide über den Werkzeugmantel auf den Leichtbau-Innenkern übertragen werden, sodass dieser seine positiven Wirkungen entfalten kann. Aus diesem Grund ist für die Erfüllung der in Abschnitt 1.2 definierten Ziele der vorliegenden Arbeit die *Übertragungsfläche* das entscheidendste und daher am höchsten gewichtete Bewertungskriterium. Darüber hinaus ist die *Reproduzierbarkeit* – also das Wiederherstellen des Schafteckfräsers mit Leichtbau-Innenkern mit seinen spezifischen Eigenschaften innerhalb definierter Toleranzen – ein entscheidendes Bewertungskriterium. Das heißt, die absolute Differenz der Ergebnisse, die mittels zwei identisch hergestellter Schafteckfräser mit Leichtbau-Innenkern generiert wurde, wird mit einer vorgegeben Wahrscheinlichkeit erreicht. Für ein marktfähiges Produkt ist neben der technischen Innovation die *Wirtschaftlichkeit* ein Erfolgskriterium. Diese kann mit dem Verhältnis zwischen dem erreichbaren Erlös aus dem Verkauf des Schafteckfräsers mit Leichtbau-Innenkern und dem dafür erforderlichen Aufwand zur Herstellung beschrieben werden. In der NWA der vorliegenden Arbeit wird die Verbindung wirtschaftlich bewertet. Ein entscheidender Bestandteil sind dabei die Herstellungskosten, welche möglichst gering gehalten werden sollen, um ein preislich attraktives Produkt anbieten zu können.

Die Partiellnutzwerte der einzelnen Alternativen für die Verbindung zwischen Leichtbau-Innenkern und Werkzeugmantel, die unter Anwendung von Kreativitätstechniken, vgl. Unterabschnitt 6.1.1, erarbeitet und in Unterabschnitt 6.1.2 beschrieben wurden, werden in nachfolgender Abbildung 69 in einem gestapelten Balkendiagramm zusammengeführt, um eine Evaluation anhand der zuvor festgelegten Bewertungskriterien zu visualisieren. Die in Abbildung 69 angegebenen Gewichtungsfaktoren (in eckigen Klammern der Legende) wurden in den einzelnen Balkenlängen berücksichtigt. Darüber hinaus sind die Balken anhand des Gesamtnutzwerts der einzelnen Alternativen in absteigender Reihenfolge sortiert.[46]

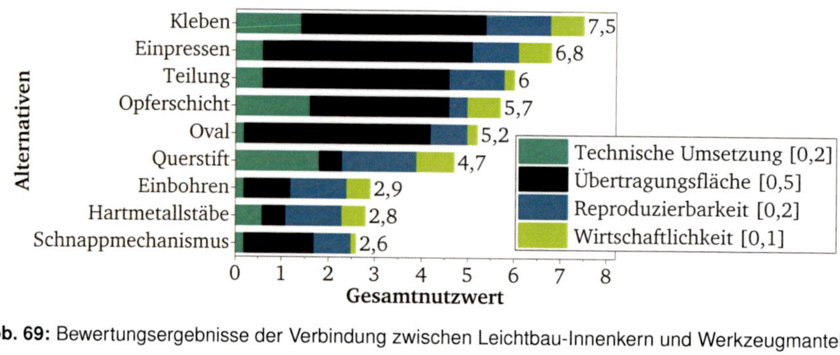

Abb. 69: Bewertungsergebnisse der Verbindung zwischen Leichtbau-Innenkern und Werkzeugmantel

Die durchgeführte Bewertung zeigt das Kleben als beste Alternative auf. Dies begründet sich v. a. damit, dass diese Alternative in jedem Bewertungskriterium die Bewertung „gute Lösung" oder „sehr gute Lösung", vgl. Tabelle 13, erreichen konnte und somit immer mindestens unter den besten drei Alternativen liegt (in drei von vier Bewertungskriterien sogar unter den besten zwei). Darüber hinaus ist beim Kleben kein Abfallen in einem Bewertungskriterium, wie beim Einbringen eines Querstiftes, zu verzeichnen. Das als zweitbeste Alternative bewertete thermische Einpressen des Leichtbau-Innenkerns in den Werkzeugmantel zeigt vorrangig

[46]Eine vollständige Bewertungstabelle ist in Anhang A.3.3 zusammengestellt.

bei der technischen Umsetzung Schwächen. Einerseits stellt das gleichmäßige Erwärmen des Werkzeugmantels (v. a. mit zunehmender Werkzeuglänge) und andererseits das Einbringen eines aus FVK mit duromerem Matrixwerkstoff gefertigten Leichtbau-Innenkern aufgrund der hohen Temperaturen des Werkzeugmantels und der damit verbundenen Gefahr eines Verbrennens des Kunststoffes eine sehr große Herausforderung dar. Aus diesem Grund wurde bei diesem Bewertungskriterium die genannte Alternative lediglich als „tragbare Lösung" eingestuft. Als drittbeste Alternative wurde der geteilte Werkzeugmantel bewertet. Dieser ist primär aufgrund der sehr aufwendigen Herstellung[47] wirtschaftlich äußerst uninteressant und wurde daher als „schwache Lösung" bewertet. Die Alternative Aufbringen einer Opferschicht zeigt deutliche Schwächen bei der Reproduzierbarkeit und die des Einbringens eines ovalen Leichtbau-Innenkerns v. a. bei der technischen Umsetzung des Herstellens eines ovalen Hohlraums. Auf die weiter folgenden Alternativen wird aufgrund des unterdurchschnittlichen Gesamtnutzwerts nicht weiter eingegangen. Infolge der Ausführungen zur Bewertung der einzelnen Alternativen für die Verbindung des Leichtbau-Innenkerns mit dem Werkzeugmantel wird in der vorliegenden Arbeit das Kleben favorisiert und somit weiterverfolgt.

6.1.4 Experimentelle Untersuchung der ausgewählten Verbindung

Versuchsdesign

Auswahl geeigneter Klebstoffe

Zur Auswahl anwendungsgerechter Klebstoffe wurden zu Beginn des Versuchsdesigns namhafte Klebstoffhersteller kontaktiert und auf Basis von Experteninterviews zwei Klebstoffe ausgewählt. Die in Unterabschnitt 6.1.2 mit Hilfe von Kreativitätstechniken erarbeiteten Verbindungen enthalten dabei einerseits keine weiteren Spezifikationen des Klebstoffes, vgl. Tabelle 11 sowie Abbildung 65, und andererseits die konkrete Empfehlung eines 2-Komponenten-Klebstoffes, vgl. Tabelle 12. Aus diesem Grund werden im weiteren Verlauf der vorliegenden Arbeit ein Ein-Komponenten-Klebstoff (1K-Klebstoff) der Henkel AG & Co. KGaA (Loctite EA 109) sowie ein Zwei-Komponenten-Klebstoff (2K-Klebstoff) der DELO Industrie Klebstoffe GmbH & Co. KGaA (AD 840) untersucht. Die Eigenschaften aus den Datenblättern der genannten Klebstoffe können nachfolgender Tabelle 14 entnommen werden. Die Basis dieser Experteninterviews waren die Angaben über die Anwendung (z. B. zu verklebende Werkstoffe, Geometrien etc.), über Belastungen (Biegung, Torsion), über Umweltbelastungen (z. B. Einsatztemperaturen) sowie weitere Zusatzinformationen (z. B. die Art der Fertigung).

Tab. 14: Eigenschaften der ausgewählten Klebstoffe, vgl. Anhang A.3.4

Eigenschaften	Henkel Loctite EA 109	DELO AD 840
Bezeichnung	1K-Heißhärtender Epoxidharzklebstoff	Universeller 2K-Epoxidharzklebstoff
Viskosität $[mPa \cdot s]$	150.000	100.000
Temperatureinsatzbereich $[^{\circ}C]$	-40 bis +180	-40 bis +150
Max. Scherfestigkeit $[N/mm^2]$	30	22

[47] Zur Herstellung des geteilten Werkzeugmantels sind folgende Arbeitsschritte notwendig: Herstellen des Grundwerkzeugs, Einbringen einer Bohrung für den Leichtbau-Innenkern, Teilen des Grundwerkzeugs, Einbringen des Leichtbau-Innenkerns und anschließendes Fügen der beiden Werkzeughälften unter Sicherstellung der Übertragungsfläche des Leichtbau-Innenkerns auf den Werkzeugmantel.

Von den genannten Klebstoffherstellern wurde eine Klebschichtdicke von 200 μm empfohlen, was sich mit der Literatur deckt. Nebenstehende Abbildung 70 zeigt die Abhängigkeit der Klebfestigkeit von der Klebschichtdicke. Demnach bildet ein Klebstoff die maximale Klebfestigkeit zwischen 50 und 200 μm aus. Aufgrund erhöhter Eigenspannungen nimmt die Klebfestigkeit danach wieder ab, bis sie ab etwa 500 μm eine konstante Klebfestigkeit erreicht. [KLI19, S. 276]

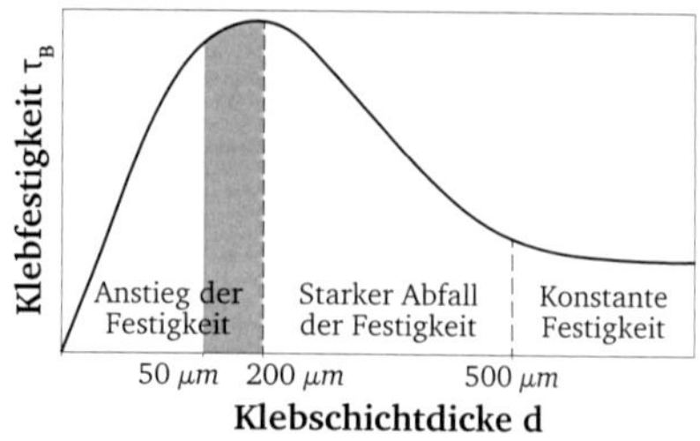

Abb. 70: Abhängigkeit der Klebfestigkeit von der Klebschichtdicke [KLI19, S. 277]

Oberflächenbehandlung zur Verbesserung der Klebeeigenschaft

Voraussetzung für den Einsatz von Metall-FVK-Hybridverbindungen sind mechanisch feste sowie ermüdungs- und alterungsbeständige Verbindungen zwischen Metall und Kunststoffmatrix [MON16, S. 26]. Durch Modifikation der Oberflächen der Fügeteile kann hierauf deutlich Einfluss genommen werden [STA05, S. 51]. Nachfolgende Abbildung 71 gibt einen Überblick über die Verfahren der Oberflächenbehandlung, ehe diese nachfolgend kurz erläutert werden.

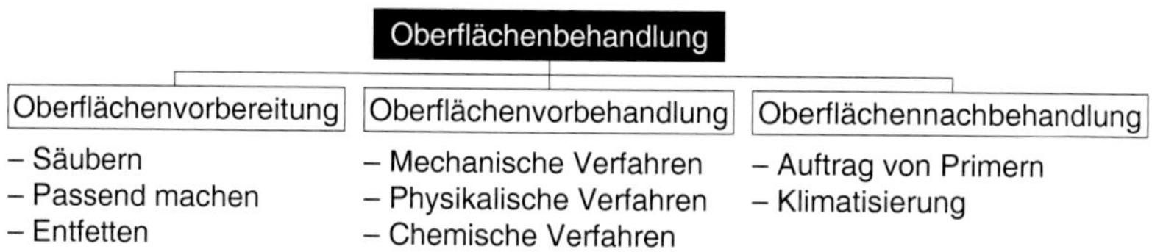

Abb. 71: Verfahren der Oberflächenbehandlung [HAB16, S. 78]

Oberflächenvorbereitung

Oberflächen hergestellter Halbzeuge sind meist nicht frei von Verunreinigungen. Diese haben einen negativen Einfluss auf die Adhäsion zwischen den Fügeteilen und der Klebschicht, weshalb es diese zu entfernen gilt. In der vorliegenden Arbeit besteht ein Fügeteil aus Metall, das häufig eine Reaktionsschicht, welche durch Wechselwirkung mit der Umgebung entsteht, aufweist. Darauf lagern sich Moleküle der Umgebungsatmosphäre ab, auf welcher sich schließlich noch offensichtliche Verschmutzungen wie Fette oder Öle wiederfinden. Das andere Fügeteil ist ein FVK, auf welchen weniger Fette als vielmehr haftungsvermindernde Stoffe wie Trennmittel zu finden sind. [SCH19, S. 202]

Neben dem *Passend machen*, bspw. durch das Entfernen des Schnittgrats [HAB16, S. 78], was für eine gleichmäßige Klebschicht erforderlich ist, gehört die Entfernung der beschriebenen Verunreinigungen zwingend zur Oberflächenvorbereitung. Hierzu müssen die Oberflächen vor der Klebung durch geeignete Lösungsmittel gereinigt werden. Es wird jedoch darauf hingewiesen, dass das alleinige Reinigen der Oberflächen noch keine Voraussetzung für eine dauerfeste Verbindung schafft [CRI06, S. 451]. Eine zusätzliche mechanische, physikalische oder chemische Oberflächenvorbehandlung wirkt adhäsionsverbessernd [KLI19, S. 212] und wird deshalb empfohlen.

Oberflächenvorbehandlung

Die Oberflächenvorbehandlung verfolgt im Allgemeinen zwei Ziele. Einerseits sollen Verun-

reinigungen und Verschmutzungen entfernt werden, um so eine definierte Oberfläche zu gewährleisten. Andererseits soll diese die Oberflächenmorphologie zur Verbesserung der Adhäsionseigenschaften positiv beeinflussen. [JÜR17, S. 21] In der vorliegenden Arbeit soll eine Klebung zwischen Metall und FVK hergestellt werden. Hierbei gilt es zu beachten, dass die meisten Kunststoffe ohne eine Oberflächenvorbehandlung nicht geklebt werden können. Aus diesem Grund ist eine gezielte Aktivierung der Fügeteiloberflächen wichtig, um eine hinreichende Haftung zu erlangen. [GLE16, S. 36]
Wie bereits Abbildung 71 zu entnehmen ist, wird bei der Oberflächenvorbehandlung zwischen mechanischen, physikalischen und chemischen Verfahren unterschieden. *Mechanische Verfahren* wie Schleifen oder Strahlen führen zu einem Werkstoffabtrag von der Fügeteiloberfläche. Neben einem Reinigungseffekt führt dies zu einer makroskopisch rauen Oberfläche [MON16, S. 27], was die wirksame Oberfläche des Werkstoffs vergrößert [KLI19, S. 212]. Werden insbesondere höhere Anforderungen an die Alterungsbeständigkeit sowie an die Festigkeit gestellt, sind üblicherweise die fertigungstechnisch aufwendigen *chemischen Verfahren* wie Beizen oder Gasphasenfluorierung anzuwenden. *Physikalische Verfahren* zur Oberflächenvorbehandlung wie Beflammen oder Lasern führen ebenso wie chemische Verfahren zu einer chemischen Veränderung der Fügeteiloberfläche. Sie beruhen dabei jedoch auf physikalischen Prinzipien [KLI19, S. 105] und erhöhen die Oberflächenenergien, was wiederum zu einer Verbesserung der adhäsiven Eigenschaften speziell von Kunststoffoberflächen führt [WIL18, S. 52].

Oberflächennachbehandlung
Die Oberflächennachbehandlung dient der weiteren Verbesserung der Haftungseigenschaften einer Fügeteiloberfläche. Zusätzlich kann die Klebung dadurch bezüglich besonderer Beanspruchungen wie Feuchtigkeit oder Korrosion verbessert werden. [HAB16, S. 85] Der *Auftrag von Primern* zur Verbesserung der Adhäsion und Benetzung sowie zum Schutz der Oberflächen vor Umwelteinflüssen [BRO05, S. 39] und die *Klimatisierung*, um den negativen Einfluss von Temperatur- und Feuchtigkeitsschwankungen auf die Haftungseigenschaften zu unterbinden, zählen zu den Oberflächennachbehandlungsverfahren.

Beurteilung der Qualität geklebter Verbindungen
Ein entscheidendes Kriterium zur Beurteilung der Qualität von Klebungen überlappter Prüfkörper bei Anwendung zerstörender Prüfverfahren ist die bereits erwähnte *Klebfestigkeit*, die nach Gleichung 6-1 definiert wird [HAB16, S. 150].

$$Klebfestigkeit\ \tau_B = \frac{\text{max. Kraft } F_{max} \text{ beim Bruch der Klebung}}{\text{Klebfläche } A} = \frac{F_{max}}{A}\left[\frac{N}{mm^2}\right] \quad (6\text{-}1)$$

In der Praxis existieren hierzu zahlreiche standardisierte Prüfverfahren. Diese Standardisierung erlaubt Rückschlüsse auf das Einsatzverhalten von Klebungen und somit einen Vergleich der ermittelten Kennwerte für diese. [KLI19, S. 258 f.] Das derzeit am häufigsten eingesetzte zerstörende Prüfverfahren – der Zugscherversuch – [RAS12, S. 446] findet auch in der vorliegenden Arbeit Anwendung und wird im Folgenden beschrieben.

Zugscherversuch
Der Zugscherversuch nach der Norm DIN EN 1465 ist ein Prüfverfahren zur Bestimmung der Zugscherfestigkeit von Überlappungsklebungen. Durch Aufbringen einer Zugkraft, die paral-

lel zur Klebfläche und zur Hauptachse der Prüfkörper wirkt, und somit eine Scherbelastung auf die starren Fügeteile ausübt, wird diese ermittelt. [DIN09, S. 5] Die nach diesem Vorgehen ermittelten Festigkeitswerte beschreiben das Eigenschaftsbild der durch Kleben hergestellten Verbindung einschließlich des Bruchverhaltens [GLE04, S. 27]. Die Abmaße der Prüfkörper sind in der Norm DIN EN 1465 definiert und können nachfolgender Abbildung 72 entnommen werden.

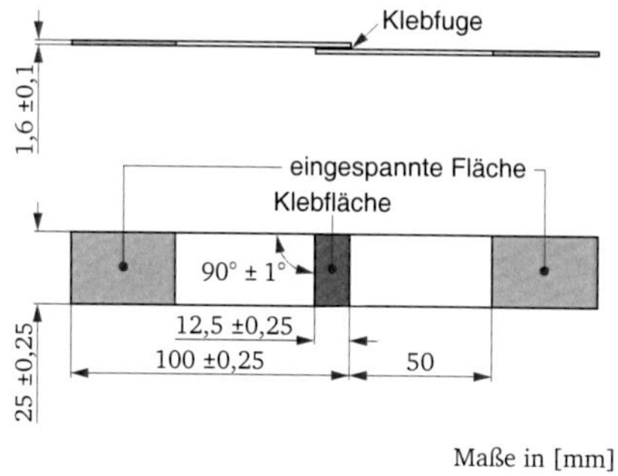

Abb. 72: Zugscherversuch – Prüftafel in Normalausführung [DIN09, S. 8]

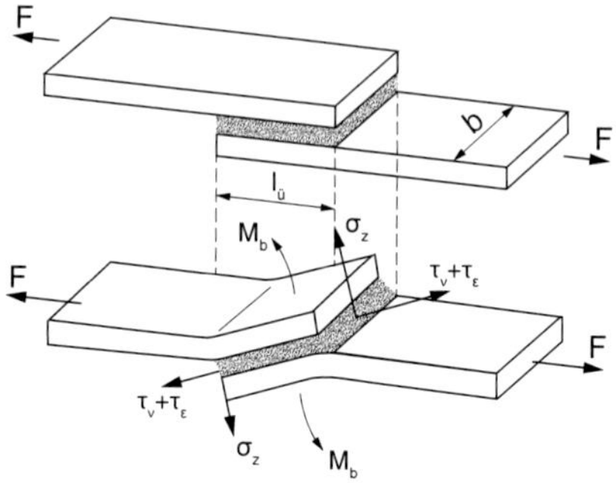

Abb. 73: Zugscherbeanspruchung einer einschnittig überlappten Klebung [HAB16, S. 154]

Die Zugscherversuche wurden in der vorliegenden Arbeit analog der Zugversuche aus Unterabschnitt 5.3.2 mit der Universalprüfmaschine Typ 1475 des Herstellers ZwickRoell mit mechanischen Keilspannbacken unter quasi-statischen Bedingungen normgerecht fünfmal durchgeführt. Die geklebten Metall-FVK-Verbindungen wurden mit einer Traversengeschwindigkeit von $50\ ^{mm}/_{min}$ sowie einer Vorkraft von $5\ N$ belastet. Alle Prüfkörper sind dabei in der vorgeschriebenen Zeit von $60 \pm 20\ s$ zerstört worden.

Der Zugscherversuch muss jedoch auch kritisch betrachtet werden. Aufgrund der exzentrisch angreifenden Kräfte entstehen neben der Scherbelastung Biegemomente M_b sowie weitere Spannungen – Beanspruchung der Klebschicht durch Zugspannungen σ_Z (Normalspannungen, Schälspannungen). Weiterhin erzeugen die Fügeteildehnungen im Bereich der Überlappungsenden Zug- und Schubspannungen parallel zur Klebfläche (τ_ϵ) sowie die parallel zur Klebfläche auftretenden Fügeteilverschiebungen Schubspannungen (τ_ν). [RAS12, S. 451; HAB16, S. 153] Abbildung 73 verdeutlicht den erläuterten Zusammenhang. Den beschriebenen Belastungen konnte durch die einzeln ausrichtbaren Einstellbacken der verwendeten Universalprüfmaschine jedoch entgegengewirkt werden, um so diesen Einfluss zu reduzieren.

Versagensverhalten von Klebungen

Eine Beanspruchung von Klebungen über ihre Belastbarkeit hinaus führt unweigerlich zu einem Versagen der Verbindung. Hierbei kann zwischen

- Ablösen des Klebstoffes von den Fügeteiloberflächen (adhäsives Versagen),
- Bruch in der Klebschicht (kohäsives Versagen),
- Bruch des Fügeteils sowie
- Mischbrüchen

unterschieden werden. [WEI14, S. 46–50] Somit empfiehlt sich bei der Auswertung von zerstörenden Prüfverfahren neben der Bewertung der gemessenen Festigkeitswerte auch eine Analyse der zugehörigen Bruchbilder [BRO05, S. 125]. Die Norm DIN EN ISO 10365 [ISO95] beschreibt dabei die wichtigsten Bruchbilder von geklebten Verbindungen.

Ein *Adhäsionsbruch* wird in der Norm DIN EN ISO 10365 als „Bruch einer Klebung, bei der die Trennung an der Klebstoff-/Fügeteilgrenzfläche sichtbar ist" [ISO95, S. 2] definiert. Somit ist ein Adhäsionsbruch daran festzumachen, dass weder auf dem Fügeteil Klebstoffreste noch auf der Klebstoffschicht Fügeteilreste vorhanden sind [HAB09, S. 374].
Weiterhin definiert die Norm DIN EN ISO 10365 einen *Kohäsionsbruch* als „Bruch einer Klebung, bei der die Trennung im Klebstoff oder im Fügeteil sichtbar ist" [ISO95, S. 2].
Bricht das Fügeteil vor einem Versagen der Klebung, liegt ein *Fügeteilbruch* vor [HAB16, S. 235], sodass keine Aussage über die Qualität der Klebung möglich ist.
Ferner unterscheidet sich das Versagensverhalten von anisotropen Werkstoffen von dem von isotropen Werkstoffen. Aufgrund der in der vorliegenden Arbeit betrachteten Metall-FVK-Hybridverbindung, müssen auch besondere Versagensverhalten von Faserverbundkunststoffen betrachtet werden. Speziell kann ein Versagen des FVK

- innerhalb der Deckschicht,
- innerhalb der Grenzschicht oder
- inter- bzw.
- intralaminar

auftreten. [MIL13, S. 42; WÜN18, S. 128]

Einbindung der statistischen Versuchsplanung

Die statistische Versuchsplanung (engl. Design of Experiments (DoE)) ist ein effizientes Werkzeug, um Zusammenhänge zwischen Einflussfaktoren und interessierenden Zielgrößen zu untersuchen. Dabei wird ermöglicht, die Umfänge möglichst gering zu halten, sodass die gewünschten Informationen in geringerer Zeit und mit minimalen Kosten zur Verfügung stehen. [SCH15, S. 597; KLE16, S. 1]

Grundlagen und Begriffe zur statistischen Versuchsplanung

Durch ein Prozessmodell zur Versuchsplanung, wie es nachfolgende Abbildung 74 zeigt, werden die auftretenden Eingangsgrößen übersichtlich dargestellt. Diese beeinflussen als Steuer- und Störgrößen (möglicherweise) das System und dadurch auch die Zielgrößen. Dabei wird der Einfluss einer Steuergröße auf das System als Effekt bezeichnet. Steuergrößen sind diejenigen Eingangsgrößen, die gezielt verändert werden können. Konträr hierzu sind Störgrößen Eingangsgrößen, die nicht gezielt verändert werden können oder gar unbekannt sind. Die Zielgrößen beschreiben das Ergebnis eines Versuchs. Diese können Messwerte oder aus mehreren Messwerten berechnete Größen sein. Bei einem Versuch können eine oder mehrere Zielgrößen bestimmt werden. Die für den Versuch aus einer Fülle an Eingangsgrößen ausgewählten vermutlich wesentlichen Eingangsgrößen werden als Faktoren bezeichnet. Diese Faktoren können dabei quantitative oder qualitative Werte annehmen und werden als Faktorstufen bezeichnet. [KLE16, S. 11–15; SIE17, S. 2–9]

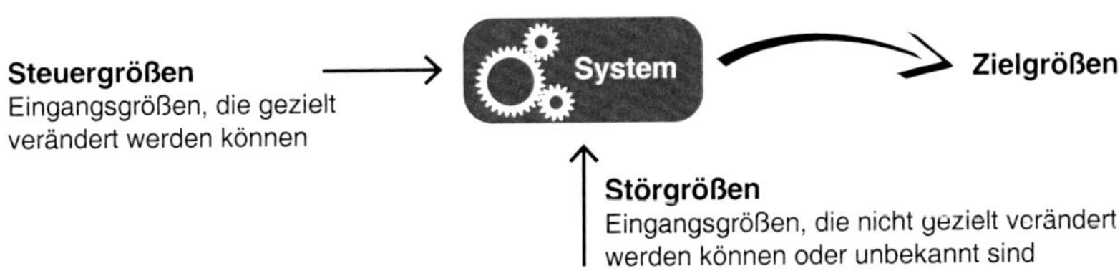

Abb. 74: Schematische Darstellung eines Prozessmodells, in enger Anlehnung an [SIE17, S. 3]

Weitergehende Informationen zur statistischen Versuchsplanung werden im weiteren Verlauf dieser Arbeit bei Bedarf gegeben und können darüber hinaus bspw. den Werken von KLEPPMANN [KLE16] und SIEBERTZ [SIE17] entnommen werden.

Zielgrößen und Faktorenauswahl

Mit Hilfe der statistischen Versuchsplanung sollen die beschriebenen Zugscherversuche systematisch untersucht werden. Ergebnis dieser ist die in Gleichung 6-1 definierte Klebfestigkeit [KLI19, S. 259] und stellt somit die Zielgröße dar.

Neben der essentiellen Oberflächenvorbereitung kann, wie bereits beschrieben, durch eine Oberflächenvorbehandlung positiv auf die Klebfestigkeit Einfluss genommen werden. Eine Klebung von metallischen Werkstoffen und Duromeren ist dabei jedoch meist ohne aufwendige Verfahren zur Oberflächenvorbehandlung durchführbar [RAS12, S. 123]. Nach den Empfehlungen der DIN EN 13887 ist es für die in dieser Arbeit zur Anwendung kommenden Werkstoffe ausreichend, diese vor dem Kleben zu reinigen und anschließend aufzurauen [EN03, S. 12–14]. Durch die Möglichkeit der Herstellung einer makroskopisch rauen Oberfläche sowie der Vergrößerung der wirksamen Oberfläche wird an dieser Stelle auf ein mechanisches Verfahren zur Oberflächenvorbehandlung zurückgegriffen. Aufgrund der einfachen Durchführung sowie der Effektivität kommt das Verfahren *Schleifen* zur Anwendung.

Für die Auswahl zu untersuchender Faktoren wurden die vorgestellten theoretischen Zusammenhänge sowie die Erkenntnisse aus den mittels Kreativitätstechniken erarbeiteten Verbindungen, vgl. Unterabschnitt 6.1.2, herangezogen. Nachfolgend sind die Parameter aufgelistet, die die Ermittlung des Einflusses der Oberflächenbehandlung auf die Klebfestigkeit erlauben und somit als Faktoren für die statistische Versuchsplanung festgelegt wurden.

- Rauheit der Fügeteile aus Metall
- Rauheit der Fügeteile aus FVK
- Perforierung der Fügeteile aus Metall

Für das Schleifen empfiehlt die Norm DIN EN 13887 dabei eine Körnung von $45\ \mu m$ bis $106\ \mu m$. Zur Einhaltung der Toleranzen für den Zugscherversuch nach DIN EN 1465 wurden die Fügeteile aus Metall in einem Flachschleifprozess geschliffen. Die Körnung betrug dabei $57\ \mu m$ und repräsentiert somit den unteren Bereich der Empfehlung nach Norm. Die Hälfte der Fügeteile aus Metall wurde im Anschluss zusätzlich mit einem Schleifpapier der Körnung $100\ \mu m$ angeraut, was den oberen Bereich der Norm widerspiegeln soll. Die Oberflächenvorbehandlung der Fügeteile aus FVK erfolgte ebenso mittels Schleifen. Hierfür wurde die Oberfläche der einen Hälfte mit einem Schleifpapier der Körnung $58 \pm 2\ \mu m$ und die andere Hälfte mit der Körnung $100\ \mu m$ angeraut. Die Perforierung der Metalloberfläche dient der Verwirklichung von Lösung 4 der Stoff-Feld-Analyse aus Unterabschnitt 6.1.2. Diese ist dem Einbringen eines Gewindes in den späteren Werkzeugmantel nachempfunden und kann neben der Beeinflussung der Klebfestigkeit auch einen positiven Einfluss auf die gleichmäßige Klebstoffverteilung haben.

Versuchspläne

Für die Untersuchung der Zugscherversuche wird in der vorliegenden Arbeit ein **vollfaktorieller Versuchsplan** verwendet, sodass alle Faktorstufenkombinationen enthalten sind [KLE16, S. 113]. Die Anzahl an Versuchsreihen ist dabei abhängig von der Anzahl an zu untersuchenden Faktoren sowie deren Faktorstufen. Für die drei zu untersuchenden Faktoren mit je zwei Faktorstufen ergibt sich somit ein Versuchsumfang von $2^3 = 8$ Faktorstufenkombinationen. Nachfolgende Tabelle 15 gibt einen Überblick über die Faktorstufenkombinationen und führt die Bezeichnungen der einzelnen Kombinationen, die im weiteren Verlauf der Arbeit verwendet werden, ein.

Tab. 15: Faktorstufenkombinationen der Zugscherversuche

Perforierung	Oberflächenvorbehandlung Metalloberfläche	FVK-Oberfläche	Bezeichnung (Metall/FVK)
Nein	$57\ \mu m$	$58 \pm 2\ \mu m$	f/f
	$57\ \mu m$	$100\ \mu m$	f/g
	$100\ \mu m$	$58 \pm 2\ \mu m$	g/f
	$100\ \mu m$	$100\ \mu m$	g/g
Ja	$57\ \mu m$	$58 \pm 2\ \mu m$	f_p/f
	$57\ \mu m$	$100\ \mu m$	f_p/g
	$100\ \mu m$	$58 \pm 2\ \mu m$	g_p/f
	$100\ \mu m$	$100\ \mu m$	g_p/g

Unter Berücksichtigung der Empfehlung der Norm DIN EN 1465, mindestens fünf Messwerte des Zugscherversuchs je Versuchsreihe zu ermitteln, ergeben sich 40 Zugscherversuche je zu untersuchendem Klebstoff. Für die Erstellung des vollfaktoriellen Versuchsplans, welcher Anhang A.3.5 entnommen werden kann, und die anschließende Auswertung fand in der vorliegenden Arbeit die Statistiksoftware Minitab (Version 18) der Minitab GmbH Anwendung.

Herstellen der Prüfkörper für die Zugscherversuche

Die normgerechten Prüfkörper für die Zugscherversuche bestehen aus zwei Fügeteilen – ein Fügeteil aus Metall und ein Fügeteil aus Faserverbundkunststoff. Das Fügeteil aus Metall wurde von einem Präzisionsflachstahl aus demselben Werkstoff wie der Werkzeugmantel des späteren Schafteckfräsers mit Leichtbau-Innenkern – Werkzeugstahl (1.2312) – mittels Drahterodieren (Drahterosionszentrum Typ: ROBOFIL 240SL des Herstellers Charmilles) abgelängt sowie anschließend durch Flachschleifen (Flachschleifmaschine Typ: OPENLINE 6 ZRT XC des Herstellers ELB) auf die normgerechten Maße geschliffen. Nachfolgende Abbildung 75 a) zeigt den Flachschleifprozess. Wie unter »Versuchsdesign« beschrieben, wurde die Hälfte der Fügeteile aus Metall mittels Gravierfräsen weiterbearbeitet, was Abbildung 75 b) zeigt.

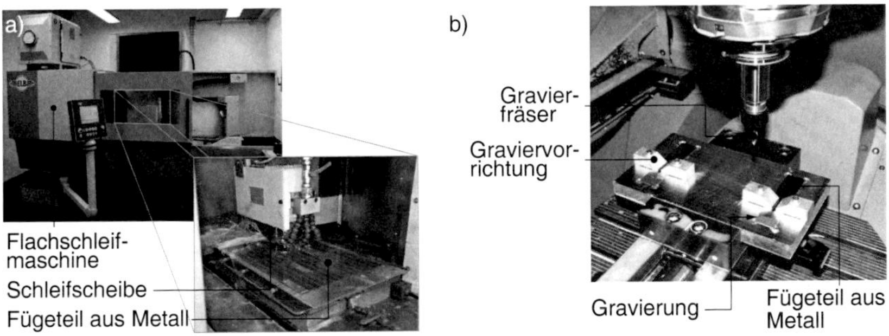

Abb. 75: Bearbeitung des Werkzeugstahls zur Herstellung der Prüfkörper für den Zugscherversuch – a) Flachschleifprozess, b) Gravierfräsen

Eine Möglichkeit der Herstellung von FVK-Platten wurde bereits in Unterabschnitt 5.3.1 beschrieben. Alle in der vorliegenden Arbeit in Betracht kommenden Faserverbundkunststoffe für das Wrapping, vgl. Abbildung 46 sowie Tabelle 10, besitzen eine Matrix aus Epoxidharz. Da dieses einen Großteil der Kontaktfläche von Wrapping - Klebstoff - Werkzeugmantel einnimmt, wurde aus wirtschaftlichen Gründen für die Untersuchungen in diesem Unterabschnitt der Werkstoff Glasfaserverstärkter Kunststoff (GFK) gewählt. Die Bearbeitung der GFK-Platte erfolgte analog dem Vorgehen aus Unterabschnitt 5.3.1, vgl. hierzu auch Abbildung 40 des Sägeprozesses.

Herstellen der Klebungen

Oberflächenbehandlung

Die Entfernung der adhäsionsmindernden Schichten wie den Schmiermittelrückständen des Schleifens erfolgte durch eine gründliche Reinigung mit Alkohol. Nach dem Trocknen wurden die Fügeteile – mit Ausnahme der Fügeteile aus Metall, die bereits durch das Flachschleifen aufgeraut wurden[48] – in Anlehnung an das empfohlene Vorgehen der Norm DIN EN 13887 mittels Exzenterschleifer (30 Wiederholungen einer linearen Bewegung ohne Druck sowie einer Dreh- und Schwingbewegung) und speziell angefertigter Schleifvorrichtung nach den Vorgaben aus Tabelle 15 aufgeraut. Im Anschluss an diese Weiterbearbeitung erfolgte wieder die Reinigung mit Alkohol.

Klebevorrichtung und Herstellen der Prüfkörper

Wie unter »Versuchsdesign« beschrieben, wurde eine Klebschichtdicke von $200\ \mu m$ definiert. Zur exakten Einhaltung dieser sowie der geometrischen Abmessungen der Klebefläche nach DIN EN 1465 wurde eine Klebevorrichtung konstruiert und angefertigt. An diese wurden die Anforderung der Einfachheit der Ausführung und Effizienz sowie die Reproduzierbarkeit des Klebeprozesses gestellt. Nachfolgende Abbildung 76 zeigt die Klebevorrichtung mit Beschreibung ihrer Eigenschaften.

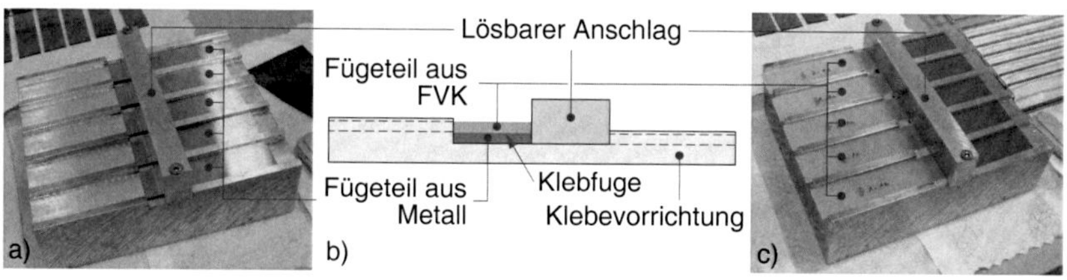

Abb. 76: Klebevorrichtung zur Herstellung reproduzierbarer Klebungen – a) eingelegte Fügeteile aus Metall, b) Prinzipskizze, c) zusätzlich eingelegte Fügeteile aus GFK

Nach dem Einlegen der Fügeteile aus Metall, vgl. Abbildung 76 a), die durch die Anschläge geführt werden, erfolgt der Klebstoffauftrag. Durch die exakte Positionierung wurde die Klebefläche nach Norm eingehalten. Anschließend wurden die Fügeteile aus GFK in die Klebevorrichtung gelegt und angepresst, vgl. Abbildung 76 c). Aufgrund des definierten Höhenunterschieds der Klebevorrichtung konnte die Klebschichtdicke exakt eingehalten sowie die Position durch die Anschläge sichergestellt werden. Der lösbare Anschlag machte eine einfache Entnahme der Prüfkörper möglich. Die Aushärtung der Probekörper erfolgte nach

[48] Die aufgrund des Flachschleifens nicht mehr weiterbearbeiteten Fügeteile aus Metall sind an der Körnung $57\ \mu m$ in Tabelle 15 zu erkennen.

Angaben der Hersteller. Somit wurde der 1K-Klebstoff für 60 Minuten bei $120\ ^{\circ}C$ in einem Universalschrank Typ: UF55 des Herstellers Memmert sowie der 2K-Klebstoff nach einer Aushärtezeit von fünf Tagen bei Raumtemperatur vollständig ausgehärtet. Der Klebeprozess wurde dabei unter einem Laborabzug sowie unter Einhaltung sicherheitsrelevanter Vorschriften ausgeführt.

Auswertung der durchgeführten Untersuchungen

Auswertung der Zugscherversuche

Zur Bestimmung der statistisch signifikanten Faktoren und Wechselwirkungen dient das nachfolgende Pareto-Diagramm aus Abbildung 77 mit den darin enthaltenen standardisierten Effekten.

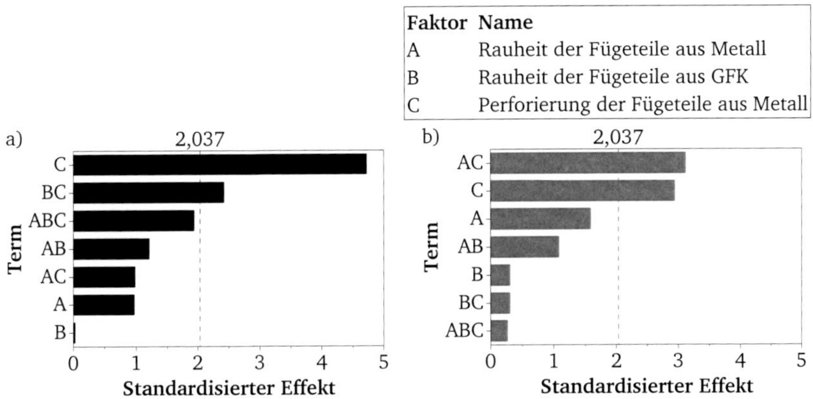

Abb. 77: Pareto-Diagramm der standardisierten Effekte (Antwort ist die Zugscherfestigkeit; $\alpha = 0,05$) – a) Auswertung für Klebstoff EA 109, b) Auswertung für Klebstoff AD 840

Für die dargestellte Untersuchung konnte dabei das Signifikanzniveau auf den Wert $2,037$ bestimmt werden. Aus Abbildung 77 a) – der Auswertung des Klebstoffes EA 109 – geht hervor, dass die Faktoren Perforierung der Fügeteile aus Metall (C) sowie die Wechselwirkung zwischen der Rauheit der Fügeteile aus GFK und der Perforierung der Fügeteile aus Metall (BC) statistische Signifikanz auf die primäre Zielgröße besitzen. Als weitere Wechselwirkungen mit Werten unter dem Signifikanzniveau konnten in absteigender Reihenfolge diese zwischen Rauheit der Fügeteile aus Metall und Rauheit der Fügeteile aus GFK (AB), zwischen allen drei Faktoren (ABC), zwischen Rauheit der Fügeteile aus Metall (A) und Rauheit der Fügeteile aus GFK (B) sowie zwischen der Rauheit der Fügeteile aus Metall und deren Perforierung (AC) identifiziert werden.

Die Abbildung 77 b) – Auswertung des Klebstoffes AD 840 – zeigt die statistische Signifikanz der Wechselwirkung zwischen der Rauheit der Fügeteile aus Metall und deren Perforierung (AC) sowie des Faktors Perforierung der Fügeteile aus Metall (C). Die weiteren Faktoren Rauheit der Fügeteile aus Metall (A) und die Wechselwirkung zwischen der Rauheit der Fügeteile aus Metall und der Rauheit der Fügeteile aus GFK (AB), der Faktor Rauheit der Fügeteile aus GFK (B) sowie die Wechselwirkungen zwischen der Rauheit der Fügeteile aus GFK und der Perforierung der Fügeteile aus Metall (BC) sowie zwischen allen drei Faktoren (ABC) zeigten in absteigender Reihenfolge jeweils einen Wert kleiner dem Signifikanzniveau.

Für die Analyse der Korrelation der Klebfestigkeit zeigt nachfolgende Abbildung 78 das Haupteffektdiagramm für diese, worin die beiden untersuchten Klebstoffe gegenübergestellt sind.

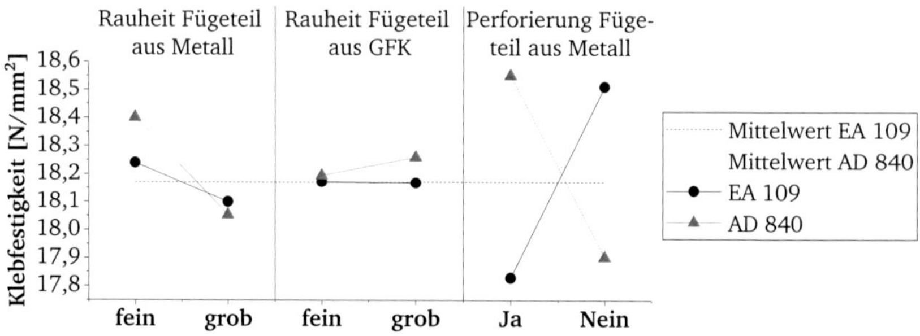

Abb. 78: Haupteffektdiagramm für die Klebfestigkeit (Datenmittelwerte)

Bei Betrachtung der Haupteffekte wird ersichtlich, dass mit zunehmender Rauheit der Fügeteile aus Metall bei Verwendung des Klebstoffes AD 840 geringere Klebfestigkeiten erreicht werden können, wohingegen der Effekt mit dem Klebstoff EA 109 geringer ausfällt. Ebenso haben beiden Klebstoffe gemein, dass die Rauheit der Fügeteile aus GFK keinen oder nur einen sehr geringen Einfluss auf die Klebfestigkeit hat. Eine Auffälligkeit zeigt sich bei Betrachtung des Faktors Perforierung der Fügeteile aus Metall. Zwar hat dieser bei Verwendung beider Klebstoffe einen hohen Einfluss, jedoch entgegengesetzt. Während beim Klebstoff EA 109 ein negativer Einfluss auf die Klebfestigkeit zu verzeichnen ist, zeigt die Perforierung der Fügeteile aus Metall bei Verwendung des Klebstoffes AD 840 einen positiven Einfluss.

Zur Auswertung der Klebfestigkeiten dient das Intervalldiagramm[49] in Abbildung 79.

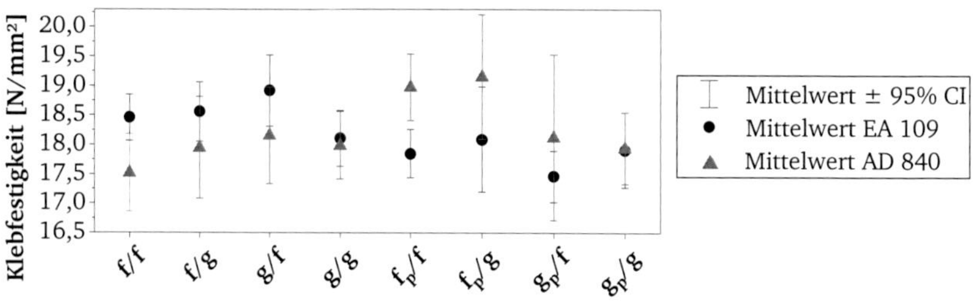

Abb. 79: Verteilung der Zugscherfestigkeit innerhalb der Faktorkombinationen

Die Analyse der Zugscherversuche der Prüfkörper mit dem Klebstoff EA 109 zeigt einen Wertebereich der Klebfestigkeit zwischen $16,99\ ^{N}/_{mm^2}$ und $19,41\ ^{N}/_{mm^2}$. Aus der Betrachtung der Ergebnisse wird der negative Einfluss der Perforierung der Fügeteile aus Metall bestätigt. Demnach erreicht die Kombination aus grob geschliffener Oberfläche der Fügeteile aus Metall und fein geschliffener Oberfläche der Fügeteile aus GFK die höchsten Klebfestigkeiten mit einem Mittelwert von $18,92\ ^{N}/_{mm^2}$ (Standardabweichung $0,487\ ^{N}/_{mm^2}$), was sich auf

[49] Ein Intervalldiagramm ist ein vereinfachter Boxplot, dessen Boxtyp auf Box und der Boxstil auf Keine Box gesetzt ist sowie beim Perzentiltyp nur der Mittelwert aktiviert ist.

die Wechselwirkung zurückführen lässt. Die laut Herstellerangabe maximal erreichbare Zugscherfestigkeit von $30\ ^{N}/_{mm^2}$, vgl. Tabelle 14, konnte dabei nicht erreicht werden. Diese Abweichung begründet sich im Werkstoffversagen des GFK. Der Prüfbericht nach DIN EN 1465 für den Klebstoff EA 109 ist Anhang A.3.6 zu entnehmen.

Der Wertebereich der Klebfestigkeit für die Prüfkörper mit dem Klebstoff AD 840 liegt zwischen $16,63\ ^{N}/_{mm^2}$ und $20,12\ ^{N}/_{mm^2}$. Der positive Einfluss der Perforierung der Fügeteile aus Metall ist in der Kombination fein geschliffene Oberfläche der Fügeteile aus Metall mit Perforierung und grob geschliffene Oberfläche der Fügeteile aus GFK, die die höchste Klebfestigkeit erreicht, deutlich ersichtlich. Der Mittelwert liegt dabei bei $19,16\ ^{N}/_{mm^2}$ (Standardabweichung $0,850\ ^{N}/_{mm^2}$). Der Prüfbericht nach DIN EN 1465 für den Klebstoff AD 840 ist ebenso Anhang A.3.6 zu entnehmen.

Aufgrund geringer Unterschiede in den Mittelwerten der Kombinationen mit höchsten Klebfestigkeiten sowie den gewonnenen Erkenntnissen der Anwendung der untersuchten Klebstoffe lässt sich für den weiteren Verlauf der vorliegenden Arbeit Folgendes ableiten. Kann auf das Einbringen der Perforierung in den Werkzeugmantel verzichtet werden, so ist der Klebstoff EA 109 aufgrund der Einsparung eines Arbeitsgangs und den damit verbundenen wirtschaftlichen Kosten sowie der einfacheren Handhabung und der laut Herstellerangabe potentiell höheren Klebfestigkeit zu bevorzugen. Ist eine solche Perforierung für das Einbringen des Klebstoffes in den Werkzeugmantel essentiell, sollte der Klebstoff AD 840 Verwendung finden.

Auswertung des Bruchverhaltens

Zur Untersuchung des Bruchverhaltens wurde in der vorliegenden Arbeit ein 3D-Profilometer, Typ: VR-5000/VR-5200 des Herstellers Keyence, das nach dem Streifenlichtprojektionsverfahren arbeitet, eingesetzt. Dieses ermöglichte die prozentualen Anteile der Rückstände in den jeweiligen Höhenebenen und somit die Verteilung der einzelnen Versagensarten zu ermitteln.

Hinsichtlich des Bruchverhaltens wiesen alle Prüfkörper unabhängig des Klebstoffes Mischbrüche – also eine Kombination verschiedener Versagensarten – auf. Die Anteile hierbei unterschieden sich dabei jedoch. Nachfolgende Abbildung 80 zeigt exemplarisch das Bruchverhalten von vier Prüfkörpern bei Anwendung des Klebstoffes EA 109.

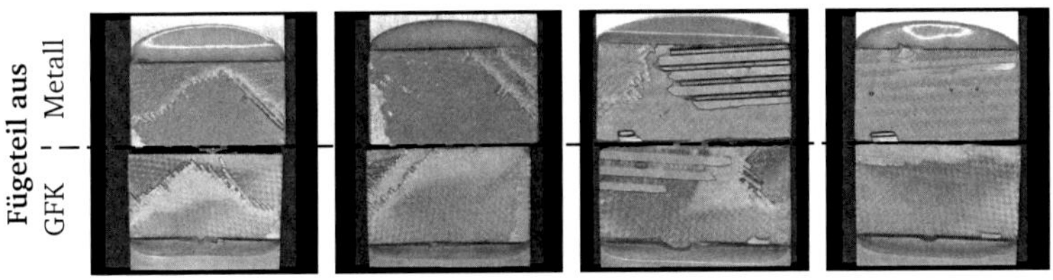

Versagensart				
Deckschicht-versagen	51,9 %	73,5 %	42,9 %	92,2 %
Adhäsion	3,0 %	8,6 %	39,4 %	7,8 %
Delamination mit Faserbruch	45,1 %	17,8 %	17,7 %	-

Abb. 80: Bruchverhalten am Beispiel des Klebstoffes EA 109

Die Auswertung der 40 Prüfkörper je Klebstoff lieferte Erkenntnisse über die Anzahl der unterschiedlichen Versagensarten. Darüber hinaus konnten dadurch die durchschnittlichen prozentualen Flächenanteile (gemessen am Fügeteil aus Metall) der einzelnen Versagensarten je Klebefläche berechnet werden.

Nebenstehende Abbildung 81 zeigt, dass alle Prüfkörper, die mit dem Klebstoff EA 109 verklebt wurden, ein Deckschichtversagen seitens des GFKs aufwiesen. Der durchschnittliche Flächenanteil lag dabei bei $71,1\ \%$. Bei 34 Prüfkörpern konnte ein adhäsives Versagen der Klebflächen festgestellt werden. Ferner zeigten 27 Prüfkörpern eine Delamination des GFKs mit Faserbruch bei einem durchschnittlichen prozentualen Flächenanteil von $16,8\ \%$. Mit durchschnittlich $12,1\ \%$ der prozentualen Flächenanteile fällt diese Versagensart jedoch eher gering aus.

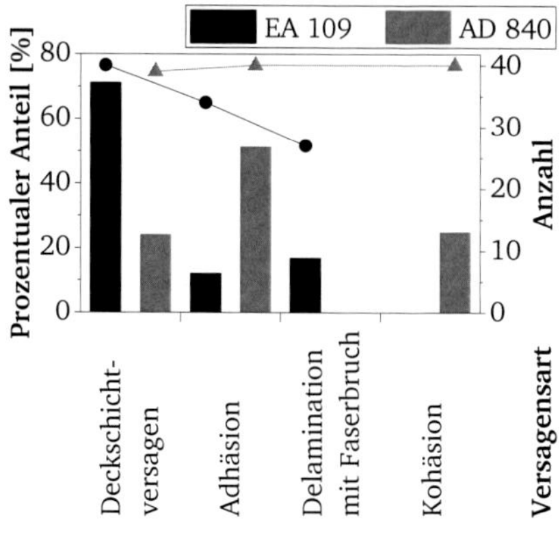

Abb. 81: Durchschnittliche Anteile der Versagensarten

Der Abbildung 81 kann ebenso entnommen werden, dass 39 Prüfkörper, die mit dem Klebstoff AD 840 verklebt wurden, ein Deckschichtversagen seitens des GFKs aufwiesen. Der prozentuale Flächenanteil mit durchschnittlich $24,0\ \%$ fiel im Gegensatz zu den Prüfkörpern mit dem Klebstoff EA 109 wesentlich kleiner aus. Zudem zeigten alle Prüfkörper sowohl adhäsives als auch kohäsives Versagen der Klebflächen. Erstgenanntes ist im Vergleich zum Klebstoff EA 109 mit einem prozentualen Flächenanteil mit durchschnittlich $51,2\ \%$ deutlich größer. Letztgenanntes wies einen durchschnittlichen prozentualen Flächenanteil von $24,8\ \%$ auf.

Das Anrauen der Oberfläche sollte die Adhäsion zwischen Klebstoff und Fügeteilen erhöhen. Die adhäsiven Anteile auf den Oberflächen der Fügeteile aus Metall zeigen jedoch, dass die Oberflächenvorbehandlung noch weiter verbessert werden sollte, um die adhäsiven Anteile am Bruchverhalten weitgehend zu eliminieren.

6.2 Herstellung von Demonstratorwerkzeugen

Nach der zielgerichteten Erforschung mit Hilfe der FE-Analyse sowie der eindringlichen Untersuchung der Verbindung zwischen Leichtbau-Innenkern und Werkzeugmantel wird in diesem Abschnitt die Herstellung von Demonstratorwerkzeugen, welche mit unterschiedlichen Leichtbau-Innenkernen aus Faserverbundkunststoffen versehen wurden, beschrieben und zeigt im Kontext der technischen Umsetzung eine Möglichkeit der Herstellung für derartige Fräswerkzeuge auf.

Auf Grundlage der Ergebnisse der FE-Analyse wurden drei Varianten der Leichtbau-Innenkerne, vgl. Abbildung 61, hergestellt. Die Herstellung erfolgte durch das Wickeln von Prepreg-Materialien um ein kühlschmierstoffbeständiges Inlay sowie anschließendem Aushärten im Autoklav. Um die vorgegebenen Abmaße einzuhalten, wurden die jeweiligen Außendurchmesser mittels Rundschleifen zwischen Zentrierspitzen zur Sicherstellung der Zentrizität mit einer Genauigkeit von $\pm\ 15\ \mu m$ nachbearbeitet.

Nach anschließender Vermessung der gefertigten Leichtbau-Innenkerne wurden die Werkzeugmäntel auf einem hochmodernen CNC-Drehbearbeitungszentrum bearbeitet. Die Herstellung der Ausgangs-Werkzeugmäntel erfolgt analog dem Standardvorgehen zur Herstellung von Schafteckfräsern. Durch Einsatz des Fertigungsverfahrens Bohren wurde der Hohlraum für den Leichtbau-Innenkern geschaffen. Hierbei war die Einhaltung der in Unterabschnitt 6.1.4 definierten Klebschichtdicke von $200\ \mu m$ zu berücksichtigen. Der Spitzenwinkel des verwendeten Bohrers wurde dabei durch Anschleifen der Leichtbau-Innenkerne berücksichtigt.

Wie in Unterabschnitt 6.1.4 ebenso beschrieben ist die Oberflächenvorbereitung und -vorbehandlung für die Güte der Klebung entscheidend. Die mechanische Oberflächenvorbehandlung der Leichtbau-Innenkerne erfolgte dabei mittels Schleifen. Die Oberflächenrauheit der Hohlräume wurde durch die fertigungsbedingten Oberflächenrauheiten des Bohrens sichergestellt. Die Reinigung erfolgte analog der Herstellung der Prüfkörper mittels Alkohol.

Zur Sicherstellung einer durchgehenden Klebschicht wurde ein prozesssicheres Vorgehen zur Einbringung des Klebstoffes entworfen, was nachfolgende Abbildung 82 zeigt.

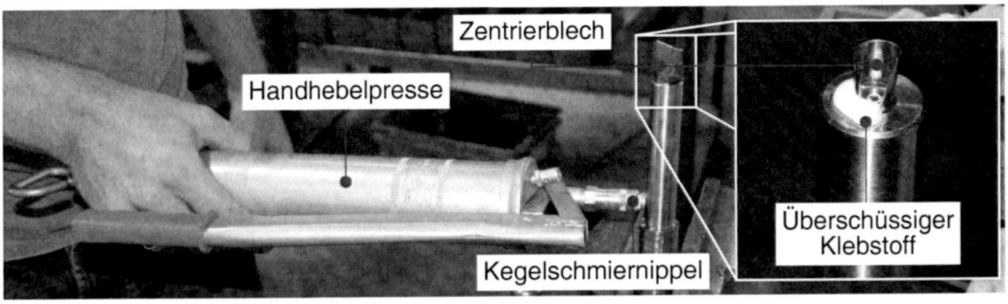

Abb. 82: Einpressen des Klebstoffes in den Werkzeugmantel

Durch eine Gewindebohrung am unteren Ende des Leichtbau-Innenkerns konnte ein Kegelschmiernippel eingeschraubt werden, durch den mit Hilfe einer Handhebelpresse der Klebstoff in den Klebespalt eingepresst wurde. Ein Zentrierblech stellte darüber hinaus sicher, dass der Leichtbau-Innenkern mittig im Werkzeugmantel eingebracht wurde. Weiterhin war der kreisrunde Austritt von überschüssigem Klebstoff ein Indiz dafür, dass der gesamte Klebespalt mit Klebstoff gefüllt wurde. Zur Prüfung des Vorgehens und demnach der vollflächigen Füllung sowie der Klebschichtdicke wurden die Halbzeuge der Vorversuche aufgefräst und die Klebung mit dem 3D-Profilometer, Typ: VR-5000/VR-5200 des Herstellers Keyence, untersucht, was nachfolgende Abbildung 83 zeigt.

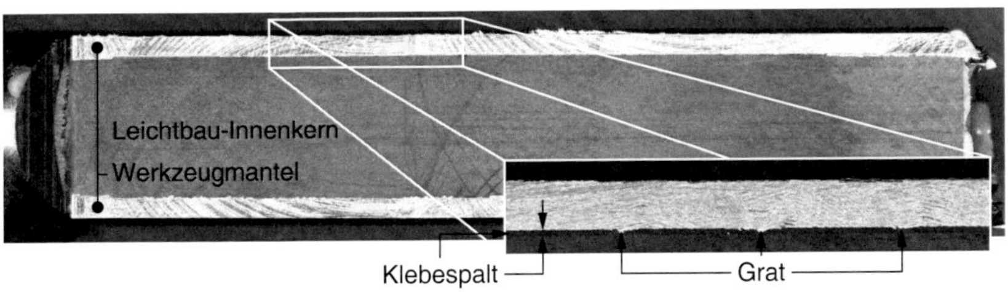

Abb. 83: Prüfen der Klebstoffverteilung und der Klebschichtdicke

Durch diese Prüfung konnte festgestellt werden, dass der Klebespalt vollflächig gefüllt wurde. Die in Abbildung 83 zu sehende Gratbildung ist auf das Auffräsen zurückzuführen. Bei den Halbzeugen der Vorversuche wurden dabei Klebschichtdicken im Bereich zwischen $0,221\ mm$ und $0,232\ mm$ gemessen, was für den Klebespalt als hinreichend genau eingestuft wurde.

Weiterhin zeigte diese Prüfung, dass die in der Versuchsplanung aus Unterabschnitt 6.1.4 berücksichtigte und untersuchte Perforierung im Werkzeugmantel nicht notwendig erscheint. Die Klebstoffverteilung benötigt keinen zusätzlich Raum zur Ausbreitung, sodass, wie unter »Auswertung der durchgeführten Untersuchungen« beschrieben, aufgrund der Einsparung eines Arbeitsgangs für die Herstellung der Schafteckfräser mit Leichtbau-Innenkern der Klebstoff EA 109 gewählt wurde. Die Aushärtung des heißhärtenden Klebstoffes erfolgte gemäß Herstellervorgaben, vgl. Anhang A.3.4, für $60\ min$ bei $120\ ^{\circ}C$.

7 Erprobung der Schafteckfräser mit Leichtbau-Innenkern

7.1 Eingesetzte Messtechnik für die experimentellen Untersuchungen

Dieser Abschnitt besteht aus den Beschreibungen der in dieser Arbeit durchgeführten experimentellen Untersuchungen. Die nachfolgende Abbildung 84 gibt einen Überblick über den Aufbau dieses Abschnitts sowie die eingesetzte Messtechnik, ehe diese kurz beschrieben wird.

Vor dem Zerspanprozess	Während des Zerspanprozesses	Nach dem Zerspanprozess
7.1.1 | Experimentelle Modalanalyse	7.1.2 | Prozesskraftmessung	7.1.3 | Rauheitsmessung
	7.1.5 | Elektrische Leistungsmessung	7.1.4 | Verschleißmessung

Abb. 84: Aufbau des Abschnitts 7.1 und Überblick über die messtechnischen Untersuchungen dieser Arbeit

7.1.1 Experimentelle Modalanalyse

Messaufbau

Beim Messaufbau zur Untersuchung des Schwingungsverhaltens von Objekten bzw. deren Strukturen sind die Randbedingungen – im vorliegenden Fall die Einspannung – entscheidend. Für möglichst realistische Randbedingungen bietet sich eine in situ Messung – also eine Messung im eingebauten Zustand – an, um Rückschlüsse auf das Verhalten in der tatsächlichen Einbausituation ziehen zu können. [KOK10, S. 517] Des Weiteren ist es von Bedeutung, eine möglichst ideale Einspannung – also eine Einspannung mit möglichst geringem Eigenanteil – zu verwenden, um die Ergebnisse der experimentellen Modalanalyse bestmöglich mit denen der Finiten Elemente Analyse, in deren Simulationsmodell mit einer idealen Einspannung gerechnet wird, vergleichen zu können. In der vorliegenden Arbeit wurden mehrere Einspannungen, darunter u. a. das im Laborumfeld eingesetzte 5-Achs-CNC Fräsbearbeitungszentrum aus Unterabschnitt 7.2.2, getestet. Die besten Ergebnisse lieferte dabei die zur Verfügung stehende CNC Drehmaschine Gildemeister CTX 310 mit einer Spannzangenaufnahme für die Werkzeuge. Das Anzugsdrehmoment betrug dabei für alle untersuchten Werkzeuge $135\ Nm$.

Der Messaufbau der vorliegenden Arbeit umfasst die zu untersuchenden Werkzeuge (Referenzwerkzeug sowie entwickelte Versionen des Schafteckfräsers mit Leichtbau-Innenkern), eine Einspannvorrichtung (Spannzange), einen Beschleunigungsaufnehmer, einen Impulshammer (bestehend aus einem Kraftsensor und einem Erreger), ein Datenerfassungssystem und eine Auswerteeinheit (Messrechner). Die nachfolgende Abbildung 85 a) zeigt dabei den theoretischen sowie Abbildung 85 b) den praktischen Messaufbau.

Die verwendeten Sensoren zur Messung von Beschleunigung und Kraft messen nach dem piezoelektrischen Prinzip mit eingebautem Impedanzwandler. Bei der Auswahl des Impulshammers zur Anregung des Objekts sind mehrere Faktoren entscheidend. Zu diesen zählen bspw. die Größe, die Masse und die Steifigkeit des zu untersuchenden Objekts. Die in der vorliegenden Arbeit betrachteten Schafteckfräser sind klein, steif und von vergleichsweise geringer Masse und können deshalb mit einem kleinen Impulshammer mit einer geringen Eigenmasse angeregt werden. Der verwendete Impulshammer Typ: ICP® Impact Hammer Model 086E80 des Herstellers PCB Piezotronics besteht dabei aus einen Kraftsensor als Hammerkopf und

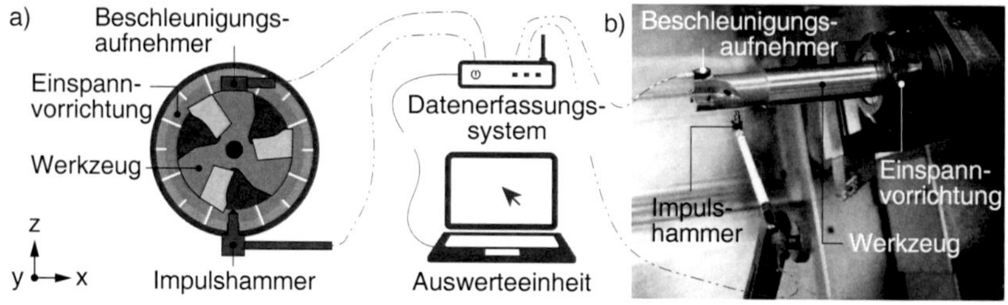

Abb. 85: Messaufbau der experimentellen Modalanalyse – a) theoretisch, b) praktisch (Ansicht auf die Stirn des Schafteckfräsers)

einem biegbaren Hammerstiel aus Kunststoff. Ein weiteres wichtiges Auswahlkriterium des Impulshammers ist die verwendete Spitze, die die Kraft überträgt. Allgemein liefern weichere Spitzen eine größere Impulsbreite und somit einen geringeren Frequenzbereich bei größeren Amplituden und härtere Spitzen eine kleinere Impulsbreite und dadurch ein größeres Frequenzspektrum bei geringeren Amplituden. In der vorliegenden Arbeit wurde eine Vinyl-Spitze verwendet. Die Position des Impulshammers lag bei $45\ mm$ gemessen von der Werkzeugspitze. Zur Messung der Beschleunigungen wurde ein einachsiger Beschleunigungsaufnehmer Typ: 352C22/NC des Herstellers PCB Piezotronics (Messbereich: $500\ g$, Empfindlichkeit: $10\ {}^{mV}/_{g}$) eingesetzt. Die Datenerfassung erfolgte über ein PC-basiertes Messsystem der National Instruments Corporation™ (NI) bestehend aus dem Chassis NI cDAQ-9184 und zwei Modulen NI 9234. Das benötigte Messprogramm wurde hierzu in der NI Systementwicklungssoftware LabVIEW programmiert.

Messung der Übertragungsfunktionen

Zur Ermittlung der dynamischen Nachgiebigkeit muss zuerst das komplexe Übertragungsverhalten $G(i\omega)$ gebildet werden. Dieses ist definiert als der Quotient des Spektrums des gemessenen Beschleunigungssignals $E_a(i\omega)$ und des Spektrums des gemessenen Kraftsignals $E_f(i\omega)$, vgl. hierzu nachfolgende Gleichung 7-1 [BAU14, S. 38].

$$G(i\omega) = \frac{E_a(i\omega)}{E_f(i\omega)} \tag{7-1}$$

Mit Hilfe einer Fourier-Transformation werden die gemessenen Signale im Zeitbereich in den Frequenzbereich überführt. Der mathematische Zusammenhang ist in den nachfolgenden Gleichungen 7-2 und 7-3 beschrieben [BAU14, S. 38].

$$E_a(i\omega) = \int_0^T a(t)e^{-i\omega t}dt \tag{7-2}$$

$$E_f(i\omega) = \int_0^T f(t)e^{-i\omega t}dt \tag{7-3}$$

mit

$a(t)$ = Beschleunigungs-Antwortsignal

$f(t)$ = Kraft-Anregungssignal

Durch Division der komplexen Energiespektren $E(i\omega)$ durch die Periodendauer T resultieren die komplexen Leistungsspektren $S(i\omega)$. Dieser Zusammenhang wird in den nachfolgenden Gleichungen 7-4 und 7-5 dargestellt [BAU14, S. 38].

$$S_a = \frac{E_a(i\omega)}{T} \tag{7-4}$$

$$S_f = \frac{E_f(i\omega)}{T} \tag{7-5}$$

Ermittlung der Modalparameter

Aus den Übertragungsfunktionen, die am realen Objekt gemessen wurden, werden anschließend die Modalparameter ermittelt. Aufgrund der Tatsache, dass bei realen Messungen immer Messungenauigkeiten vorliegen, ist das Übertragungsverhalten des Modells nur eine Näherung des tatsächlichen dynamischen Verhaltens. Folglich wird die Parameterbestimmung auch als *Parameterschätzung* bezeichnet. [KOK10, S. 521]
Zur Anwendung von Gleichung 7-1 wird daher in der Praxis mittels geeigneter Funktionen das Übertragungsverhalten geschätzt. Für die vorliegende Arbeit, bei der die Anregung durch einen Impulshammer vollzogen wird, findet das sogenannte H_1-Schätzverfahren Anwendung, da das Rauschen des Beschleunigungssignals im Vergleich zum Rauschen des Kraftsignals deutlich größer ist. Der H_1-Schätzer ist in nachfolgender Gleichung 7-6 definiert. [BAU14, S. 39]

$$H_1(i\omega) = \frac{\tilde{S}_{x_m y_m}(i\omega)}{\tilde{S}_{x_m x_m}(\omega)} \tag{7-6}$$

mit

$\tilde{S}_{x_m y_m}(i\omega)$	=	arithmetischer Mittelwert der Kreuzleistungsspektren zwischen den Signalen x und y über m Messungen
$\tilde{S}_{x_m x_m}$	=	arithmetischer Mittelwert der Autoleistungsspektren des Signals x über m Messungen

Nach Anpassung der Indizes (x: Eingang wird zu f: Kraft und y: Ausgang wird zu a: Beschleunigung) sowie Berücksichtigung des vorliegenden Anwendungsfalls (Antwortsignal wird mit einem Beschleunigungsaufnehmer aufgezeichnet), folgt die sogenannte Akzeleranz $B(i\omega)$, definiert in nachfolgender Gleichung 7-7 [BAU14, S. 40].

$$B(i\omega) = \frac{\tilde{S}_{fa}(i\omega)}{\tilde{S}_{ff}(\omega)} \tag{7-7}$$

Zur Analyse im Bereich der Werkzeugmaschinen wird im Allgemeinen jedoch der dynamische Nachgiebigkeitsfrequenzgang betrachtet. Die dynamische Nachgiebigkeit wird durch die doppelte Integration der Akzeleranz im Frequenzbereich gebildet, was in nachfolgender Gleichung 7-8 dargestellt ist [BAU14, S. 40].

$$N(i\omega) = \frac{B(i\omega)}{-\omega^2} \tag{7-8}$$

7.1.2 Prozesskraftmessung

Zur Messung der auftretenden Prozesskräfte und -momente wurde in der vorliegenden Arbeit ein sensorischer Werkzeughalter Typ: SPIKE® des Herstellers pro-micron verwendet. Die nachfolgende Abbildung 86 zeigt den sensorischen Werkzeughalter inklusive einer Darstellung der Prozesskräfte sowie einer schematischen Vorstellung des eingesetzten Messsystems.

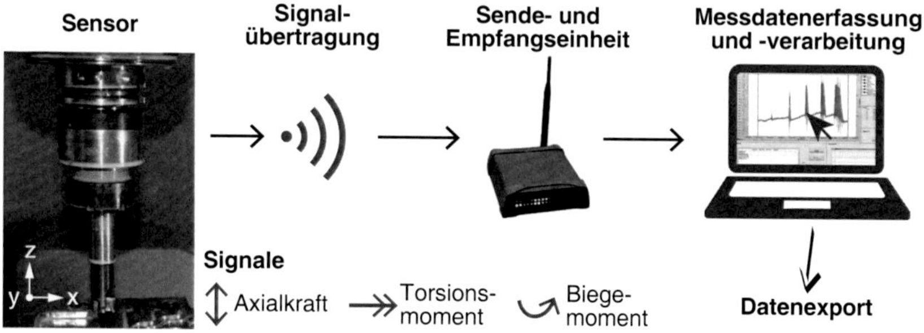

Abb. 86: Darstellung des eingesetzten Messsystems zur Erfassung der Prozesskräfte und -momente

Mittels drahtloser Übertragung der Messdaten zur Empfangseinheit (Reader), die mit einem Messrechner verbunden ist, können diese echtzeitnah mitgeloggt werden. Die im Zerspanprozess direkt am Werkzeug auftretenden Zug- und Druckkräfte sowie das Biege- und Torsionsmoment werden dabei visualisiert und als numerische Werte für die spätere Auswertung abgespeichert. [PRO13, S. 8 f.] Die Messfrequenz betrug dabei die maximal zur Verfügung stehenden $1.600\ Hz$.
Durch die Erhebung der auf das Werkzeug während des Zerspanprozesses wirkenden Prozesskräfte ist es möglich, das Werkzeugverhalten über einen längeren Zeitraum – in der vorliegenden Arbeit für den Zeitraum der spanenden Bearbeitung des Referenzwerkstücks – zu analysieren [RIE17] oder die Auswirkungen von geänderten Parametern in einem Optimierungsprozess zu untersuchen [HAV16, S. 102].

7.1.3 Rauheitsmessung

Fertigungstechnisch ist die Erzeugung einer idealen Gestalt bzw. ideal glatter Bauteiloberflächen nicht möglich. Die Oberflächengestalt spanend hergestellter Bauteile weist somit Lage-, Formabweichungen einschließlich der Oberflächenwelligkeit sowie eine Oberflächenrauheit auf. Diese gilt es auf ein gerade noch zulässiges Maß zu senken. Durch unterschiedliche Messverfahren sowie abhängig vom eingesetzten Filter können diese Abweichungen anhand verschiedener Profile ermittelt werden. Diese werden nach der Norm DIN EN ISO 4287 [EN 10] in Primärprofil, Rauheitsprofil und Welligkeitsprofil unterschieden. [DEG15, S. 114]
Traditionell werden zur Gegenüberstellung der spanend hergestellten Bauteiloberflächen Vergleichsgrößen wie der *Mittenrauwert* R_a [EN 10, S. 15] oder die *Gemittelte Rautiefe* R_z [EN 10, S. 15] verwendet. In jüngerer Vergangenheit ist zudem ein verstärkter Einsatz flächenhafter Messtechnik für die Erfassung der Rauheit zu beobachten [JIA07, S. 2072; PEH11, S. 457; LEA13, S. 6 f.], wovon sich eine höhere Aussagekraft versprochen wird [EIF19, S. 90]. Durch die Norm DIN EN ISO 25178-2 [DIN12a] wird dieser flächenhaften Charakterisierung Rechnung getragen. Darüber hinaus ist ein zunehmender Einsatz von funktionellen Kenngrößen, wie der sogenannten Kernrautiefe R_k [DIN98b, S. 2] bzw. der Kernhöhe S_k [DIN12a, S. 17], zu verzeichnen [TOD17, S. 89 f.], die v. a. in Europa industrielle Akzeptanz erlangt haben

[MAT11, S. 500].
In der nebenstehenden Abbildung 87 sind das verwendete Oberflächenmessgerät mit dem zugehörigen Messrechner dargestellt. Das in dieser Arbeit zur Anwendung kommende 3D-Profilometer, Typ: VR-5000/VR-5200 des Herstellers Keyence, arbeitet nach dem Streifenlichtprojektionsverfahren. Aufgrund der Messgenauigkeit von $\pm\ 2\ \mu m$ bei der Breiten- und von $\pm\ 2,5\ \mu m$ bei der Höhenmessung sowie einer Wiederholgenauigkeit von $\pm\ 0,5\ \mu m$ für die Breiten- und $\pm\ 0,4\ \mu m$ für die Höhenmessung [KEY18, A-2] ist das genannte 3D-Profilometer für die Rauheitsmessungen geeignet.

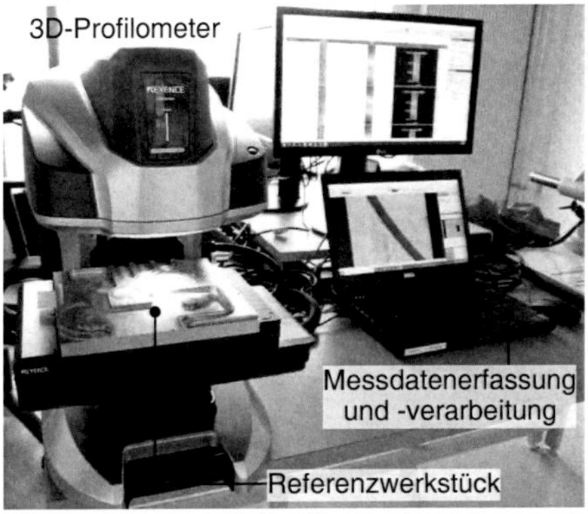

Abb. 87: Darstellung des eingesetzten Oberflächenmessgeräts

7.1.4 Verschleißmessung

Wie in Unterabschnitt 2.2.5 dargestellt dient die Verschleißmarkenbreite VB als Standkriterium. Für deren Messung wird ebenso das 3D-Profilometer, Typ: VR-5000/VR-5200 des Herstellers Keyence verwendet. Die Aufnahmen wurden mit 120-facher Vergrößerung erstellt. Zur wiederholgenauen Ausrichtung der zu untersuchenden Schafteckfräser wurde für die Aufnahmen eine Vorrichtung konstruiert und additiv gefertigt, die es erlaubte, die Schafteckfräser im eingespannten Zustand im sensorischen Werkzeughalter zu vermessen. Die Ausrichtung der Wendeschneidplatte wurde softwaretechnisch überwacht, sodass eine reproduzierbare Verschleißanalytik jeder einzelnen Wendeschneidplatte gewährleistet wurde.

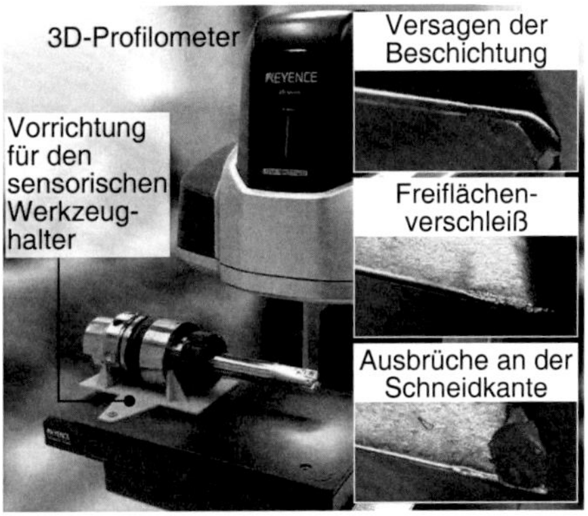

Abb. 88: Darstellung der Vorrichtung zur Wendeschneidplattenvermessung sowie der registrierten Verschleißerscheinungen

Die aufgetretenen Verschleißerscheinungen waren neben einem Versagen der Beschichtung ein Freiflächenverschleiß sowie Ausbrüche an der Schneidkante.

7.1.5 Elektrische Leistungsmessung

Messaufbau

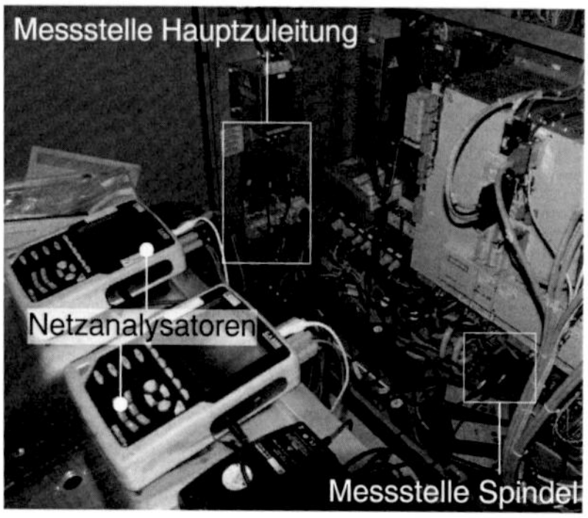

Abb. 89: Eingesetzte Leistungsmessgeräte sowie Stromzangen

Zur Messung der elektrischen Leistung wurden Leistungsmessgeräte vom Typ: C.A 8335 QualiSTAR+ und Stromzangen vom Typ: MN 93 A 100 A des Herstellers Chauvin Arnoux eingesetzt. Die nebenstehende Abbildung 89 zeigt diese im eingebauten Zustand im 5-Achs-CNC Fräsbearbeitungszentrum.

Die Effektivwerte für Spannung und Strom wurden mit der höchsten verfügbaren Abtastrate von $256\ Hz$ der verwendeten Leistungsmessgeräte sowie mit einer Messunsicherheit $< 1\,\%$ erfasst [CHA09, S. 6]. Die maximal möglichen Ausgabewerte dieses Messaufbaus sind zu einer Sekunde gemittelte Einzelmesswerte. Detaillierte dynamische Analysen des Fräsprozesses, wie die Spindelbeschleunigung oder diverse Positionsbewegungen, konnten somit nur mit einem Genauigkeitsverlust durchgeführt werden. Aufgrund der Tatsache, dass die in den Leistungsspitzen enthaltene elektrische Energie im Verhältnis zur gesamten Prozessenergie vernachlässigbar klein ist [OV12, S. 27], ist der vorgestellte Messaufbau für die vorliegende Arbeit dennoch geeignet. Dies zeigt auch die Verwendung dieses Typs von Messgeräten in thematisch verwandten Forschungsprojekten und -arbeiten, wie in [KUH11, S. 127; OV12, S. 27; BLE13, S. 33; WES16, S. 66–68].

Messdatenaufnahme

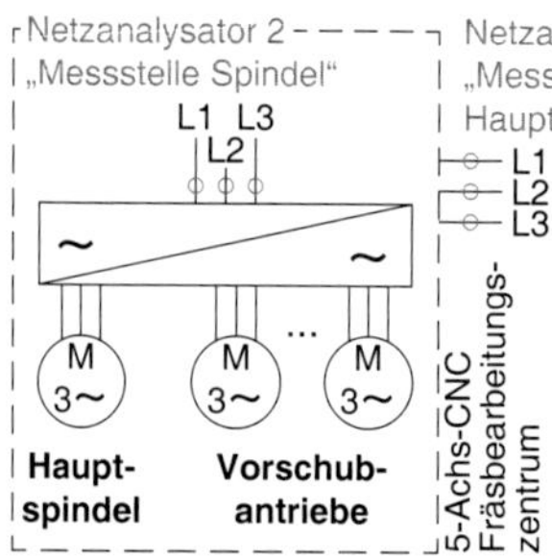

Abb. 90: Darstellung der Messstellen sowie Schaltplan des Dreileiteranschlusses für das 5-Achs-CNC Fräsbearbeitungszentrum

Zur Aufzeichnung der einzelnen Messungen waren zwei Leistungsmessgeräte gleichzeitig im 5-Achs-CNC Fräsbearbeitungszentrum eingebaut. Die verwendeten Messstellen sind in Abbildung 90 mit „Messstelle Hauptzuleitung" zur Messung des Energieverbrauchs der gesamten Hauptantriebe und mit „Messstelle Spindel" zur Messung des Energieverbrauchs für Vorschubantriebe und die Hauptspindel[50] einzeln gekennzeichnet. Wie Abbildung 90 zu entnehmen ist, wurden die Messungen als Wirkleistungsmessungen im Drehstromsystem mittels Dreileiteranschluss sowie drei Wattmetern durchgeführt.[51]

Für die Wirkleistungsmessung mit beliebigen periodischen Spannungen und Strömen gilt der in Gleichung 7-9 dargestellte Zusammenhang.

[50] Die Messung des Energieverbauchs für Vorschubantriebe und die Hauptspindel erfolgte aufgrund der verwendeten Messtechnik vor dem Frequenzumrichter.

[51] Tiefergehende Ausführungen zu elektrotechnischen Zusammenhängen können bspw. [HOF15, S. 123–125] entnommen werden.

$$P = \frac{1}{T} \int_{t_0}^{t_0+T} u(t) \cdot i(t) dt \tag{7-9}$$

Bei sinusförmigen Verläufen sowohl für Spannung als auch für Strom, wie im vorliegenden Fall, kann die gesamte Wirkleistung P_{wges} des Drehstromsystems aus der Summe der jeweiligen Effektivwerte mit nachfolgender Gleichung 7-10 berechnet werden.

$$P_{wges} = \sum_{n=1}^{3} P_{wn} = \frac{U_{12}}{\sqrt{3}} \cdot I_1 \cdot cos(\varphi_1) + \frac{U_{23}}{\sqrt{3}} \cdot I_2 \cdot cos(\varphi_2) + \frac{U_{31}}{\sqrt{3}} \cdot I_3 \cdot cos(\varphi_3) \tag{7-10}$$

7.2 Ergebnisse der experimentellen Untersuchungen im Laborumfeld

Ausgehend von den aufgezeigten Entwicklungen der vorhergehenden Kapitel wird in diesem Abschnitt ausgeführt, wie sich die Schafteckfräser mit Leichtbau-Innenkern im Einsatz verhalten und die Ergebnisse der Erprobung der Demonstratorwerkzeuge werden vorgestellt. Für diese Erprobung erfolgen zunächst Versuchsdurchführungen im Labor, ehe die industrielle Erprobung durchgeführt wird.

7.2.1 Auswertung der experimentellen Modalanalyse

Die Berechnung der dynamischen Nachgiebigkeit erfolgt nach dem in Unterabschnitt 7.1.1 aufgezeigten Vorgehen. Hierzu werden aus den Kraft- und Beschleunigungssignalen die Auto- und Kreuzleistungsspektren gebildet. Nachfolgende Abbildungen 91 und 92 zeigen hierzu exemplarisch die Messungen des Referenzwerkzeugs bei einer Ausspannlänge von 5xD.

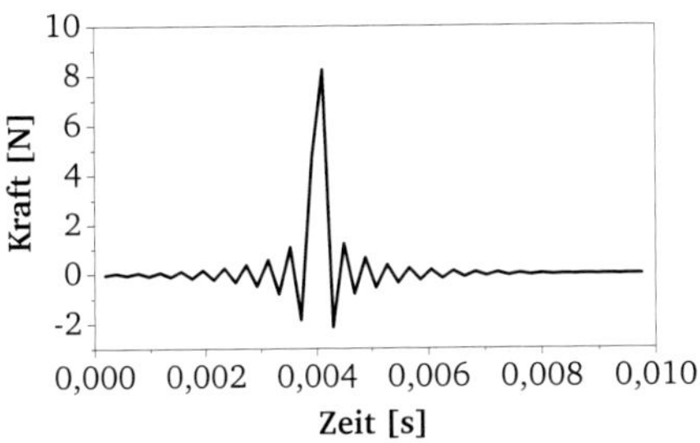

Abb. 91: Kraftimpuls des Referenzwerkzeugs bei einer Ausspannlänge von 5xD

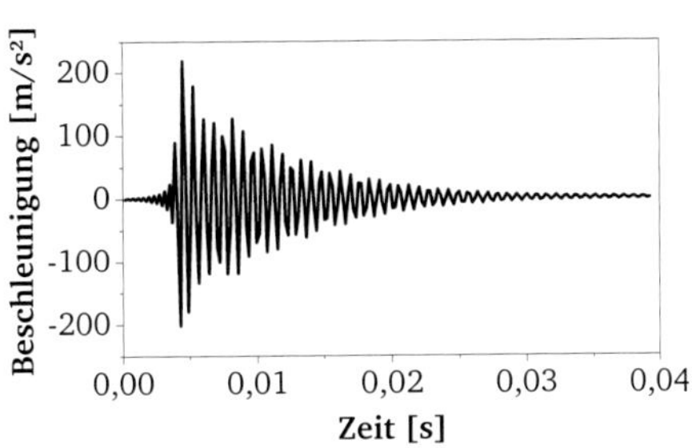

Abb. 92: Beschleunigungssignal des Referenzwerkzeugs bei einer Ausspannlänge von 5xD

Aus den aus zehn Einzelmessungen je Ausspannlänge und Werkzeug gemittelten Auto- und Kreuzleistungsspektren wird nach dem H_1-Schätzverfahren die Akzeleranz und durch anschließende doppelte Integration im Frequenzbereich die dynamische Nachgiebigkeit berechnet. Nachfolgende Tabelle 16 schafft einen Überblick über die jeweils errechneten ersten Biegeeigenfrequenzen f_{B1} sowie die entsprechenden dynamischen Nachgiebigkeiten N, ehe die Ergebnisse der Impulshammer-Messungen der dynamischen Nachgiebigkeit in Abbildung 93 graphisch dargestellt werden.

Tab. 16: Eigenfrequenzen und dynamische Nachgiebigkeiten der untersuchten Schafteckfräser

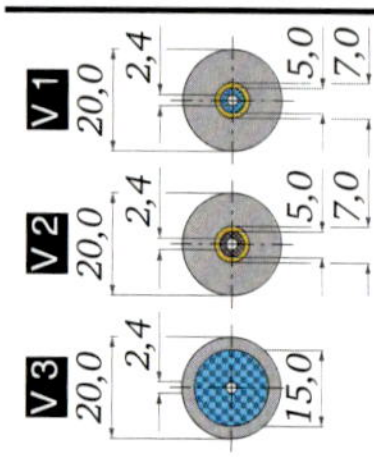

Ausspannlänge	5xD		6xD	
	f_{B1}	N	f_{B1}	N
Typ	$[Hz]$	$[\mu m/N]$	$[Hz]$	$[\mu m/N]$
Referenzwerkzeug	1.389,57	23,09	977,18	48,36
Version 1	1.394,55	21,31	970,21	40,21
Version 2	1.391,56	21,84	988,14	40,51
Version 3	1.362,68	27,44	1.009,06	62,81

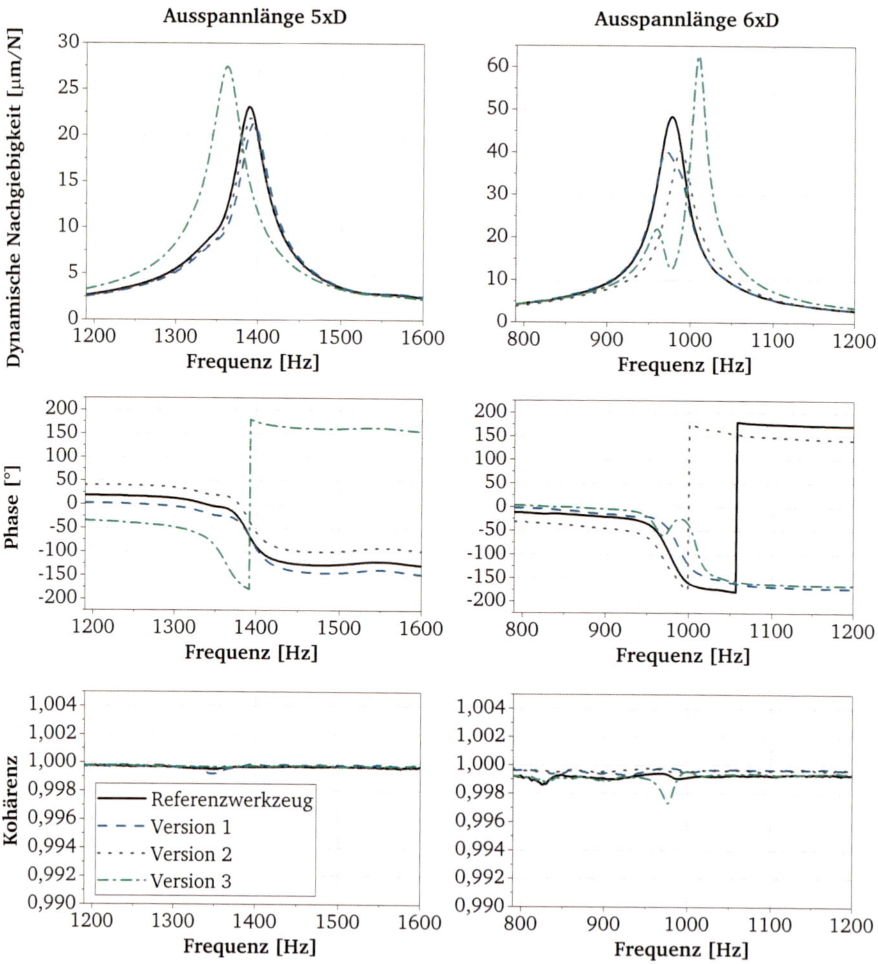

Abb. 93: Impulshammer-Messungen der dynamischen Nachgiebigkeit der Schafteckfräser bei einer Ausspannlänge von 5xD und 6xD

Bei Betrachtung der absoluten Werte der Eigenfrequenzen und der dynamischen Nachgiebigkeiten kann festgehalten werden, dass sowohl bei einer Ausspannlänge von 5xD als auch bei einer Ausspannlänge von 6xD jeweils zwei Schafteckfräser mit Leichtbau-Innenkern eine Verbesserung gegenüber dem Referenzwerkzeug darstellen. Ferner ist festzustellen, dass Version 1 der Schafteckfräser mit Leichtbau-Innenkern jeweils die geringsten dynamischen Nachgiebigkeiten aufweist.

Aus den errechneten und dargestellten Werten ist mit zunehmender Ausspannlänge eine Verringerung der Eigenfrequenzen sowie eine Zunahme der Beträge der dynamischen Nachgiebigkeiten zu verzeichnen. Vor allem Version 3 der Schafteckfräser mit Leichtbau-Innenkern ist dabei weniger anfällig für eine Verringerung der Eigenfrequenz. Bei den anderen untersuchten Schafteckfräsern liegt diese in einem sehr ähnlichen Bereich. Die Schafteckfräser mit Leichtbau-Innenkern in der Version 1 und 2 überzeugen mit geringeren Zunahmen der dynamischen Nachgiebigkeiten bei zunehmender Ausspannlänge. Version 3 und das Referenzwerkzeug sind hierbei ähnlich.

Die Messungen sind als valide anzusehen, da die Kohärenz – abgesehen von marginalen Abweichungen – bei 1 liegt.

Darüber hinaus wurde der Dämpfungsgrad ζ anhand der Beschleunigungssignale der experimentellen Modalanalyse berechnet. Dieser Ansatz beruht auf der Annahme, dass eine näherungsweise Berechnung des Dämpfungsgrads bei bestimmten Frequenzen aus der Ausschwingkurve möglich ist. Die durchzuführenden Berechnungen erfordern die Dämpfungsgrade der jeweils ersten Eigenmoden, die bei der experimentellen Modalanalyse ermittelt wurden. Zur Bestimmung des Dämpfungsgrads wurde die obere einhüllende Funktion der Ausschwingkurve gebildet und dieser eine Funktion $f(t)$ angenähert, was nachfolgende Gleichung 7-11 beschreibt.

$$f(t) = \pm Ae^{-\delta t} + C \tag{7-11}$$

mit

A, C = Koeffizienten

δ = Abklingkoeffizient

Nach Berechnung des logarithmischen Dekrements Λ wurde der Dämpfungsgrad ζ mittels nachfolgender Gleichung 7-12 berechnet[52].

$$\zeta = \frac{\Lambda}{\sqrt{(2\pi)^2 + \Lambda^2}} \tag{7-12}$$

mit

ζ = Dämpfungsgrad

Λ = logarithmisches Dekrement

Nachfolgende Abbildung 94 zeigt das Intervalldiagramm unter Angabe des Mittelwerts des Dämpfungsgrads aus zehn Impulshammerschlägen sowohl für die Ausspannlänge 5xD als auch 6xD.

[52]Für ein tiefer greifendes Studium der Kennwertermittlung mit Hilfe von Ausschwingversuchen wird auf einschlägige Literatur wie [DRE16, S. 44–58] oder [BEI17, S. 1–4] verwiesen.

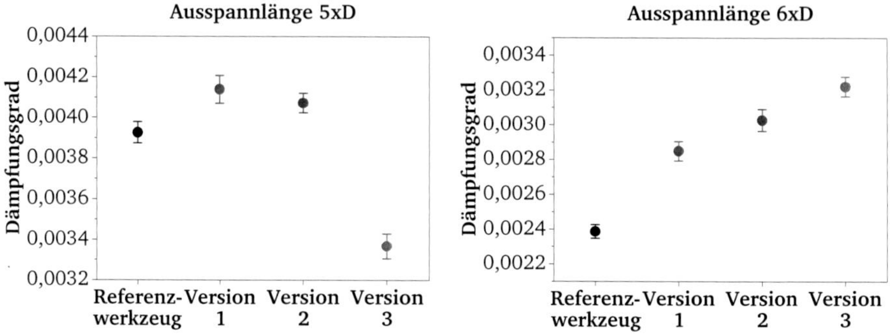

Abb. 94: Dämpfungsgrade der Schafteckfräser bei einer Ausspannlänge von 5xD und 6xD

Im Vergleich zum Referenzwerkzeug konnte bei einer Ausspannlänge von 5xD für Version 1 der Schafteckfräser mit Leichtbau-Innenkern eine Steigerung des Dämpfungsgrads im Mittel um $5,4\ \%$ berechnet werden. Die Version 2 weist eine Steigerung um $3,7\ \%$ auf. Einzig die Version 3 zeigt eine Reduzierung des Dämpfungsgrads um $14,2\ \%$ bei dieser Ausspannlänge. Letztgenannte zeigt jedoch auch bei einer Ausspannlänge von 6xD einen annähernd gleichen Dämpfungsgrad wie bei der Ausspannlänge 5xD und kann somit mit einer Steigerung um $34,8\ \%$ gegenüber dem Referenzwerkzeug überzeugen. Version 1 weist hierbei eine Steigerung um $19,3\ \%$ sowie Version 2 um $26,7\ \%$ auf.

7.2.2 Erprobung auf Basis des entwickelten Referenzwerkstücks

Basierend auf dem in Kapitel 4 der vorliegenden Arbeit systematisch entwickelten Referenzwerkstück, vgl. Abschnitt 4.2, wird nachfolgend die Validierung der neuentwickelten Schafteckfräser mit Leichtbau-Innenkern im Einsatz vorgenommen.

Werkzeugmaschine und Spannmittel

Die experimentellen Zerspanversuche im Laborumfeld wurden auf einem 5-Achs-CNC Fräsbearbeitungszentrum Typ: DMU 50 eVolution des Herstellers Deckel Maho Gildemeister (DMG) durchgeführt. Die Halbzeuge wurden dabei mittels eines NC-Hochdruckspannsystems Typ: Allmatic LC125 des Herstellers ALLMATIC-Jakob Spannsysteme mit einer definierten Hauptspannkraft von $40\ kN$ gespannt. Die Ausspannhöhe des Halbzeugs, aus dem das Referenzstück gefräst wurde, betrug $8\ mm$.

Als Werkzeug-Spannmittel kam das in dem in Unterabschnitt 7.1.2 beschriebenen sensorischen Werkzeughalter integrierte Spannzangenfutter mit einer als Hohlschaftkegel (HSK) 63 ausgeführten Werkzeugaufnahme zum Einsatz. Das Anzugdrehmoment der Überwurfmutter des Spannzangenfutters betrug dabei jeweils $135\ Nm$. Die Ausspannlänge der untersuchten Werkzeuge wurde ab der Stirnfläche der Spannzange gemessen und betrug bei den Versuchsdurchläufen 5xD.

Die nachfolgende Abbildung 95 zeigt das im Laborumfeld eingesetzte 5-Achs-CNC Fräsbearbeitungszentrum mit dessen relevanten Maschinenmerkmalen und Ausprägungen. In einer Detailansicht ist darüber hinaus das verwendete Werkstück- sowie Werkzeug-Spannmittel dargestellt.

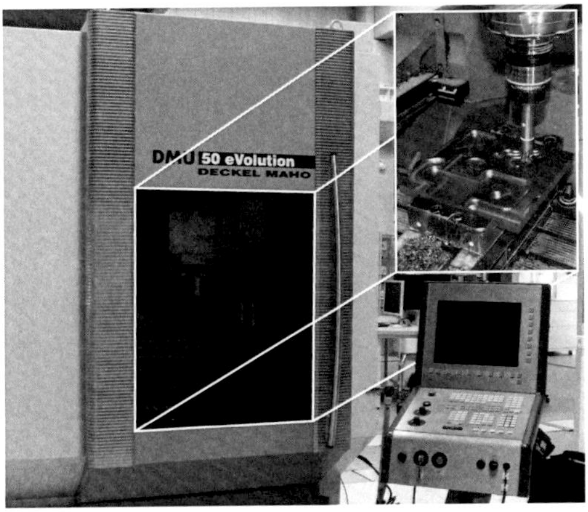

Maschinenmerkmal	Ausprägung
Steuerung	Sinumerik 840 D
Werkzeugaufnahme	Hohlschaftkegel (HSK) 63
Verfahrwege der X-, Y- und Z-Achse [mm]	500/ 420/ 380
Vorschubgeschwindigkeit [mm/min]	1 ... 50.000
Spindeldrehzahl [min^{-1}]	20 ... 18.000
Spindeldrehmoment bei 40 %/ 100 % Antriebsleistung [Nm]	130/ 87
Leistungsaufnahme der Hauptspindel bei 40 %/ 100 % Antriebsleistung [kW]	25/ 35
Masse [kg]	ca. 6.500
Baujahr	2004

Abb. 95: Spezifikation und Ansicht des eingesetzten 5-Achs-CNC Fräsbearbeitungszentrums

Auswertung der Prozesskraftmessung

Die Signalverarbeitung in der Prozessüberwachung macht sich die Gewinnung von aussagekräftigen Signalmerkmalen zur Aufgabe. Gemessene Signale sind dabei von vielen Bedingungen wie dem Maschinenverhalten beeinflusst, sodass in einigen Fällen Schwierigkeiten entstehen, einen eindeutigen Zusammenhang zwischen Signalen und Prozessgrößen oder -störungen herzustellen. Die in der vorliegenden Arbeit aufgezeichneten Signale entstammen dem Zeitbereich. Zur weiteren Identifikation relevanter Signalinformationen kann eine Transformation in den Frequenzbereich sinnvoll sein.

Zum Vergleich der entwickelten Versionen des Schafteckfräsers mit Leichtbau-Innenkern mit dem Referenzwerkzeug wurden die auftretenden Bearbeitungskräfte und -momente bei der Zerspanung des entwickelten Referenzwerkstücks mit dem sensorischen Werkzeughalter, beschrieben in Unterabschnitt 7.1.2, aufgezeichnet.

Um einen vergleichbaren Wert zu erhalten, wurde im Zeitbereich sowohl der Betrag des Biegemoments in x-Richtung als auch des Torsionsmoments über die gesamte Dauer der Fräsbearbeitung integriert (numerische Integration mit der Trapezregel). Die ermittelten Signalenergien sind nachfolgender Tabelle 17 zu entnehmen.

Tab. 17: Signalenergien charakteristischer Kräfte bei der Zerspanung des entwickelten Referenzwerkstücks im Zeitbereich

	|Biegemoment x|		**|Torsionsmoment|**	
Typ	Integration $[Nm \cdot s]$	Veränderung $[\%]$	Integration $[Nm \cdot s]$	Veränderung $[\%]$
Referenzwerkzeug	56.126,30	–	30.895,14	–
Version 1	55.549,03	- 1,03	24.092,39	- 22,02
Version 2	49.236,87	- 12,27	24.020,01	- 22,25
Version 3	48.345,92	- 13,86	23.274,28	- 24,67

Demnach zeigen alle entwickelten Versionen des Schafteckfräsers mit Leichtbau-Innenkern geringere Biegemomente in x-Richtung sowie geringere Torsionsmomente. Die bei Version 1 noch relativ gering ausfallende Verbesserung des Biegemoments in x-Richtung in Höhe von $1,03\ \%$ steigert sich bei Version 2 und 3 zu einer Reduzierung im niedrigen zweistelligen Bereich. Die geringeren Biegemomente lassen sich dabei auf die höheren Steifigkeiten der entwickelten Versionen des Schafteckfräsers aufgrund der eingebrachten Leichtbau-Innenkerne zurückführen.

Das sich ergebende Torsionsmoment bei einer Fräsbearbeitung ist proportional zur mittleren Schnittleistung P_{cm}, vgl. Gleichung 2-14. Die Schnittleistung ist wiederum von der Schnittkraft, vgl. Gleichung 2-11, und somit auch von der Schneidengeometrie abhängig. Da die Schneidengeometrie in der vorliegenden Arbeit unangetastet blieb, wird die Verringerung des Torsionsmoments auf den geringeren Verdrehwinkel ϑ zurückgeführt, der sich mit nachfolgender Gleichung 7-13 berechnet [GRO17, S. 173]. Nachfolgende Abbildung 96 illustriert zudem den dargestellten Sachverhalt.

$$\vartheta = \frac{M_T l}{G I_T} \tag{7-13}$$

mit

M_T = Torsionsmoment

l = Länge

GI_T = Torsionssteifigkeit

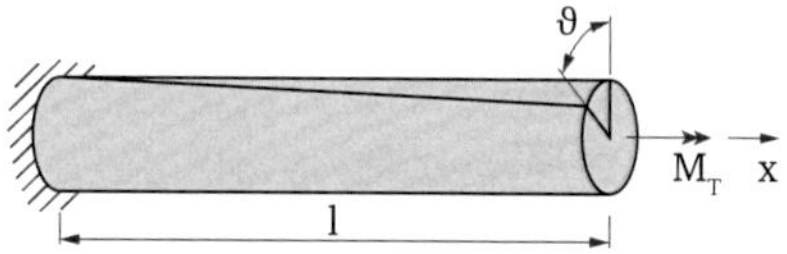

Abb. 96: Darstellung des Verdrehwinkels aufgrund des Torsionsmoments

Mit einem vereinfachten Simulationsmodell[53] mit Hilfe der Finiten Elemente Analyse wurden die Schubmoduln der untersuchten Schafteckfräser berechnet. Version 1 und 2 zeigten lediglich sehr kleine Unterschiede (Version 1: $-0,494\ \%$, Version 2: $-0,758\ \%$) zum Referenzwerkzeug. Version 3 der Schafteckfräser mit Leichtbau-Innenkern wies einen höheren Schubmodul ($+14,020\ \%$) auf. Mit dieser Erkenntnis, dem gleichbleibenden Torsionsträgheitsmoment I_T und der Länge l der untersuchten Schafteckfräser sowie den gemessenen Signalenergien für das Torsionsmoment aus den Tabellen 17 und 18 lässt sich somit schlussfolgern, dass dieses aufgrund des geringeren Verdrehwinkels ϑ der entwickelten Schafteckfräser mit Leichtbau-Innenkern gegenüber dem Referenzwerkzeug um bis zu $24,67\ \%$ reduziert werden konnte.

Die erläuterten Verbesserungen der Schafteckfräser mit Leichtbau-Innenkern gegenüber dem Referenzwerkzeug sollen anhand Abbildung 97[54] veranschaulicht werden. Sie zeigt oben den Betrag des Biegemoments in x-Richtung sowie unten den Betrag des Torsionsmoments bei der spanenden Bearbeitung eines repräsentativen Beispiels (Feature 10) des entwickelten Referenzwerkstücks, vgl. Abbildung 38.

Die Verbesserungen durch die entwickelten Schafteckfräser mit Leichtbau-Innenkern werden sowohl beim Betrag des Biegemoments in x-Richtung als auch beim Betrag des Torsionsmoments anhand der Signalverläufe deutlich ersichtlich.

[53] Bei dem vereinfachten Simulationsmodell wurden alle Geometrieelemente des Schafteckfräsers geschlossen. Lediglich die Kühlmittelzufuhr sowie der Leichtbau-Innenkern mit den jeweils spezifischen Werkstoffen wurde modelliert.

[54] Zur Veranschaulichung erfolgt die Darstellung von Abbildung 97 mit einem gleitenden Durchschnitt von 800 Punkten des entsprechenden Fensters.

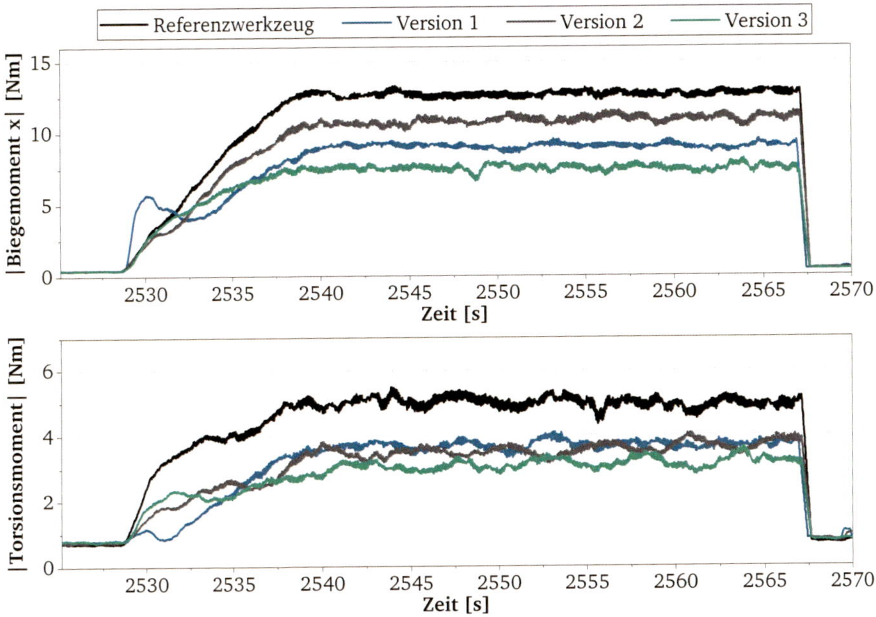

Abb. 97: Darstellung der Prozesskraftmessung (|Biegemoment x|, |Torsionsmoment|) im Zeitbereich am Beispiel von Feature 10 des entwickelten Referenzwerkstücks

Wie bereits eingangs erwähnt lassen sich Eigenschaften dynamischer Systeme auch im Frequenzbereich analysieren. Besonders bei Signalen aus einer spanenden Bearbeitung ist eine solche Frequenzanalyse sinnvoll, da sich hierbei verschiedene, periodische Signalanteile überlagern [REU00, S. 29]. Für eine Frequenzanalyse ist es notwendig, das Signal in den Frequenzbereich zu transformieren. In der vorliegenden Arbeit wurde hierfür die Fast Fourier Transformation (FFT) angewandt.

Um auch im Frequenzbereich einen vergleichbaren Wert zu erhalten, wurde das Integral (numerische Integration mit der Trapezregel) des bei der spanenden Bearbeitung des entwickelten Referenzwerkstücks auftretenden Amplitudenspektrums sowohl von der FFT des Biegemoments in x-Richtung als auch des Torsionsmoments über das gesamte Frequenzband gebildet. Die ermittelten Signalenergien sind nachfolgender Tabelle 18 zu entnehmen.

Tab. 18: Signalenergien charakteristischer Kräfte bei der Zerspanung des entwickelten Referenzwerkstücks im Frequenzbereich

	|Biegemoment x|		**|Torsionsmoment|**	
Typ	Integration $[Nm \cdot s^{-1}]$	Veränderung [%]	Integration $[Nm \cdot s^{-1}]$	Veränderung [%]
Referenzwerkzeug	9,571	–	4,769	–
Version 1	9,624	+ 0,55	3,811	- 20,09
Version 2	8,579	- 10,37	3,611	- 24,28
Version 3	8,520	- 10,98	3,985	- 16,44

Auch im Frequenzbereich zeigen (mit Ausnahme von Version 1 beim Betrag des Biegemoments in x-Richtung) alle entwickelten Versionen des Schafteckfräsers mit Leichtbau-Innenkern geringere Integrationsflächen des Amplitudenspektrums sowohl für die Vergleichsgröße Betrag des Biegemoments in x-Richtung als auch für den Betrag des Torsionsmoments auf. Im Gegensatz zur geringen Verbesserung beim Biegemoment in x-Richtung im Zeitbereich konnte für Version 1 des Schafteckfräsers mit Leichtbau-Innenkern im Frequenzbereich keine Verbesserung nachgewiesen werden – der Anstieg um $0,55\ \%$ fällt jedoch nicht besonders hoch aus. Des Weiteren erreichten Version 2 und 3 auch im Frequenzbereich eine Reduzierung der Integrationsflächen des Amplitudenspektrums im niedrigen zweistelligen Bereich.

Die Verbesserungen beim auftretenden Torsionsmoment fallen auch im Frequenzbereich – mit Verbesserungen zwischen $16,44\ \%$ und $24,28\ \%$ – deutlich höher aus als die des Biegemoments in x-Richtung.

Die erläuterten Verbesserungen der Schafteckfräser mit Leichtbau-Innenkern gegenüber dem Referenzwerkzeug werden wiederum anhand von Feature 10 des entwickelten Referenzwerkstücks, vgl. Abbildung 38, in nachfolgender Abbildung 98 veranschaulicht.

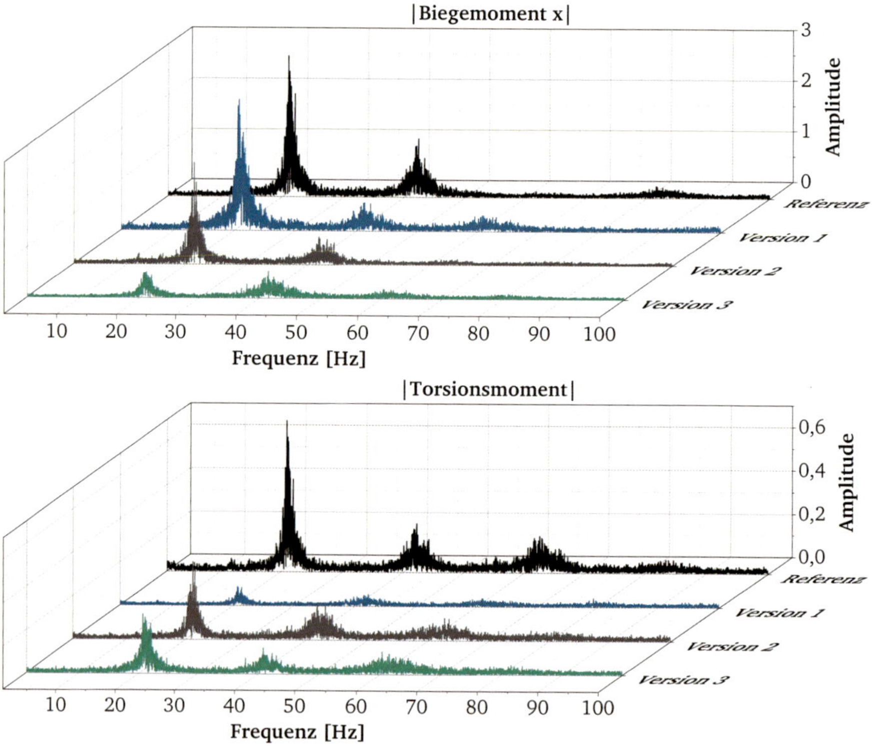

Abb. 98: Darstellung der Prozesskraftmessung (|Biegemoment x|, |Torsionsmoment|) im Frequenzbereich (FFT) am Beispiel von Feature 10 des entwickelten Referenzwerkstücks

Die drehzahlabhängige Zahneingriffsfrequenz errechnet sich für Feature 10 zu $64,00\ Hz$[55]. Bei den beiden auffälligsten Peaks bei einer Frequenz von $21,33\ Hz$ sowie bei $42,67\ Hz$, die ein Vielfaches der Zahneingriffsfrequenz darstellen, wird deutlich ersichtlich, dass durch das Einbringen der Leichtbau-Innenkerne die Amplituden sowohl von der FFT des Biegemoments in x-Richtung als auch von der FFT des Torsionsmoments erheblich gesenkt werden konnten.

7.2.3 Erprobung auf Basis gestufter Versuchsplatten

In Anlehnung an sogenannte Stabilitätskarten, bei denen der Verlauf der Grenzschnitttiefe $a_{p,grenz}$ über der Spindeldrehzahl n aufgetragen wird, soll der Zugewinn an Prozessstabilität durch den Einsatz der Schafteckfräser mit Leichtbau-Innenkern mittels gestufter Versuchsplatten quantifiziert werden.

Beschreibung des Werkstücks

Für die Stabilitätsuntersuchungen wurde analog dem Werkstoff des Referenzwerkstücks der unlegierte Vergütungsstahl C45E (Werkstoffnummer 1.1191), vgl. Unterabschnitt 4.1.2, verwendet. Die Abmaße des Halbzeugs waren dabei Länge $200\ mm$ x Breite $100\ mm$ x Höhe $20\ mm$. Die verwendete Werkzeugmaschine sowie die Spannmittel waren für alle experimentellen Zerspanversuche im Laborumfeld identisch und können Unterabschnitt 7.2.2 entnommen werden. Die gestufte Versuchsplatte wurde derart konstruiert und vorbereitet, dass beim Überfräsen die Schnitttiefe a_p in diskreten Schritten $\Delta a_p = 0,5\ mm$ zunimmt. Nachfolgende Abbildung 99 zeigt a) das 3D-CAD-Modell der gestuften Versuchsplatte inkl. Vollnuten sowie b) die Abmaße der Stufen.

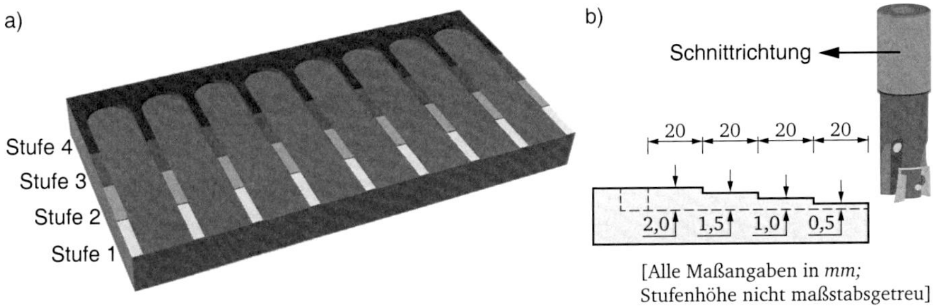

Abb. 99: a) 3D-CAD-Modell einer gestuften Versuchsplatte mit vier Stufen, b) Bemaßung der gestuften Versuchsplatte

In der vorliegenden Arbeit wurden mehrere Vollnuten mit jeweils unterschiedlichen Spindeldrehzahlen n bei gleichbleibendem Zahnvorschub f_z sowie mehrere Vollnuten mit jeweils unterschiedlichen Zahnvorschüben f_z bei gleichbleibender Spindeldrehzahl n gefräst. Darüber hinaus fand auch eine Variation der Vorschubgeschwindigkeit v_f statt. Für alle Vollnuten wurde im Anschluss die Oberflächenrauheit bestimmt.

[55] Die Zahneingriffsfrequenz berechnet sich allgemein nach $Zahneingriffsfrequenz = \frac{Drehzahl}{60} \cdot Zähnezahl$ und somit für Feature 10 zu $Zahneingriffsfrequenz = \frac{1.280\ min^{-1}}{60} \cdot 3 = 64,00\ Hz$

Auswertung der Rauheitsmessung

Die Bewertung der Oberflächengüten erfolgte für jede Vollnut sowie jede Kombination von Eingriffsverhältnissen einzeln. Anhand der geometrischen Merkmale der Vollnuten war es softwarebasiert möglich, die Position der Messfelder gleichbleibend zu positionieren. Die Positionen der Messfelder wurden dabei derart gewählt, dass die bearbeitete Oberfläche nicht durch das Nachschneiden des Fräswerkzeugs bei einer größeren Schnitttiefe beeinflusst wird. Nebenstehende Abbildung 100 verdeutlicht diesen Zusammenhang.

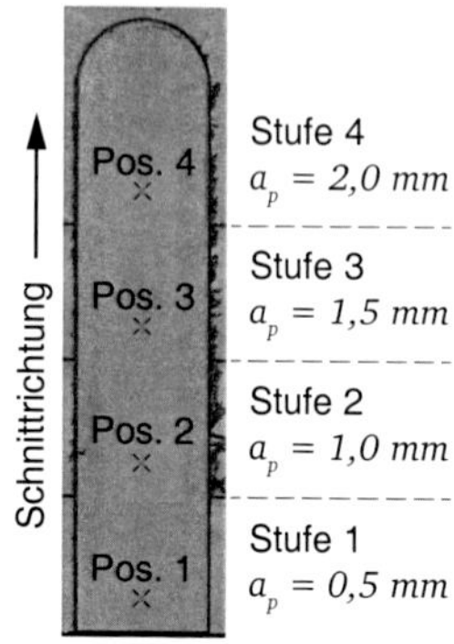

Abb. 100: Positionen der Messfelder für die flächenhafte Analyse der Oberflächen

Zum Vergleich der einzelnen Oberflächengüten wurde eine flächenhafte Analyse durchgeführt und die flächenhafte Kenngröße *Mittlere arithmetische Höhe der skalenbegrenzten Oberfläche* S_a nach der Norm DIN EN ISO 25178-2 [DIN12a] ermittelt, welche allen folgenden Analysen zugrunde gelegt wird. Hierfür wurde ein Gaußfilter nach der Norm DIN EN ISO 16610-71 [DIN14] zur Extraktion der Rauheitstopographie unter Nutzung der Grenzwellenlänge $\lambda_c = 0,8\ mm$ eingesetzt. Das beschriebene Messfeld wurde der Norm DIN EN ISO 25178-3 [DIN12b] entsprechend quadratisch mit einer dem Wert des Verfeinerungsindex des L-Filters entsprechenden Seitenlänge – in der vorliegenden Arbeit $0,8\ mm \times 0,8\ mm$ – ausgeführt.

Um die Einflussstärke der variierenden Parameter *Vorschub/Zahn* f_z, *Drehzahl* n, *Vorschubgeschwindigkeit* v_f sowie *Schnitttiefe* a_p zu identifizieren, wurden in einem ersten Schritt die Korrelationskoeffizienten (Pearson-Korrelation) berechnet. Die Ergebnisse werden in nachfolgender Tabelle 19 übersichtlich dargestellt.

Tab. 19: Pearson-Korrelation zur Identifikation der Einflüsse auf die Oberflächengüte

Typ	Korrelationen nach Pearson in Bezug auf S_a			
	Vorschub/Zahn f_z	Drehzahl n	Vorschubgeschwindigkeit v_f	Schnitttiefe a_p
Referenzwerkzeug	0,496	- 0,171	0,295	- 0,016
Version 1	0,636	- 0,570	- 0,056	0,038
Version 2	0,653	- 0,579	0,031	- 0,162
Version 3	0,607	- 0,413	0,173	0,043
Gesamt	0,590	- 0,442	0,093	- 0,018

Der Interpretation der Korrelationsstärken von COHEN [COH88, S. 77–83] folgend, besteht zwischen der Oberflächengüte und dem Vorschub/Zahn f_z bei den entwickelten Schafteckfräsern mit Leichtbau-Innenkern eine starke positive Korrelation. Der Korrelationskoeffizient des Referenzwerkzeugs liegt zwar knapp unter dem interpretierten Wert von 0,500, bildet jedoch ebenso die stärkste Korrelation. Demgegenüber zeigt sich die Korrelation zwischen der Oberflächengüte und der Drehzahl n negativ. Während diese bei den Schafteckfräsern mit Leichtbau-Innenkern stark bzw. moderat ausfallen und die zweitstärkste Korrelation bilden, ist diese für das Referenzwerkzeug lediglich schwach ausgebildet. Für Letztgenanntes

bildet die zweitstärkste Korrelation jene zwischen der Oberflächengüte und der Vorschubgeschwindigkeit v_f. Diese ist für Version 3 der Schafteckfräser mit Leichtbau-Innenkern ebenso schwach ausgebildet. Für die beiden anderen Versionen ist diese unerheblich. Die Korrelation zwischen der Oberflächengüte und der Schnitttiefe a_p fällt lediglich bei Version 2 schwach aus und ist für alle weiteren getesteten Werkzeuge nicht relevant.
Aus nachfolgender Tabelle 20 wird deutlich ersichtlich, dass bei jeder Schnitttiefe a_p mit allen entwickelten Versionen der Schafteckfräser mit Leichtbau-Innenkern bessere Oberflächengüten erreicht werden können. Als Bewertungsgrundlage fungierten die Oberflächengüten mit der jeweils geringsten Rauheit, die durchaus mit unterschiedlichen Prozessparametern (Drehzahl n, Vorschub/Zahn f_z, Vorschubgeschwindigkeit v_f) erreicht wurden.[56]

Tab. 20: Veränderungen der Oberflächengüte auf Basis der geringsten Rauheiten in Bezug auf das Referenzwerkzeug

Typ	Schnitttiefe				Mittelwert
	$a_p = 0,5\ mm$	$a_p = 1,0\ mm$	$a_p = 1,5\ mm$	$a_p = 2,0\ mm$	(Arithm.)
Version 1	- 57 %	- 42 %	- 16 %	- 15 %	- 32 %
Version 2	- 4 %	- 43 %	- 24 %	- 32 %	- 26 %
Version 3	- 34 %	- 33 %	- 28 %	- 33 %	- 32 %

Aus vorangehender Tabelle 20 wird zudem ersichtlich, dass für den Schafteckfräser mit Leichtbau-Innenkern in der Version 1 eine mittlere Verbesserung der Oberflächengüten um $32\ \%$, in der Version 2 um $26\ \%$ und in der Version 3 um $32\ \%$ identifiziert wurde. Den Einzelwerten kann darüber hinaus entnommen werden, dass Version 1 v. a. bei geringen Schnitttiefen enormes Verbesserungspotential zeigt. Dabei wurde eine Verbesserung der Oberflächengüten um bis zu $57\ \%$ gegenüber dem Referenzwerkzeug bei einer Schnitttiefe von $a_p = 0,5\ mm$ erreicht. Version 2 weist Verbesserungen der Oberflächengüten um bis zu $43\ \%$ auf, zeigt jedoch schwankende Ergebnisse bei den unterschiedlichen Schnitttiefen. Dem gegenüber zeigt Version 3 sehr konstante Verbesserungen der Oberflächengüten bei allen untersuchten Schnitttiefen.
Die Untersuchungen mit den gestuften Versuchsplatten lassen darüber hinaus eine Aussage zur Steigerung des Vorschubs/Zahn f_z der Schafteckfräser mit Leichtbau-Innenkern gegenüber dem Referenzwerkzeug zu, sodass die Oberflächengüten noch immer mindestens die gleichen S_a-Werte aufweisen. Ab einer Schnitttiefe von $a_p = 1,0\ mm$ kann dieser um $80\ \%$ gesteigert werden, was das bereits in Abschnitt 1.1 diskutierte Zeitspanvolumen erhöht und die Prozessdauer bei gleichbleibender Drehzahl sowie folglich den Energieverbrauch deutlich reduziert.

7.2.4 Erprobung auf Basis von Abzeiloperationen

Zur Quantifizierung des Verschleißverhaltens sowohl vom Referenzwerkzeug als auch von den entwickelten Versionen der Schafteckfräser mit Leichtbau-Innenkern wurden in der vorliegenden Arbeit Abzeiloperationen durchgeführt.

[56] Die einzelnen Messergebnisse der mittleren arithmetischen Höhen S_a aller Messpunkte können Anhang A.4.1 entnommen werden.

Beschreibung des Werkstücks

Für die Verschleißuntersuchungen wurde analog dem Werkstoff des Referenzwerkstücks der unlegierte Vergütungsstahl C45E (Werkstoffnummer 1.1191), vgl. Unterabschnitt 4.1.2, verwendet. Die Abmaße des Halbzeugs waren dabei Länge $200\ mm$ x Breite $200\ mm$ x Höhe $50\ mm$. Die verwendete Werkzeugmaschine sowie die Spannmittel waren für alle experimentellen Zerspanversuche im Laborumfeld identisch und können Unterabschnitt 7.2.2 entnommen werden. Das Werkstück wurde derart programmiert, dass sich Gleich- und Gegenlauf abwechseln. Nachfolgende Abbildung 101 skizziert den Aufbau und Tabelle 21 beinhaltet die für die spanende Bearbeitung verwendeten Bearbeitungsparameter. Mit den gewählten Bearbeitungsparametern war es möglich, 16 Bahnen je Werkstück zu fräsen, was einem Standweg von $3,2\ m$ entspricht.

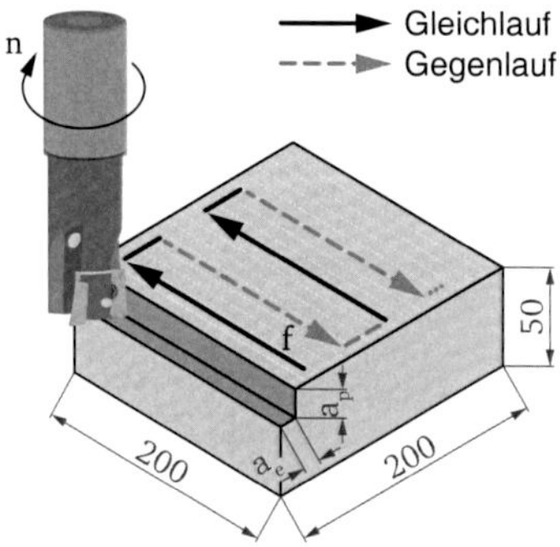

Abb. 101: Darstellung des Werkstücks für die Abzeiloperationen

Tab. 21: Bearbeitungsparameter der Abzeiloperationen

Bearbeitungsparameter	Wert	Einheit
Arbeitseingriff a_e	12,50	[mm]
Schnitttiefe a_p	1,00	[mm]
Vorschub/Zahn f_z	0,18	[mm]
Vorschubgeschwindigkeit v_f	540	[mm/min]
Schnittgeschwindigkeit v_c	63	[m/min]
Drehzahl n	1.000	[min^{-1}]

Auswertung der Verschleißmessung

Der bei der spanenden Bearbeitung auftretende und unvermeidbare Werkzeugverschleiß führt zu einer Beeinträchtigung der Oberflächengüte sowie der Maßhaltigkeit der Bauteile. Dabei tritt dieser nicht plötzlich auf, sondern steigt in der Regel mit dem Standweg kontinuierlich an. In der vorliegenden Arbeit wurden – wie bereits in Abbildung 88 aufgezeigt – primär drei Verschleißarten beobachtet. Neben dem Versagen der Beschichtung und dem Freiflächenverschleiß traten Ausbrüche an der Schneidkante auf, die letztendlich bis zum kompletten Bruch der Schneidkante führten. Durch die auftretenden Schichtabplatzungen ist die Werkzeugschneide beim weiteren Einsatz erhöhtem Verschleißangriff ausgesetzt, was Schneidkantenausbrüche hervorrufen kann. In der vorliegenden Arbeit wird die Verschleißmarkenbreite VB der Schneidkanten als Standkriterium zur Beurteilung der Verschleißfestigkeit der Schafteckfräser zugrunde gelegt. Das Abbruchkriterium für die durchgeführten Verschleißuntersuchungen wurde dabei als Versagen der Schneidkante in Form von Bruch definiert.

Nachfolgende Abbildung 102 stellt die Mittelwerte der Verschleißmarkenbreiten VB der drei Schneiden dar, die wie in Unterabschnitt 7.1.4 beschrieben gemessen wurden.[57] Der auftretende Schneidkantenbruch – der bei jedem Werkzeug jeweils nur an einer Schneide auftrat – wird dabei gekennzeichnet.

[57] Die Ergebnisse der Einzelmessungen der Verschleißmarkenbreiten VB können Anhang A.4.2 entnommen werden.

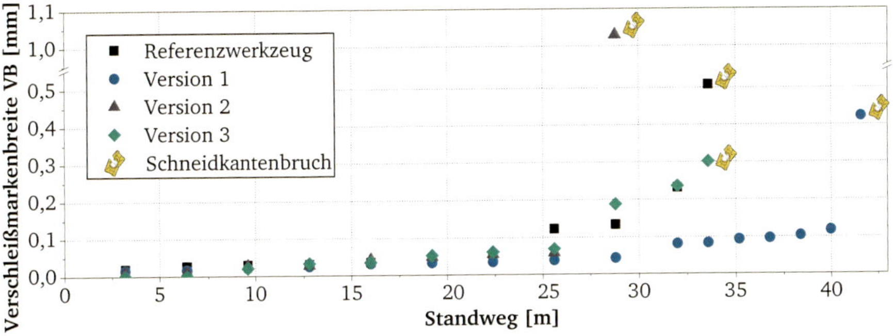

Abb. 102: Entwicklung der Verschleißmarkenbreiten VB bei den Abzeiloperationen

Bis zu einem Standweg von $22,4\ m$ verhält sich die Entwicklung der Verschleißmarkenbreiten VB der untersuchten Schafteckfräser ähnlich. Auffällig hierbei waren die bereits nach dem ersten gefrästen Werkstück auftretenden Schichtabplatzungen der Wendeschneidplatten des Referenzwerkzeugs. Bei einem Standweg von $25,6\ m$ hebt sich die Verschleißmarkenbreite VB des Referenzwerkzeugs ein wenig ab. Deutliche Unterschiede sind ab einem Standweg von $28,8\ m$ erkennbar. Bei Version 2 der entwickelten Schafteckfräser mit Leichtbau-Innenkern trat dabei ein Schneidkantenbruch auf, sodass die Untersuchung für diesen beendet wurde. Die Entwicklung der Verschleißmarkenbreiten VB des Referenzwerkzeugs und von Version 3 der entwickelten Schafteckfräser mit Leichtbau-Innenkern verhalten sich bis zu deren Schneidkantenbruch bei einem Standweg von $32,0\ m$ relativ ähnlich. Version 1 der entwickelten Schafteckfräser mit Leichtbau-Innenkern konnte sich mit einem Standweg von $41,6\ m$ bis zum Schneidkantenbruch dabei deutlich von den anderen untersuchten Werkzeugen abheben. Nachfolgende Tabelle 22 stellt einen vergleichenden Überblick der einzelnen Werkzeuge in Bezug auf das Verschleißverhalten an.

Tab. 22: Erreichte Standwege sowie Vergleich der Verschleißmarkenbreiten VB der entwickelten Schafteckfräser mit Leichtbau-Innenkern in Bezug auf das Referenzwerkzeug

Typ	Standweg $[m]$	Veränderung $[\%]$
Referenzwerkzeug	33,6	–
Version 1	41,6	+ 23,81
Version 2	28,8	- 14,29
Version 3	33,6	0,00

7.2.5 Quantifizierung des Energieeinsparpotentials

Basis für die Quantifizierung des Energieeinsparpotentials bildet sowohl das in Kapitel 4 vorgestellte Referenzwerkstück als auch die Untersuchungen zu den Oberflächengüten mit den gestuften Versuchsplatten aus Unterabschnitt 7.2.3.

Die Aufzeichnung der Daten erfolgte nach dem in Unterabschnitt 7.1.5 beschriebenen Vorgehen. Die Übertragung bzw. das Auslesen der Daten wurde mit der Software DataView des Herstellers der Netzanalysatoren – Chauvin Arnoux – durchgeführt. Zur Datenanalyse diente die wissenschaftliche Auswertesoftware Origin Pro 2019 des Entwicklers OriginLab Corporation. Für den Vergleich der entwickelten Schafteckfräser ist primär die *Leistung der mechanischen Arbeit* (P_{mech}) entscheidend. Aus diesem Grund wurde analog dem Vorgehen von WESTERMANN die *gesamte gemessene Wirkleistung* P_{wges} neben in P_{mech} in die Kategorien *Leistung der Grundlast* (P_{Grund}) sowie *Leistung des Leerlaufs* (P_{Leer}) aufgeteilt. [WES16, S. 69] Der Zusammenhang der einzelnen Größen wird in nachfolgender Gleichung 7-14 aufgezeigt.

$$P_{wges} = P_{Grund} + P_{Leer} + P_{mech} \tag{7-14}$$

Die Leistung der Grundlast umfasst hierbei die unmittelbare Leistungsaufnahme der elektrischen Verbraucher zum Zeitpunkt der Aktivierung des Hauptschalters. In der vorliegenden Arbeit sind dies die Transformatoren, Netzgeräte, Schaltschranklüfter, Arbeitsraumbeleuchtungen und die Maschinensteuerung.

Die Leistung des Leerlaufs schließt neben der Grundlast die Verbraucher Maschinenkühlung, Hydraulik, Antriebsstrang[58], Späneförderer, Absaugung sowie – abhängig von der Maschinenspezifikation – KSS-Nieder- und/oder KSS-Hochdruckpumpen ein. Die Ermittlung der Leistung des Leerlaufs erfolgt durch das Abfahren eines sogenannten Luftschnittes auf einer betriebswarmen Maschine. D. h. das Referenzwerkstück wurde analog der eingangs dieses Unterabschnitts beschriebenen Konfiguration von Werkzeugmaschine, Spannmittel sowie eingesetztem Schafteckfräser mit den in Abschnitt 4.3 festgelegten Bearbeitungs- und Hilfsparametern inkl. aller Verbraucher gefräst, ohne dass ein Halbzeug eingesetzt war. Für alle Messungen in der vorliegenden Arbeit wird die Leistung des Leerlaufs abzüglich der Grundlast angegeben, um so eine getrennte Vergleichbarkeit zu ermöglichen.

Die Leistung der mechanischen Arbeit errechnet sich durch Subtraktion der Leistung der Grundlast und der Leistung des Leerlaufs von der gemessenen Gesamtwirkleistung. Die Leistung der mechanischen Arbeit wird dabei wesentlich von der Schnittleistung, vgl. Unterabschnitt 2.2.2, die direkt am Werkzeug auftritt, bestimmt. Die nachfolgende Abbildung 103 zeigt in diesem Zusammenhang den Lastgang sowie Kenngrößen, die beim Einsatz des Referenzwerkzeugs ermittelt wurden.

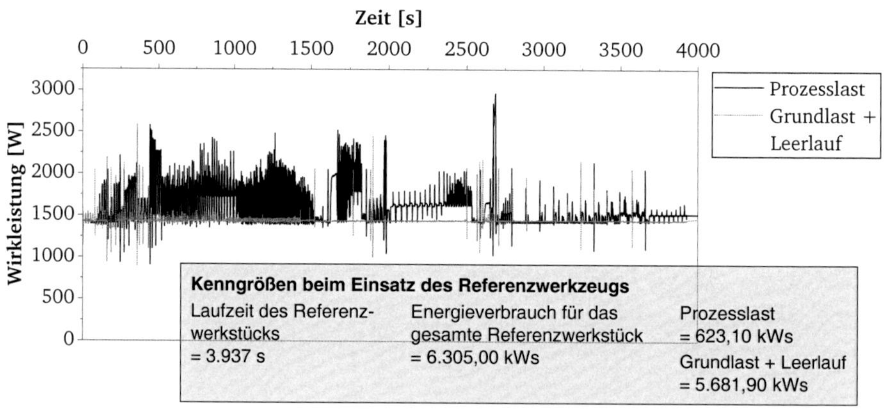

Abb. 103: Lastgang und Kenngrößen des Referenzwerkzeugs auf Basis des Referenzwerkstücks

[58] Der Antriebsstrang umfasst in der vorliegenden Arbeit die Vorschubantriebe und die Hauptspindel.

Nachfolgende Tabelle 23 enthält die Ergebnisse des spezifischen Energieverbrauchs bei der spanenden Bearbeitung des Referenzwerkstücks mit den untersuchten Schafteckfräsern. Bei Betrachtung des Energieverbrauchs des gesamten 5-Achs-CNC Fräsbearbeitungszentrums können lediglich Unterschiede im Bereich von Hundertstel- bis Zehntelprozent festgestellt werden.

Tab. 23: Energieverbrauch bei der Bearbeitung des Referenzwerkstücks mit den untersuchten Schafteckfräsern

Typ	Energieverbrauch $[kWs]$	Veränderung $[\%]$
Referenzwerkzeug	6.305,00	–
Version 1	6.334,16	+ 0,462
Version 2	6.306,63	+ 0,026
Version 3	6.289,66	- 0,243

Wird der Betrachtungsraum auf die Prozesslast spezifiziert, können kleinere Unterschiede dargestellt werden. Hierzu zeigt nachfolgende Abbildung 104 exemplarisch das Feature 5 (Vollnut), vgl. Abbildung 38, als vergrößerten Ausschnitt des gesamten Lastganges für die Bearbeitung des Referenzwerkstücks. Hierin sind sowohl das Referenzwerkzeug als auch die entwickelten Versionen des Schafteckfräsers mit Leichtbau-Innenkern enthalten.

Bei der Gegenüberstellung der Prozesslast zeigt die Version 3 des Schafteckfräsers mit Leichtbau-Innenkern deren Senkung um $2,46\ \%$. Eine mögliche Begründung findet sich hierbei in der Gewichtseinsparung in Höhe von $33,55\ \%$ gegenüber dem Referenzwerkzeug. Aufgrund des weitaus überwiegenden Gewichts der Spindel sowie der marginalen Veränderung bei Betrachtung des Energieverbrauchs des gesamten 5-Achs-CNC-Fräsbearbeitungszentrums ist eine Senkung des Energieverbrauchs bei identischen Bearbeitungsparametern nicht erwähnenswert.

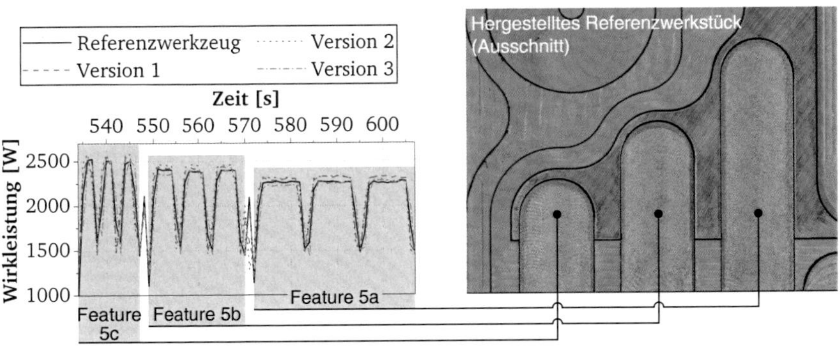

Abb. 104: Lastgang am Beispiel des Features 5 der untersuchten Schafteckfräser

Soll das Referenzwerkstück bei der Bearbeitung mit dem Referenzwerkzeug beste Oberflächengüten aufweisen, empfehlen sich weitestgehend ein Vorschub/Zahn $f_z = 0,10\ mm$ sowie eine Drehzahl $n = 1.000\ min^{-1}$. Durch diese Bearbeitungsparameter verlängert sich die Prozessdauer um $28,95\ \%$, sodass sich der Energieverbrauch mit $7.327\ kWs$ beziffern lässt. Der

Betrachtungsrahmen umfasst hierbei lediglich die Grundlast und den Leerlauf, da diese mit einem durchschnittlichen Anteil von $84,0\ \%$, vgl. Abschnitt 1.1, bzw. $90,12\ \%$ beim entwickelten Referenzwerkstück, vgl. Unterabschnitt 7.2.2, den größten Anteil an der Fräsbearbeitung einnehmen und somit die größten Produktivitäts- und Ressourceneffizienzsteigerungspotentiale bieten. Nachfolgende Tabelle 24 zeigt ausgehend von der genannten Prozessdauer sowie dem Energieverbrauch die möglichen Energieeinsparpotentiale durch die entwickelten Schafteckfräser mit Leichtbau-Innenkern bei mindestens gleichen Oberflächengüten (beurteilt anhand der gemessenen S_a-Werte). Die genannten Einsparungen beziehen sich – wie bereits erwähnt – dabei auf die Grundlast und den Leerlauf, wohl wissend, dass sich die Prozesslast aufgrund gesteigerter Bearbeitungsparameter erhöht.

Tab. 24: Potentielle Energieeinsparung durch Einsatz der entwickelten Schafteckfräser mit Leichtbau-Innenkern auf Basis des Referenzwerkstücks

Typ	Bearbeitungsparameter f_z $[mm]$	n $[min^{-1}]$	v_f $[mm/min]$	Prozess-dauer $[min]$	Veränderung Prozessdauer $[\%]$	Energie-einsparung $[kWs]$
Referenzwerkzeug	0,10	1.000	300	84,62	–	–
Version 1	0,18	1.000	540	47,01	- 44,44	3.256,46
Version 2	0,18	1.000	540	47,01	- 44,44	3.256,46
Version 3	0,18	1.000	540	47,01	- 44,44	3.256,46
	0,18	1.167	630	40,28	- 52,39	3.838,96

Die größte prozentuale Einsparung im Hinblick auf den Energieverbrauch konnte mit Version 3 der entwickelten Schafteckfräser mit Leichtbau-Innenkern realisiert werden. Bei Verwendung dieses Werkzeugs ergab sich eine Verkürzung der Prozessdauer um $52,39\ \%$, was $3.838,96\ kWs$ auf Basis der Betrachtung der Grundlast und des Leerlaufs entspricht. Die anderen beiden Werkzeuge erreichten im Maximum jeweils eine Verkürzung der Prozessdauer um $44,44\ \%$, was $3.256,46\ kWs$ entspricht.

7.2.6 Zusammenfassung der Erkenntnisse der experimentellen Untersuchungen im Laborumfeld

Zum Abschluss des Abschnitts 7.2 wird ein zusammenfassender Überblick zu den Erkenntnissen der experimentellen Untersuchungen im Laborumfeld gegeben, ersetzt aber nicht die genauere Betrachtung der Einzelergebnisse.

Nachfolgende Tabelle 25 stellt eine vergleichende Bewertung der entwickelten Versionen der Schafteckfräser mit Leichtbau-Innenkern an. Dabei ist diese analog den in Abbildung 84 vorgestellten messtechnischen Untersuchungen aufgebaut.

Tab. 25: Zusammenfassende Bewertung der entwickelten Schafteckfräser mit Leichtbau-Innenkern in Bezug auf das Referenzwerkzeug

Typ	Experimentelle Untersuchungen				
	Experimentelle Modalanalyse	Prozesskraft-messung	Rauheits-messung	Verschleiß-messung	Elektr. Leis-tungsmessung
Version 1	⬆	⬆	⬆	⬆	➡
Version 2	⬆	⬆	↗	⬇	➡
Version 3	⬇	⬆	⬆	➡	➡

⬆ deutliche Verbesserung ↗ moderate Verbesserung
➡ gleichbleibend ⬇ Verschlechterung

Version 1 der Schafteckfräser mit Leichtbau-Innenkern war dabei in nahezu allen Kategorien dem Referenzwerkzeug überlegen. Auch Version 2 zeigt sehr gute Verbesserungseigenschaften, konnte jedoch keine Steigerung des Standwegs in Bezug auf das Referenzwerkzeug realisieren. Version 3 konnte v. a. bei den Untersuchungen zu den Prozesskräften und der Oberflächengüte überzeugen. Somit konnten in den angestellten Untersuchungen stets Verbesserungen durch die entwickelten Schafteckfräser mit Leichtbau-Innenkern erzielt werden. Einzige Ausnahme bildet die elektrische Leistungsmessung, bei der durch keine der Versionen der entwickelten Schafteckfräser mit Leichtbau-Innenkern Einsparungen erzielt werden konnten. Da in der vorliegenden Arbeit die Schneidengeometrie unangetastet blieb, welche entscheidend Einfluss auf die Schnittkraft nimmt, ist dieser Sachverhalt nicht frappierend. Dieser Umstand gilt dementsprechend für alle entwickelten Versionen der Schafteckfräser mit Leichtbau-Innenkern. Eine Einsparung der elektrischen Leistung können die entwickelten Werkzeuge jedoch indirekt durch die Steigerung des Zahnvorschubs f_z, was sowohl das Zeitspanvolumen erhöht als auch die Prozessdauer verkürzt, vgl. Abschnitt 1.1, bei mindestens gleichbleibenden Oberflächengüten realisieren.

7.3 Erprobung im industriellen Einsatzumfeld

7.3.1 Unternehmensbeschreibung

Die Erprobung der entwickelten Schafteckfräser mit Leichtbau-Innenkern im industriellen Einsatzumfeld wurde bei der Motoren- und Turbinen-Union (MTU) Maintenance Hannover GmbH in Langenhagen durchgeführt. Die global aufgestellte Maintenance-Gruppe hat ihren Hauptsitz in der Münchner Unternehmenszentrale der MTU Aero Engines AG, dem börsennotierten und seit dem Jahr 2019 zum Dax-Konzern aufgestiegenen führenden deutschen und weltweit etablierten Triebwerkshersteller. Mit der Gründung des ersten Instandhaltungsbetriebs – der MTU Maintenance Hannover GmbH – stieg die MTU 1979 in die Instandhaltung ziviler Triebwerke ein und ist hierfür heute – gemessen am Umsatz – der weltweit größte unabhängige Instandhaltungsdienstleister, wobei der Standort Hannover verantwortlich für die Instandhaltung mittlerer und großer ziviler Triebwerke ist. Hierzu gehören die Triebwerke der Typen CF6-80C2 und GE90 Growth der GE Aviation, einer Tochtergesellschaft der amerikanischen General Electric (GE), das PW1100G-JM, PW2000 und PW6000 von Pratt & Whitney, das V2500 von International Aero Engines, vgl. Abbildung 105, und das CFM56-7 von CFM International.

Abb. 105: V2500-Triebwerke im Vorrüstraum eines Prüfstands bei der MTU Maintenance, Bild mit freundlicher Genehmigung der MTU Aero Engines AG

7.3.2 Beschreibung des Werkstücks

Das in der Erprobung im industriellen Einsatzumfeld der vorliegenden Arbeit spanend bearbeitete Werkstück entstammt dem in Abbildung 105 gezeigten V2500-Triebwerk. Im Jahr 1983 wurde für die Vermarktung des genannten Triebwerks die International Aero Engines AG (IAE) gegründet. Das V2500-Triebwerk wird aktuell von MTU in Zusammenarbeit mit Pratt & Whitney und der Japanese Aero Engines Corporation hergestellt. [MTU21]
Bei dem genannten Triebwerk handelt es sich um ein modular aufgebautes Turbofan-Triebwerk [LIN14, S. 2] für Kurz- und Mittelstreckenflugzeuge und wird im Airbus A319, A320 und A321 eingesetzt. Die Airbus A320-Familie ist neben der Boeing-737-Familie der am meisten verkaufte Verkehrsflugzeugtyp. Weiteren Einsatz findet das V2500-Triebwerk in der Boeing/McDonnell Douglas MD-90 [MTU21]. Bei dem in der vorliegenden Arbeit spanend bearbeiteten Werkstück handelt es sich um eine **Leitschaufel der Stufe 6 in der Niederdruckturbine** (engl.: "Low pressure Turbine (LPT) Vane Stage 6"), vgl. Abbildung 106 b). Die Hauptgruppen des Triebwerks ändern den Zustand des Gasstroms in der Reihenfolge des thermodynamischen Kreisprozesses [LIN14, S. 2]. Die einzelnen Module können nachfolgender Abbildung 106 a) entnommen werden. Das Kerntriebwerks-Modul besteht dabei aus dem Hochdruckverdichter-Modul, dem Brennkammer-Modul und dem Hochdruckturbinen-Modul.

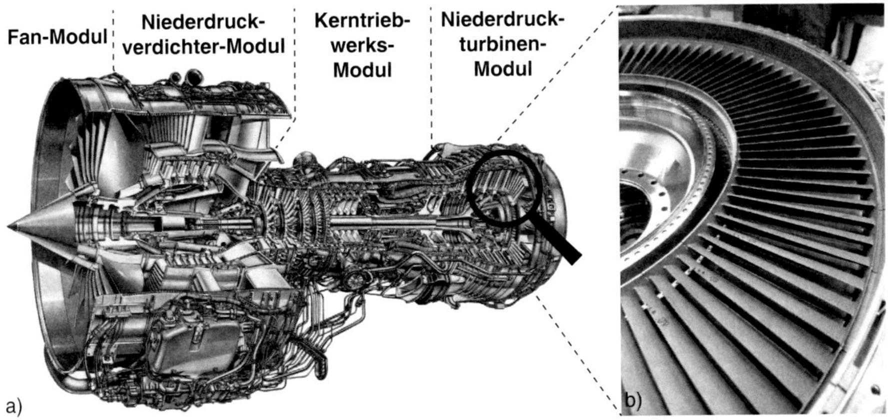

Abb. 106: a) Längsschnitt eines V2500-Triebwerks, Basisbild mit freundlicher Genehmigung der MTU Aero Engines AG [PRA21], Erweiterung in Anlehnung an [LIN14, S. 2], b) Eingebaute Leitschaufeln des V2500-Triebwerks, Bild mit freundlicher Genehmigung der MTU Aero Engines AG

Turbinen sind v. a. zwei massiven Belastungen ausgesetzt – hohen Drehzahlen und hohen Temperaturen [BRÄ09, S. 178]. In der Hochdruckturbine sind wenige, aerodynamisch aber hoch belastete Stufen ausreichend, um dem Heißgas die Energie zu entziehen. Die folgende Niederdruckturbine benötigt hingegen eine Vielzahl an Stufen zum weiteren Entzug der Energie des Heißgases. [BRÄ09, S. 176]

Die in den Turbinen arbeitenden Schaufeln werden in Lauf- und Leitschaufeln unterschieden und in ihrer Gesamtheit als Beschaufelung bezeichnet. Eine sogenannte Stufe setzt sich aus dem Kranz von Laufschaufeln und seinem Pendant, dem Kranz von Leitschaufeln, zusammen. Die feststehenden Leitschaufeln leiten dabei das Medium in einem optimalen Winkel auf die rotierenden Laufschaufeln.

Zwischen den Schaufelspitzen der rotierenden Laufschaufeln und den Leitschaufeln ist ein radialer Spalt ausgebildet, um die Drehbarkeit zu gewährleisten. Aus Wirkungsgradgründen ist dieser Spalt jedoch von Nachteil. Zur Optimierung jenes radialen Spalts soll dieser möglichst gering ausfallen bzw. wird dieser mittels Wabendichtungen (engl. honeycomb) abgedichtet, ohne dass die Schaufelspitzen der Laufschaufeln bei Rotation beschädigt werden. [MEI02, S. 2]

Bei der Wiederaufbereitung dieser Niederdruckturbinen-Leitschaufeln, wie sie bei der MTU Maintenance Hannover GmbH durchgeführt wird, müssen jene Wabendichtungen aufgrund der Abnutzung während des Flugbetriebs entfernt, ehe neue durch ein Hartlötverfahren wieder aufgebracht werden. Das Entfernen wird mittels des Fertigungsverfahrens Fräsen ausgeführt. Neben der anspruchsvollen Fräsbearbeitung dieser Wabenstrukturen sind v. a. die aufgrund der massiven Belastungen von Turbinen eingesetzten Superlegierungen eine Herausforderung bei dieser Bearbeitung. Nachfolgende Tabelle 26 enthält die Hauptanteile der mittleren chemischen Werkstoffzusammensetzung des in der vorliegenden Arbeit spanend bearbeiteten Werkstoffs Inconel 713C.

Tab. 26: Hauptanteile der mittleren chemischen Werkstoffzusammensetzung von Inconel 713C, Angabe in Gewichts-%

Ni	Cr	Al	Mo	Ti
70,7050	14,0000	6,0000	4,5000	1,0000

7.3.3 Werkzeugmaschine und Spannmittel

Die Erprobung im industriellen Einsatzumfeld wurde auf einem 5-Achs-CNC Fräsbearbeitungszentrum Typ: C30U des Herstellers Hermle durchgeführt. Die spanend bearbeiteten Niederdruckturbinen-Leitschaufeln wurden dabei mittels einem von MTU entwickelten Spannsystem gespannt.

Als Werkzeug-Spannmittel kam ebenso das in dem in Unterabschnitt 7.1.2 beschriebenen sensorischen Werkzeughalter integrierte Spannzangenfutter mit einer als Hohlschaftkegel (HSK) 63 ausgeführten Werkzeugaufnahme zum Einsatz.

Die nachfolgende Abbildung 107 zeigt das im industriellen Einsatzumfeld eingesetzte 5-Achs-CNC Fräsbearbeitungszentrum mit dessen relevanten Maschinenmerkmalen und Ausprägungen. In einer Detailansicht ist das verwendete Werkstück- sowie Werkzeug-Spannmittel dargestellt.

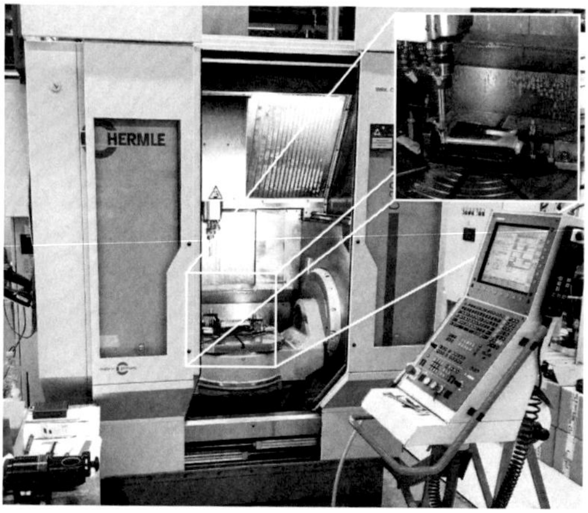

Maschinenmerkmal	Ausprägung
Steuerung	iTNC 530
Werkzeugaufnahme	Hohlschaftkegel (HSK) 63
Verfahrwege der X-, Y- und Z-Achse [mm]	650/ 600/ 500
Vorschubgeschwindigkeit [mm/min]	1 ... 45.000
Spindeldrehzahl [min^{-1}]	20 ... 18.000
Spindeldrehmoment bei 40 % [Nm]	130
Leistungsaufnahme der Hauptspindel bei 40 % Antriebsleistung [kW]	15
Masse [kg]	ca. 9.500
Baujahr	2010

Abb. 107: Spezifikation und Ansicht des eingesetzten 5-Achs-CNC Fräsbearbeitungszentrums

7.3.4 Durchführung der Erprobung im industriellen Einsatzumfeld

Im Vorfeld der Erprobung im industriellen Einsatzumfeld wurde mit den Experten der MTU Maintenance Hannover GmbH die Strategie der Fräsbearbeitung festgelegt. Aufgrund der Ergebnisse im Laborumfeld wurden Version 1 und Version 3 der entwickelten Schafteckfräser mit Leichtbau-Innenkern für die Erprobung bei MTU ausgewählt.

Beschreibung der Fräsbearbeitungsaufgabe

Nebenstehende Abbildung 108 zeigt neben der eingespannten Niederdruckturbinen-Leitschaufel der Stufe 6 eine Detailansicht mit Darstellung der Eingriffsgrößen der durchgeführten Fräsbearbeitung.

Aktuell wird die Wabenstruktur mit einem Vollhartmetall (VHM)-Schaftfräser mit einer Schneidenanzahl von acht, einem Durchmesser von $20\ mm$ und einer Ausspannlänge von 2,4xD abgefräst. Für diese Bearbeitung werden in einem ersten Schruppschnitt $4,0\ mm$ seitlich zugestellt. Diesem folgt ein zweiter Schlichtschnitt mit einer aufgrund der differierenden Abnutzung während des Flugbetriebs variierenden Zustellung in Höhe von $0,2 \pm 0,1\ mm$. Die weiteren Bearbeitungsparameter der beiden Schnitte sind dabei identisch und können nachfolgender Tabelle 27 (IST-Zustand) entnommen werden.

Abb. 108: Eingriffsgrößen bei der Fräsbearbeitung der Niederdruckturbinen-Leitschaufel der Stufe 6

Tab. 27: Bearbeitungsparameter der Erprobung im industriellen Einsatzumfeld

Bearbeitungsparameter	Einheit	Wert			
		IST-Zustand	Test 1	Test 2	Test 3
Ausspannlänge	[-]	2,4xD	5xD	5xD	5xD
Arbeitseingriff a_e	[mm]	4,0	4,0	4,0	4,0
Schnitttiefe a_p	[mm]	14,0	3 x 4,67	3 x 4,67	3 x 4,67
Vorschub/Zahn f_z	[mm]	0,033	0,05	0,05	0,05
Vorschubgeschwindigkeit v_f	[mm/min]	80	96	298	597
Schnittgeschwindigkeit v_c	[m/min]	19	40	125	250
Drehzahl n	[min^{-1}]	300	640	1.989	3.979
Erprobte Werkzeuge		VHM-Schaftfräser	Referenzwkz., Version 1, Version 3	Version 1	Version 1

Die Bearbeitungsstrategie für die in der vorliegenden Arbeit entwickelten Schafteckfräser mit Leichtbau-Innenkern musste aufgrund der Eigenschaften dieser Art von Werkzeugen geändert werden. Die Schnitttiefe a_p konnte demnach konstruktionsbedingt nicht mit einem Schnitt erreicht werden, sondern musste mit drei Schnitten und somit mit $a_p = 4,67\ mm$ durchgeführt werden. Die Ausspannlänge wurde ab der Stirnfläche der Spannzange gemessen und betrug analog den experimentellen Untersuchungen im Laborumfeld 5xD.

Bei einem im Vorfeld definierten Vorschub/Zahn von $f_z = 0,05\ mm$ musste zur Erreichung einer ähnlichen Vorschubgeschwindigkeit v_f wie im aktuellen Bearbeitungsprozess (IST-Zustand) die Drehzahl für Test 1 auf $n = 640\ min^{-1}$ festgelegt werden.

Auswertung der Prozesskraftmessung

Zum Vergleich der entwickelten Versionen des Schafteckfräsers mit Leichtbau-Innenkern mit dem Referenzwerkzeug wurden analog der Prozesskraftmessung im Laborumfeld die auftretenden Bearbeitungskräfte und -momente bei der Erprobung im industriellen Einsatzumfeld mit dem sensorischen Werkzeughalter aufgezeichnet.
Um einen vergleichbaren Wert zu erhalten, wurde im Zeitbereich sowohl der Betrag des Biegemoments in x-Richtung als auch des Torsionsmoments über die gesamte Dauer der Fräsbearbeitung integriert (numerische Integration mit der Trapezregel). Die ermittelten Signalenergien sind nachfolgender Tabelle 28 zu entnehmen.

Tab. 28: Signalenergien charakteristischer Kräfte bei der Fräsbearbeitung der Niederdruckturbinen-Leitschaufeln der Stufe 6 im Zeitbereich

	|Biegemoment x|		|Torsionsmoment|	
Typ	Integration $[Nm \cdot s]$	Veränderung $[\%]$	Integration $[Nm \cdot s]$	Veränderung $[\%]$
Referenzwerkzeug	817,13	–	379,21	–
Version 1	571,96	- 30,00	272,77	- 28,07
Version 3	670,37	- 17,96	247,70	- 34,68

Demnach zeigen die erprobten Versionen des Schafteckfräsers mit Leichtbau-Innenkern geringere Biegemomente in x-Richtung sowie geringere Torsionsmomente gegenüber dem Referenzwerkzeug. Die Verbesserung des Biegemoments in x-Richtung von Version 1 in Höhe von $30,00\ \%$ fällt dabei fast doppelt so hoch aus wie von Version 3 in Höhe von $17,96\ \%$. Die geringeren Biegemomente lassen sich dabei auf die höheren Steifigkeiten der entwickelten Schafteckfräser aufgrund der eingebrachten Leichtbau-Innenkerne zurückführen.
Wie in Unterabschnitt 7.2.2 erläutert, wird das geringere Torsionsmoment auf einen geringeren Verdrehwinkel ϑ zurückgeführt, da in der vorliegenden Arbeit die Schneidengeometrie unangetastet blieb. Die erreichten Verbesserungen des Torsionsmoments in Höhe von $28,07\ \%$ bei Version 1 sowie in Höhe von $34,68\ \%$ bei Version 3 fielen bei den Zerspanversuchen im industriellen Einsatzumfeld – genauso wie die der Biegemomente in x-Richtung – noch deutlicher aus als in der Laborumgebung.
Die erläuterten Verbesserungen der Schafteckfräser mit Leichtbau-Innenkern gegenüber dem Referenzwerkzeug sollen anhand Abbildung 109[59] (Darstellung Schnitt 1 von 3) veranschaulicht werden. Sie zeigt oben den Betrag des Biegemoments in x-Richtung sowie unten den Betrag des Torsionsmoments bei der Fräsbearbeitung der Niederdruckturbinen-Leitschaufeln der Stufe 6.

[59] Zur Veranschaulichung erfolgt die Darstellung von Abbildung 109 mit einem gleitenden Durchschnitt von 800 Punkten des entsprechenden Fensters.

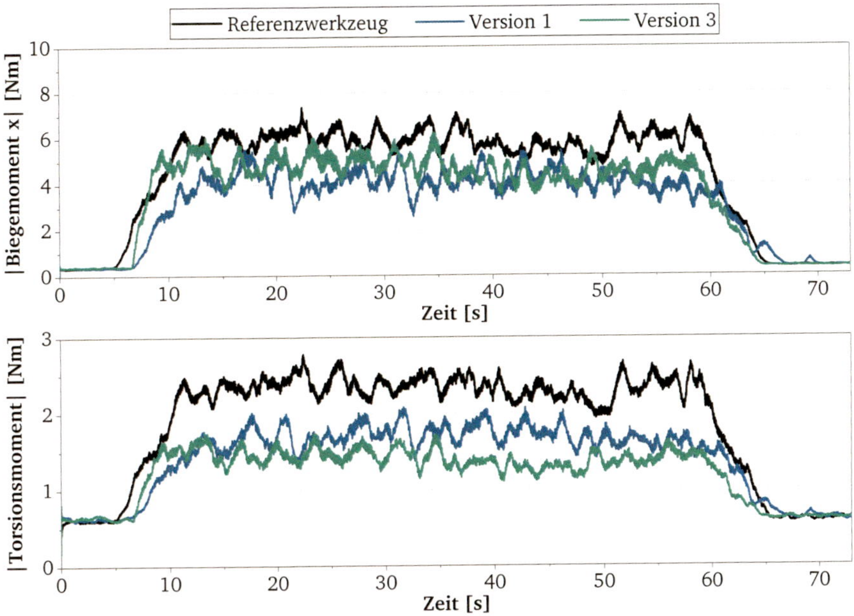

Abb. 109: Darstellung der Prozesskraftmessung (|Biegemoment x|, |Torsionsmoment|) im Zeitbereich am Beispiel der Niederdruckturbinen-Leitschaufeln der Stufe 6 (Darstellung Schnitt 1 von 3)

Die Verbesserungen durch die entwickelten Schafteckfräser mit Leichtbau-Innenkern werden sowohl beim Betrag des Biegemoments in x-Richtung als auch beim Betrag des Torsionsmoments anhand der Signalverläufe deutlich ersichtlich.

7.3.5 Quantifizierung des Einsparpotentials

Nach erfolgreicher Durchführung von Test 1 soll das Einsparpotential der entwickelten Schafteckfräser mit Leichtbau-Innenkern gegenüber dem aktuellen Bearbeitungsprozess (IST-Zustand) bei der MTU Maintenance Hannover GmbH quantifiziert werden. Aufgrund des geringeren Biegemoments in x-Richtung wurde für die weitere Quantifizierung Version 1 der Schafteckfräser mit Leichtbau-Innenkern ausgewählt.

Nachfolgende Tabelle 29 enthält die Abfolgedetails des Bearbeitungsprozesses. Aktuell wird sowohl der erste Schruppschnitt als auch der zweite Schlichtschnitt mit demselben Werkzeug durchgeführt. Ein Werkzeugwechsel ist demnach nicht nötig. Aufgrund der geänderten Bearbeitungsstrategie mit dem entwickelten Schafteckfräser mit Leichtbau-Innenkern muss der Schruppschnitt durch drei Schnitte ersetzt sowie ein Werkzeugwechsel berücksichtigt werden. Dieser wird mit $5\ s$ angenommen.

Tab. 29: Quantifizierung des Einsparpotentials der Erprobung im industriellen Einsatzumfeld

Vorgang	**Einheit**	**Wert**			
		IST-Zustand	Test 1	Test 2	Test 3
Bearbeitungszeit Schruppen	[s]	71,3	178,1	57,3	28,7
Werkzeugwechselzeit	[s]	0,0	5,0	5,0	5,0
Bearbeitungszeit Schlichten	[s]	71,3	71,3	71,3	71,3
Gesamtbearbeitungszeit	[s]	142,5	254,4	133,6	104,9
Veränderung	[%]	–	+ 79 %	- 6 %	- 26 %

Wie Tabelle 29 zu entnehmen, führt eine Fräsbearbeitung mit den Bearbeitungsparametern aus Versuch 1 aufgrund der drei Schruppschnitte zu einer Verlängerung der Gesamtbearbeitungszeit um $79\ \%$. Aufgrund der sehr deutlichen Verbesserungen der entwickelten Schafteckfräser mit Leichtbau-Innenkern gegenüber dem Referenzwerkzeug in Test 1 wurde in einem zweiten Test die Vorschubgeschwindigkeit v_f soweit gesteigert, dass annähernd eine gleiche Gesamtbearbeitungszeit wie mit dem aktuellen Bearbeitungsprozess erreicht wird, vgl. Tabelle 27. Ergebnis war trotz drei Schruppschnitten und einem Werkzeugwechsel eine Verkürzung der Gesamtbearbeitungszeit um $6\ \%$.

Aufgrund der weiterhin sehr guten Einsatzbedingungen sowie keinem feststellbaren Verschleiß konnte die Vorschubgeschwindigkeit v_f in einem dritten Test nochmals deutlich erhöht werden. Mit einer rund 7,5-fachen Vorschubgeschwindigkeit v_f des Schafteckfräsers mit Leichtbau-Innenkern der Version 1 gegenüber dem aktuell eingesetzten VHM-Schaftfräser konnte die Gesamtbearbeitungszeit trotz einer über doppelten Ausspannlänge um $26\ \%$ gesenkt und das Leistungspotential der entwickelten Schafteckfräser mit Leichtbau-Innenkern eindrucksvoll unter Beweis gestellt werden.

Im Hinblick auf das monetäre Einsparpotential wird die jährliche Stückzahl an aufgearbeiteten Niederdruckturbinen-Leitschaufel der Stufe 6 der MTU Maintenance Hannover GmbH im Jahr 2019 in Höhe von $6.644\ ^{Stück}/_{a}$ herangezogen.

Eine Verkürzung der Gesamtbearbeitungszeit um $26\ \%$ bedeutet bei der angegeben Jahresstückzahl eine Einsparung von $69,4$ Maschinenstunden. Bei einem angenommenen mittleren industriellen Maschinenstundensatz von $80\ ^{€}/_{h}$ entspricht dies einer monetären Einsparung in Höhe von $5.551,37$ € alleine für die spanende Bearbeitung der Niederdruckturbinen-Leitschaufel der Stufe 6. Eine Übertragung dieser Bearbeitungsstrategie bspw. auf Leitschaufeln anderer Stufen sowie auf weitere Standorte birgt zusätzliches Einsparpotential.

Zusammenfassend ist festzuhalten, dass ein sehr erfolgreicher Proof of Concept der entwickelten Schafteckfräser mit Leichtbau-Innenkern durchgeführt werden konnte. Für weiterführende Erkenntnisse zum Einsparpotential durch deren Einsatz sind weitere Testdurchläufe bspw. im Hinblick auf das Verschleißverhalten notwendig.

8 Zusammenfassung

Eine Produktivitäts- und Ressourceneffizienzsteigerung im Bereich der spanenden Bearbeitung bedeutet eine Reduzierung der Prozessdauer und dementsprechend eine Steigerung des Zeitspanvolumens. Die Beachtung der Fertigungsgenauigkeit und der -qualität ist dabei unabdingbar. Diese Steigerung wird durch auftretende Störungen begrenzt. Diese dynamischen Störungen, die aus einer Relativbewegung zwischen Werkzeug und Werkstück resultieren, bedingen eine verminderte Prozessleistung, schlechtere Oberflächengüten sowie verkürzte Werkzeugstandzeiten. Die vorliegende Arbeit legt daher ihren Fokus auf das Bearbeitungswerkzeug selbst und setzt somit am direkten Kontakt zum zu bearbeitenden Werkstoff an.

Vor diesem Hintergrund war es das Ziel der vorliegenden Arbeit, Schafteckfräser zu entwickeln, die ein gesteigertes Widerstandsmoment gegen Biegung und Torsion aufweisen und somit prozessinduzierte Schwingungen reduzieren. Realisiert wurde dies durch das Einbringen eines Leichtbau-Innenkerns, der durch die Auswahl und Dimensionierung der eingesetzten Faserverbundkunststoffe eine gezielte Einflussnahme auf die genannten Eigenschaften ermöglichte. Ferner wurden dadurch die Auswirkungen auf den Zerspanprozess selbst – in Form einer Steigerung der Prozesseffizienz, der Oberflächengüte bearbeiteter Bauteile sowie der Werkzeugstandzeit – verwirklicht.

Eingeleitet wurde die Entwicklung durch eine systematische **Analyse der Einsatzbedingungen von Schafteckfräsern** in Form einer Marktstudie bei der sowohl Hersteller als auch Anwender dieser Art von Werkzeugen befragt wurden. Somit konnten von Beginn der Arbeit an die Bedürfnisse aus der industriellen Praxis bei der Entwicklung der Schafteckfräser mit Leichtbau-Innenkern Berücksichtigung finden. Neben der Abfrage zu den direkt die Schafteckfräser tangierenden Eigenschaften konnten weitere Erkenntnisse aus der Marktstudie zur Konzeptionierung der Erprobung sowie zur quantifizierbaren Bewertung der entwickelten Schafteckfräser mit Leichtbau-Innenkern genutzt werden.

Auf Basis der genannten Marktstudie sowie der Analyse bestehender Referenzwerkstücke wurde ein an praxisrelevanten Daten orientiertes **Referenzwerkstück entwickelt**, das Bearbeitungsaufgaben für die in dieser Arbeit im Fokus liegenden Werkzeuge widerspiegelt.

Im Anschluss daran erfolgte die **Entwicklung und Durchführung von Simulationsläufen** auf Basis der Finiten Elemente Analyse. Nach Festlegung der durchzuführenden Analysen wie statisch-strukturmechanische Analysen unter Biege- und Torsionsbelastung, einer Modalanalyse sowie einer Frequenzganganalyse wurden die für eine realitätsgetreue Parametereingabe notwendigen Werkstoffkennwerte der Faserverbundkunststoffe durch Zug- und 3-Punkt-Biegeversuche experimentell ermittelt. Ergänzend hierzu wurden fehlende Werkstoffkennwerte simulativ berechnet. Anschließend wurde das Modell der Schafteckfräser mit Leichtbau-Innenkern modelliert und Zielgrößen und Restriktionen festgelegt. In einem dreistufigen Prozess wurden die Werkstoffe sowie die Dimensionen der einzelnen Komponenten des Leichtbau-Innenkerns erarbeitet und mit Hilfe der Methode Adaptive Mehrfach-Zielgröße optimiert. Ergebnis der Simulation war die Ableitung sowie konstruktive Beschreibung von drei Versionen der Schafteckfräser mit Leichtbau-Innenkern, die im weiteren Verlauf der vorliegenden Arbeit als Demonstratorwerkzeuge umgesetzt wurden.

Zu Beginn dieser **technischen Umsetzung** beschäftigt sich die vorliegende Arbeit mit der Verbindung zwischen dem Leichtbau-Innenkern und dem Werkzeugmantel. Unter Einsatz von Kreativitätstechniken wurden Lösungen erarbeitet, die mittels einer Nutzwertanalyse bewertet wurden. Als erfolgversprechendste Lösung stellte sich das Kleben heraus, das an-

schließend durch experimentelle Untersuchungen weiter analysiert und mittels Zugscherversuchen sowie der Auswertung des Bruchverhaltens hinsichtlich seiner Leistungsfähigkeit beurteilt wurde. Im Zuge der nachfolgenden Herstellung der Demonstratorwerkzeuge wurde darüber hinaus der Nachweis erbracht, dass die in der vorliegenden Arbeit entwickelten Schafteckfräser mit Leichtbau-Innenkern technisch hergestellt werden können.
Durch die **Erprobung der Schafteckfräser mit Leichtbau-Innenkern** im Laborumfeld konnten die vorteilhaften Eigenschaften zunächst auf Basis des entwickelten Referenzwerkstücks sowie von weiteren praktischen Untersuchungen auf Basis gestufter Versuchsplatten und Abzeiloperationen validiert werden. In diesen Laborversuchen zeigten die entwickelten Schafteckfräser mit Leichtbau-Innenkern ihre Leistungsfähigkeit. Bedingt durch das gesteigerte Widerstandsmoment gegen Biegung und Torsion um bis zu $13,86\ \%$ bzw. $24,67\ \%$ (gemessen im Zeitbereich) gegenüber dem Referenzwerkzeug konnten die Oberflächengüten im Mittel um bis zu $32\ \%$ gesteigerten werden. Aufgrund dessen konnte auch der Zahnvorschub und somit die Prozesseffizienz deutlich gesteigert werden. Am Beispiel des entwickelten Referenzwerkstücks konnte die Prozessdauer halbiert und eine Energieeinsparung in Höhe von $3.838,96\ kWs$ realisiert werden.
Zur Erprobung im industriellen Einsatzumfeld und der Quantifizierung des erzielbaren Einsparpotentials kamen ausgewählte Versionen der entwickelten Schafteckfräser mit Leichtbau-Innenkern bei der MTU Maintenance Hannover GmbH bei der Fräsbearbeitung von Niederdruckturbinen-Leitschaufeln der Stufe 6 zum Einsatz. Hierdurch konnte eine Einsparung der Gesamtbearbeitungszeit von $26\ \%$ erzielt werden.
Durch die gelungene Integration eines Leichtbau-Innenkerns in Schafteckfräser konnten die Prozesskräfte reduziert, die Verschleißeigenschaften positiv beeinflusst und die Oberflächengüten stark verbessert werden. Eine Einsparung elektrischer Energie konnte darüber hinaus indirekt verwirklicht werden, d. h. konkret durch die Steigerung des Vorschubs/Zahn, was sowohl eine Erhöhung des Zeitspanvolumens als auch eine Verkürzung der Prozessdauer bei gleichbleibenden Oberflächengüten erlaubt und so die Prozesseffizienz wesentlich steigert.
Die zugrunde liegenden messtechnischen und methodischen Ansätze können darüber hinaus für analoge Untersuchungen weiterer Entwicklungen im Bereich der Erforschung neuartiger Zerspanwerkzeuge herangezogen werden, v. a. im Hinblick auf die Reduzierung prozessinduzierter Schwingungen sowie die Ausgestaltung von Innenkernen aus andersartigen Leichtbauwerkstoffen bzw. einer umfassenden Substitution der aktuell zum Einsatz kommenden Werkstoffe für spanende Werkzeuge.

9 Summary

An increase in productivity and resource efficiency in the field of machining means a reduction in process duration and, accordingly, an increase in metal removal rate. Attention to manufacturing accuracy and quality is essential. This increase is limited by occurring disturbances. These dynamic disturbances, which result from a relative movement between tool and workpiece, cause a reduced process performance, poorer surface qualities as well as shortened tool life. The present work therefore focuses on the machining tool itself and thus starts at the direct contact to the material to be machined.

Against this background, the objective of the present work was to develop indexable end mills that have an increased section modulus against bending and torsion and thus reduce process-induced vibrations. This was realized by incorporating a lightweight inner core, which enabled a targeted influence on the aforementioned properties through the selection and dimensioning of the fiber composite plastics used. Furthermore, the effects on the machining process itself - in the form of an increase in process efficiency, the surface quality of machined components and tool life - were thereby realized.

The development was initiated by a **systematic analysis of the conditions of use of indexable end mills** in the form of a market study in which both manufacturers and users of this type of tool were surveyed. Thus, from the beginning of the work, the needs from industrial practice could be taken into account in the development of the indexable end mills with lightweight inner core. In addition to the properties directly affecting the indexable end mills, further findings from the market study could be used for the conceptual design of the testing as well as for the quantifiable evaluation of the developed indexable end mills with lightweight inner core.

Based on the aforementioned market study as well as the analysis of existing reference workpieces, a **reference workpiece** oriented to practice-relevant data **was developed** to reflect machining tasks for the tools in focus in this work.

This was followed by the **development and execution of simulation runs** based on finite element analysis. After defining the analyses to be carried out, such as static-structural mechanical analyses under bending and torsional loading, a modal analysis and a frequency response analysis, the material properties of the fiber-reinforced composites required for a realistic parameter input were determined experimentally by tensile and 3-point bending tests. In addition, missing material properties were calculated by simulation. Subsequently, the model of the indexable end mill with lightweight inner core was modeled and target values and restrictions were determined. In a three-stage process, the materials as well as the dimensions of the individual components of the lightweight inner core were worked out and optimized using the Adaptive Multiple Target Size method. The result of the simulation was the derivation as well as the constructive description of three versions of the indexable end mills with lightweight inner core, which were implemented as demonstrator tools in the further course of the present work.

At the beginning of this **technical implementation**, the present work deals with the connection between the lightweight inner core and the tool shell. Using creativity techniques, solutions were developed which were evaluated by means of a utility analysis. Adhesive bonding turned out to be the most promising solution, which was then further analyzed by experimental investigations and evaluated in terms of its performance by means of tensile shear tests and evaluation of the fracture behavior. In the course of the subsequent manufacture of the

demonstrator tools, it was also demonstrated that the indexable end mills with lightweight inner cores developed in the present work can be technically manufactured.
The **testing of the indexable end mills with lightweight inner core** in the laboratory environment allowed the advantageous properties to be validated initially on the basis of the developed reference workpiece and further practical investigations on the basis of stepped test plates and deposition operations. In these laboratory tests, the developed indexable end mills with lightweight inner core demonstrated their performance. Due to the increased section modulus against bending and torsion by up to $13.86\ \%$ and $24.67\ \%$ (measured in the time domain) compared to the reference tool, the surface qualities could be increased by up to $32\ \%$ on average. As a result, the feed rate/tooth and thus the process efficiency could also be significantly increased. Using the developed reference workpiece as an example, the process time was halved and an energy saving of $3,838.96\ kWs$ was realized.
For testing in an industrial environment and quantification of the achievable savings potential, selected versions of the developed indexable end mills with lightweight inner core were used at MTU Maintenance Hannover GmbH for milling low pressure turbine vanes stage 6. A total machining time saving of $26\ \%$ was achieved through their use.
Through the successful integration of a lightweight inner core in indexable end mills, the process forces could be reduced, the wear properties positively influenced and the surface finishes greatly improved. Furthermore, a saving of electrical energy could be realized indirectly, i. e. specifically by increasing the feed rate/tooth, which allows both an increase of the metal removal rate and a reduction of the process duration while maintaining the same surface qualities, thus significantly increasing the process efficiency.
The underlying metrological and methodological approaches can also be used for analogous investigations of further developments in the field of research into new types of cutting tools, especially with regard to the reduction of process-induced vibrations and the design of inner cores made of different lightweight materials or a comprehensive substitution of the materials currently used for cutting tools.

10 Abkürzungsverzeichnis

Abkürzung	Begriff
1K	Ein-Komponenten
2K	Zwei-Komponenten
3D	Dreidimensional
AFK	Aramidfaserverstärkter Kunststoff
BFK	Basaltfaserverstärkter Kunststoff
CAD	Computer Aided Design
CAM	Computer-aided manufacturing
cBN	Polykristallines kubisches Bornitrid
Cermet	Ceramic and Metal
CFK	Kohlenstofffaserverstärkter Kunststoff
CNC	Computer Numerical Control
DIN	Deutsches Institut für Normung
DMG	Deckel Maho Gildemeister
DMS	Dehnungsmessstreifen
DoE	Design of Experiments
E-Modul	Elastizitätsmodul
EMS	Einmasseschwinger
EP	Epoxidharz
EU	Europäische Union
FE	Finite Elemente
FEA	Finite Elemente Analyse
FEM	Finite Elemente Methode
FFT	Schnelle Fourier Transformation (engl. Fast Fourier Transform, FFT)
FVK	Faserverbundkunststoff
FVW	Faserverbundwerkstoff
GE	General Electric
GFK	Glasfaserverstärkter Kunststoff
HM	Hochsteif (engl.: high modulus, HM)
HSK	Hohlschaftkegel
HSS	Schnellarbeitsstahl (engl. High Speed Steel)
HT	Hochfest (engl.: high tenacity, HT)
IAE	International Aero Engines AG
IM	Mittelsteif (engl.: intermediate modulus, IM)
ISO	International Organization for Standardization
KMU	Kleine und mittlere Unternehmen
KSS	Kühlschmierstoff
l/D-Verhältnis	Länge zu Durchmesser (l/D)-Verhältnis
LPT	Low pressure Turbine
MKD	Monokristalliner Diamant
MTU	Motoren- und Turbinen-Union
NC	Numerical Control
NI	National Instruments Corporation
NWA	Nutzwertanalyse

Abkürzung	Begriff
PAN	Polyacrylnitril
PKD	Polykristalliner Diamant
PTC	Parametric Technology Corporation
PVD	Physical Vapour Deposition
TRIZ	„Theorie des erfinderischen Problemlösens“
UD	Unidirektional
UHM	Ultrasteif (engl.: ultra high modulus, UHM)
UP	Ungesättigtes Polyesterharz
VDI	Verein deutscher Ingenieure
VDMA	Verband Deutscher Maschinen- und Anlagenbauer
VDWF	Verband Deutscher Werkzeug- und Formenbauer
VE	Vinylesterharz
VHM	Vollhartmetall
WSP	Wendeschneidplatte(n)
WZM	Werkzeugmaschine

11 Symbolverzeichnis

Symbol	Einheit	Beschreibung
A	mm^2	Klebfläche
A	mm^2	Spanungsquerschnitt
a	m/s^2	Beschleunigung
a_e	mm	Arbeitseingriff
a_f	mm	Vorschubeingriff
α	$\circ$	Freiwinkel
a_p	mm	Arbeitseingriff in der Tiefe (Schnitttiefe)
$a_{p,grenz}$	mm	Grenzschnitttiefe
b	mm	Spanungsbreite
β	$\circ$	Keilwinkel
$B(i\omega)$	$\frac{m}{s^2}/N$	Akzeleranz
c	N/m	(Feder)steifigkeit
D	–	Lehrsches Dämpfungsmaß
d	–	Dämpfungskonstante
d	mm	Werkzeugdurchmesser
δ	s	Abklingkoeffizient
E	N/m^2	E-Modul
$E_a(i\omega)$	m/s^2	Komplexes Energiespektrum des gemessenen Beschleunigungssignals
$E_f(i\omega)$	N	Komplexes Energiespektrum des gemessenen Kraftsignals
$E_{f\|\|}$	N/m^2	Elastizitätsmodul der Faser in Längsrichtung
$E_{f\perp}$	N/m^2	Elastizitätsmodul der Faser quer zur Faserrichtung
E_m	N/m^2	Elastizitätsmodul der Matrix
$E_{\|\|}$	N/m^2	Elastizitätsmodul eines unidirektionalen Faserverbundes mit kontinuierlichen Fasern parallel zur Faserrichtung
$\varepsilon_{(x,z=\frac{d}{2})}$	–	Randfaserdehnung
ε_f	–	Dehnung der Faser
ε_L	–	Längsdehnung
ε_m	–	Dehnung der Matrix
$\varepsilon_{\|\|}$	–	Dehnung des Faserverbunds in Längsrichtung der Faser
ε_Q	–	Querdehnung
$E_{\perp}$	N/m^2	Elastizitätsmodul eines unidirektionalen Faserverbundes mit kontinuierlichen Fasern senkrecht zur Faserrichtung
η	$\circ$	Wirkrichtungswinkel
f	mm	Vorschub
F	N	Zerspankraft
f	N	Kraft
F_a	N	Aktivkraft
f_{B1}	Hz	Erste Biegeeigenfrequenz
F_c	N	Schnittkraft
F_{cm}	N	Mittlere Schnittkraft
F_{cN}	N	Schnittnormalkraft
f_f	–	Formfaktor
F_f	N	Vorschubkraft

Symbol	Einheit	Beschreibung
f_γ	–	Spanwinkelfaktor
f_h	–	Spanungsdickenfaktor
f_λ	–	Neigungswinkelfaktor
F_p	N	Passivkraft
f_s	–	Schneidstofffaktor
f_{st}	–	Stumpfungsfaktor
f_v	–	Geschwindigkeitsfaktor
f_z	mm	Vorschub/Zahn
g	m/s^2	Erdbeschleunigung
G	N/m^2	Schubmodul
γ	$\circ$	Spanwinkel
γ	–	Schubverformung
$G(i\omega)$	m/N	Komplexes Übertragungsverhalten
GI_T	$N \cdot mm^2$	Torsionssteifigkeit
h	mm	Spanungsdicke
$H_1(i\omega)$	m/N	H_1-Schätzer
h_m	mm	Mittlere Spanungsdicke
I	m^4	Flächenträgheitsmoment
I	A	Stromstärke
K	–	Kolkverhältnis
κ	$\circ$	Einstellwinkel
k_c	N/mm^2	Spezifische Schnittkraft
$k_{c1.1}$	N/mm^2	Grundwert der spezifischen Schnittkraft
KM	mm	Kolkmittenabstand
KT	mm	Kolktiefe
L	mm	Werkzeuglänge
Λ	–	Logarithmisches Dekrement
L_f	m	Standweg
m	kg	Masse
M_b	Nm	Biegemoment
$-m_c$	–	Anstiegswert der spezifischen Schnittkraft $k_{c1.1}$
M_t	Nm	Torsionsmoment
N	–	Anzahl der Messwerte
n	min^{-1}	Drehzahl
N	$Stck$	Standmenge
$N(i\omega)$	m/N	Dynamische Nachgiebigkeit
ν	–	Querkontraktionszahl
ν_f	–	Querkontraktionszahl der Faser
ν_m	–	Querkontraktionszahl der Matrix
ω	rad/s	Winkelgeschwindigkeit
ω	s^{-1}	Kreisfrequenz
ω_n	s^{-1}	Eigenkreisfrequenz
P	W	Wirkleistung
P_c	W	Schnittleistung
P_{cm}	W	Mittlere Schnittleistung

Symbol	Einheit	Beschreibung
P_f	W	Vorschubleistung
P_{fe}	–	Arbeitsebene
P_{Grund}	W	Leistung der Grundlast
φ	–	Faservolumengehalt
φ	°	Vorschubrichtungswinkel
φ_c	°	Eingriffswinkel
π	–	Pi
P_{Leer}	W	Leistung des Leerlaufs
P_{mech}	W	Leistung der mechanischen Arbeit
P_s	–	Schneidenpunkt
P_{wges}	W	Gesamte Wirkleistung
P_{wn}	W	Wirkleistung der einzelnen Leiter
Q	mm^3/min	Zeitspanvolumen
R_a	μm	Arithmetischer Mittenrauwert nach DIN EN ISO 4287
ρ	kg/m^3	Dichte
R_k	μm	Kernrautiefe nach DIN EN ISO 13565-2
R_m	N/mm^2	Zugfestigkeit
R_z	μm	Gemittelte Rautiefe nach DIN EN ISO 4287
S_a	μm	Flächenhafter arithmetischer Mittenrauwert nach DIN EN ISO 25178-2
$S_a(i\omega)$	m/s^3	Komplexes Leistungsspektrum des gemessenen Beschleunigungssignals
$S_f(i\omega)$	N/s	Komplexes Leistungsspektrum des gemessenen Kraftsignals
σ_f	N/mm^2	Spannung der Faser
σ_m	N/mm^2	Spannung der Matrix
$\sigma_{\|\|}$	N/mm^2	Spannung in Längsrichtung der Faser
σ_Z	N/mm^2	Zugspannung
S_k	μm	Kernhöhe nach DIN EN ISO 25178-2
S_q	μm	Flächenhafter quadratischer Mittenrauwert nach DIN EN ISO 25178-2
T	min	Standzeit
t_h	min	Schneideneingriffszeit
τ	N/m^2	Schubspannung
τ_B	N/mm^2	Klebfestigkeit
τ_ε	N/mm^2	Zug- und Schubspannungen parallel zur Klebfläche
τ_ν	N/mm^2	Schubspannung aufgrund parallel zur Klebfläche auftretenden Fügeteilverschiebungen
ϑ	°	Verdrehwinkel
U	V	Spannung
VB	mm	Verschleißmarkenbreite
v_c	m/min	Schnittgeschwindigkeit
v_{c0}	m/min	Ausgangsgeschwindigkeit
v_e	m/min	Wirkgeschwindigkeit
v_f	mm/min	Vorschubgeschwindigkeit
V_T	mm^3	Standvolumen
z	–	Neigungswert
ζ	–	Dämpfungsgrad

12 Abbildungsverzeichnis

13 Tabellenverzeichnis

14 Literaturverzeichnis

[ADA05] ADAMS, H. »Schwingungsgedämpftes, insbesondere vibrationsgedämpftes formgebendes Werkzeug«. DE 102 39 670 B4. 2005.

[ÅKE07] ÅKESSON, H. 2007. *Active control of vibration and analysis of dynamic properties concerning machine tools*. Karlskrona, Blekinge Institute of Technology, Dissertation. Department of Signal Processing.

[ALI16] ALIYEV, R. & HUSEYNOV, R. 2016. Überlang und selbstwuchtend. *WB Werkstatt + Betrieb*, **2016**(10), S. 56–59.

[ALR03] AL-REGIB, E.; NI, J. & LEE, S.-H. 2003. Programming spindle speed variation for machine tool chatter suppression. *International Journal of Machine Tools and Manufacture*, **43**(12), S. 1229–1240. ISSN: 08906955. DOI: 10.1016/S0890-6955(03)00126-3.

[ALT00] ALTINTAS, Y. 2000. *Manufacturing Automation: Metal Cutting Mechanics, Machine Tool Vibrations, and CNC Design*. Cambridge: Cambridge Univ. Press. ISBN: 0-521-65029-1.

[ALT98] ALTSCHULLER, G. S. 1998. *Erfinden: Wege zur Lösung technischer Probleme*. Limitierter Nachdruck der 2. Auflage Vlg. Technik, Memmingen: Memminger Verlagsdruckerei. ISBN: 3-00-002700-9.

[ASK96] ASKELAND, D. R. 1996. *Materialwissenschaften: Grundlagen, Übungen, Lösungen*. Heidelberg, Berlin, Oxford: Spektrum Akademischer Verlag. ISBN: 3-86025-357-3.

[AVK14] AVK – INDUSTRIEVEREINIGUNG VERSTÄRKTE KUNSTSTOFFE E.V. 2014. *Handbuch Faserverbundkunststoffe: Grundlagen, Verarbeitung, Anwendungen; mit 46 Tabellen*. Wiesbaden: Springer Vieweg. ISBN: 978-3-658-02754-4.

[BAU14] BAUR, M. 2014. *Aktives Dämpfungssystem zur Ratterunterdrückung an spanenden Werkzeugmaschinen*. München, Technische Universität München, Dissertation. Institut für Werkzeugmaschinen und Betriebswissenschaften (iwb).

[BEH09] BEHRENDT, A. 2009. *Entwicklung eines Modells zur Fertigungssystemplanung in der spanenden Fertigung*. Darmstadt, Technische Universität Darmstadt, Dissertation. Fachbereich Maschinenbau.

[BEH12] BEHRENDT, T.; ZEIN, A. & MIN, S. 2012. Development of an energy consumption monitoring procedure for machine tools. *CIRP Annals - Manufacturing Technology*, **61**(1), S. 43–46. ISSN: 00078506. DOI: 10.1016/j.cirp.2012.03.103.

[BEI09] BEISHEIM, J. 2009. Introducing the Supernode Eigensolver: A new eigensolver in ANSYS 12.0 determines large numbers of natural frequency modes more quickly and efficiently than conventional methods. *ANSYS Advantage*, **III**(1), S. 23–24.

[BEI17] BEITELSCHMIDT, M. & DRESIG, H. 2017. *Maschinendynamik - Aufgaben und Beispiele*. 2. überarbeitete Auflage, Berlin: Springer Vieweg. ISBN: 978-3-662-53434-2. DOI: 10.1007/978-3-662-53435-9.

[BIE15] BIERÖGEL, C. 2015. Quasistatische Prüfverfahren. In: GRELLMANN, W. & SEIDLER, S., Hrsg. *Kunststoffprüfung*. München: Carl Hanser Verlag, S. 111–158. ISBN: 978-3-446-44350-1.

[BLE13] BLEICHER, F. & WAGNER, F. X., LAUWERS, B. ET AL. 2013. *Economical & Ecological Cutting - Final Report, ecoplus*. St. Pölten: The Business Agency of Lower Austria.

[BON09] BONNET, M. 2009. *Kunststoffe in der Ingenieuranwendung: verstehen und zuverlässig auswählen*. 1. Auflage, Wiesbaden: Vieweg + Teubner. ISBN: 978-3-8348-0349-8.

[BRÄ09] BRÄUNLING, W. J. G. 2009. *Flugzeugtriebwerke: Grundlagen, Aero-Thermodynamik, ideale und reale Kreisprozesse, Thermische Turbomaschinen, Komponenten, Emissionen und Systeme*. 3., vollst. überarb. u. erw. Aufl., Berlin, Heidelberg: Springer-Verlag. ISBN: 978-3-540-76368-0. DOI: 10.1007/978-3-540-76370-3.

[BRE08] BRECHER, C.; ESSER, M. & WITT, S. 2008. Stabil Drehen und Fräsen: Erfolge und Problemstellungen der Stabilitätssimulation. *wt Werkstattstechnik online*, **98**(0), S. 31–38.

[BRE12] BRECHER, C., Hrsg. 2012. *Effizienzsteigerung von Werkzeugmaschinen durch Optimierung der Technologien zum Komponentenbetrieb - EWOTeK*. 1. Aufl., Aachen: Apprimus Verlag. ISBN: 978-3-86359-088-8.

[BRO05] BROCKMANN, W.; GEISS, P. L.; KLINGEN, J. & SCHRÖDER, B. 2005. *Klebtechnik: Klebstoffe, Anwendungen und Verfahren*. Weinheim: WILEY-VCH Verlag Gmbh & Co. KGaA. ISBN: 9783527310913.

[BÜL18] BÜLTMANN, J.; HOF, J. & PRAHL, U. 2018. Wärmebehandlung von Stählen. In: BLECK, W. & MOELLER, E., Hrsg. *Handbuch Stahl*. München: Carl Hanser Verlag, S. 272–343. ISBN: 978-3-446-44961-9.

[CHA09] CHAUVIN ARNOUX GROUP. 2009. *Bedienungsanleitung Leistungs- und Oberschwingungsanalysator C.A 8335 (Qualistar+)*.

[CHE07] Chen, M. & Knospe, C. R. 2007. Control Approaches to the Suppression of Machining Chatter Using Active Magnetic Bearings. *IEEE Transactions on Control Systems Technology*, **15**(2), S. 220–232.

[COH88] Cohen, J. 1988. *Statistical Power Analysis for the Behavioral Sciences*. 2nd ed., Hillsdale, NJ: Lawrence Erlbaum Associates. ISBN: 0-8058-0283-5.

[CRI06] Critchlow, G. W.; Yendall, K. A.; Bahrani, D.; Quinn, A. & Andrews, F. 2006. Strategies for the replacement of chromic acid anodising for the structural bonding of aluminium alloys. *International Journal of Adhesion and Adhesives*, **26**(6), S. 419–453. ISSN: 01437496. DOI: 10.1016/j.ijadhadh.2005.07.001.

[DAN13] Dankert, J. & Dankert, H. 2013. *Technische Mechanik: Statik, Festigkeitslehre, Kinematik/Kinetik*. 7. überarbeitete Auflage, Wiesbaden: Springer Vieweg. ISBN: 978-3-8348-1809-6.

[DEG15] Degner, W.; Lutze, H. & Smejkal, E. 2015. *Spanende Formung: Theorie, Berechnung, Richtwerte*. 17. aktualisierte Auflage, München: Carl Hanser Verlag. ISBN: 978-3-446-44544-4.

[DEN08] Denkena, B. & Sellmeier, V. 2008. Prozessstabilität ungleich geteilter Werkzeuge. *Begleitband zum Seminar »Werkzeuge für die Zerspanung: Entwicklung, Prozesskette, Einsatz«, Hannover 13. Februar 2008*, (0).

[DEN11] Denkena, B. & Tönshoff, H. K. 2011. *Spanen: Grundlagen*. 3. bearbeitete und erweiterte Auflage, Berlin: Springer Berlin. ISBN: 978-3-642-19771-0.

[DEN12] Denkena, B. 2012. (Energie-)effiziente Produktion ist realisierbar: Stand und zukünftige Entwicklungen bei Werkzeugmaschinen. *Begleitband zum mav Innovationsforum*, **2012**(0).

[DIA12] Diaz, N.; Ninomiya, K.; Noble, J. & Dornfeld, D. 2012. Environmental impact characterization of milling and implications for potential energy savings in industry. *Procedia CIRP*, **1**(0), S. 518–523. ISSN: 22128271. DOI: 10.1016/j.procir.2012.04.092.

[DIE16] Dietrich, J. 2016. *Praxis der Zerspantechnik: Verfahren, Werkzeuge, Berechnung*. Wiesbaden und Dresden: Springer Vieweg. ISBN: 978-3-658-14052-6.

[DIN03a] DIN Deutsches Institut für Normung e.V. 2003. DIN 8589-0: *Fertigungsverfahren Spanen: Teil 0: Allgemeines. Einordnung, Unterteilung, Begriffe*. Berlin: Beuth Verlag, 9/2003.

[DIN03b] DIN Deutsches Institut für Normung e.V. 2003. DIN 8589-3: *Fertigungsverfahren Spanen: Teil 3: Fräsen - Einordnung, Unterteilung, Begriffe*. Berlin: Beuth Verlag, 9/2003.

[DIN03c] DIN Deutsches Institut für Normung e.V. 2003. DIN 8580: *Fertigungsverfahren: Begriffe, Einteilung*. Berlin: Beuth Verlag, 9/2003.

[DIN09] DIN Deutsches Institut für Normung e.V. 2009. DIN EN 1465: *Klebstoffe - Bestimmung der Zugscherfestigkeit von Überlappungsklebungen: Deutsche Fassung EN 1465:2009*. Berlin: Beuth Verlag GmbH, 7/2009.

[DIN12a] DIN Deutsches Institut für Normung e.V. 2012. DIN EN ISO 25178-2: *Geometrische Produktspezifikation (GPS) - Oberflächenbeschaffenheit: Flächenhaft - Teil 2: Begriffe und Oberflächen-Kenngrößen (ISO 25178-2:2012); Deutsche Fassung EN ISO 25178-2:2012*. Berlin: Beuth Verlag GmbH, 9/2012.

[DIN12b] DIN Deutsches Institut für Normung e.V. 2012. DIN EN ISO 25178-3: *Geometrische Produktspezifikation (GPS) - Oberflächenbeschaffenheit: Flächenhaft - Teil 3: Spezifikationsoperatoren (ISO 25178-3:2012); Deutsche Fassung EN ISO 25178-3:2012*. Berlin: Beuth Verlag GmbH, 11/2012.

[DIN12c] DIN Deutsches Institut für Normung e.V. 2012. DIN EN ISO 527-1: *Kunststoffe - Bestimmung der Zugeigenschaften: Teil 1: Allgemeine Grundsätze*. Berlin: Beuth Verlag GmbH, 6/2012.

[DIN14] DIN Deutsches Institut für Normung e.V. 2014. DIN EN ISO 16610-71: *Geometrische Produktspezifikationen (GPS) - Filterung: Teil 71: Robuste Flächenfilter: Gaußsche Regressionsfilter (ISO 16610-71:2014); Deutsche Fassung EN ISO 16610-71:2014*. Berlin: Beuth Verlag GmbH, 12/2014.

[DIN81] DIN Deutsches Institut für Normung e.V. 1981. DIN 6583: *Begriffe der Zerspantechnik: Standbegriffe*. Berlin: Beuth Verlag, 9/1981.

[DIN83] DIN Deutsches Institut für Normung e.V. 1983. DIN 66 025-1: *Programmaufbau für numerisch gesteuerte Arbeitsmaschinen: Allgemeines*. Berlin: Beuth Verlag GmbH, 1/1983.

[DIN85a] DIN Deutsches Institut für Normung e.V. 1985. DIN 6580: *Begriffe der Zerspantechnik: Bewegungen und Geometrie des Zerspanvorganges*. Berlin: Beuth Verlag, 10/1985.

[DIN85b] DIN Deutsches Institut für Normung e.V. 1985. DIN 6581: *Begriffe der Zerspantechnik: Bezugssysteme und Winkel am Schneidteil des Werkzeuges*. Berlin: Beuth Verlag, 10/1985.

[DIN88] DIN DEUTSCHES INSTITUT FÜR NORMUNG E.V. 1988. DIN 66 025-2: *Programmaufbau für numerisch gesteuerte Arbeitsmaschinen: Wegbedingungen und Zusatzfunktionen*. Berlin: Beuth Verlag GmbH, 9/1988.

[DIN98a] DIN DEUTSCHES INSTITUT FÜR NORMUNG E.V. 1998. DIN EN ISO 14129: *Faserverstärkte Kunststoffe: Zugversuch an 45°-Laminaten zur Bestimmung der Schubspannungs/Schubverformungs-Kurve des Schubmoduls in der Lagenebene*. Berlin: Beuth Verlag GmbH, 2/1998.

[DIN98b] DIN DEUTSCHES INSTITUT FÜR NORMUNG E.V. 1998. DIN EN ISO 13565-2: *Geometrische Produktspezifikationen (GPS) - Oberflächenbeschaffenheit: Tastschnittverfahren: Oberflächen mit plateauartigen funktionsrelevanten Eigenschaften; Teil 2: Beschreibung der Höhe mittels linearer Darstellung der Materialanteilkurve (ISO 13565-2 : 1996) Deutsche Fassung EN ISO 13565-2 : 1997*. Berlin: Beuth Verlag, 4/1998.

[DRE16] DRESIG, H. & HOLZWEISSIG, F. 2016. *Maschinendynamik*. 12. aktualisierte Auflage, Berlin und Heidelberg: Springer-Verlag. ISBN: 978-3-662-52712-2. DOI: 10.1007/978-3-662-52713-9.

[DÜR16] DÜRR, H.; PILZ, R.; HERRBACH, S. & SELIGA, E. 2016. Trennen. In: AWISZUS, B.; BAST, J.; DÜRR, H. & MAYR, P., Hrsg. *Grundlagen der Fertigungstechnik*. München: Fachbuchverlag Leipzig im Carl Hanser Verlag, S. 123–210. ISBN: 978-3-446-44779-0.

[EBE10] EBEL, N. 2010. Methoden des operativen Managements. In: KRAUS, O. E., Hrsg. *Managementwissen für Naturwissenschaftler und Ingenieure*. Berlin, Heidelberg: Springer-Verlag, S. 137–168. ISBN: 978-3-540-69244-7.

[EHR06] EHRENSTEIN, G. W. 2006. *Faserverbund-Kunststoffe: Werkstoffe, Verarbeitung, Eigenschaften*. 2. völlig überarbeitete Auflage, München, Wien: Carl Hanser Verlag. ISBN: 978-3-446-22716-3.

[EIF19] EIFLER, M. 22.05.2019. *Tendenzen und Herausforderungen in der geometrischen Produktspezifikation am Beispiel der Rauheitsmesstechnik*. Kaiserslautern, Technische Universität Kaiserslautern, Habilitation. Lehrstuhl für Messtechnik und Sensorik.

[ELL15] ELLERT, F. 2015. *Eine Instandsetzungssystematik für Bauteile aus Kohlenstofffaserverbundwerkstoff*. Bayreuth, Universität Bayreuth, Dissertation. Lehrstuhl Umweltgerechte Produktionstechnik.

[EN 10] DIN DEUTSCHES INSTITUT FÜR NORMUNG E.V. 2010. EN ISO, D. 4287: *Geometrische Produktspezifikation (GPS) - Oberflächenbeschaffenheit: Tastschnittverfahren - Benennungen, Definitionen und Kenngrößen der Oberflächenbeschaffenheit (ISO 4287:1997 + Cor 1:1998 + Cor 2:2005 + Amd 1:2009); Deutsche Fassung EN ISO 4287:1998 + AC:2008 + A1:2009*. Berlin: Beuth Verlag GmbH, 7/2010.

[EN03] DIN DEUTSCHES INSTITUT FÜR NORMUNG E.V. 2003. EN, D. 13887: *Strukturklebstoffe: Leitlinien für die Oberflächenvorbehandlung von Metallen und Kunststoffen vor dem Kleben*. Berlin: Beuth Verlag GmbH, 11/2003.

[ESS06] ESSEL, K.; FLECK, R.; KLOCKE, F.; FRITSCH, R.; LUNG, D. & SIEBEL, H. 2006. Teil 2: Forschungsschwerpunkte am WZL: Zerspanforschung (ab 1906). In: EVERSHEIM, W.; PFEIFER, T. & WECK, M., Hrsg. *100 Jahre Produktionstechnik*. Berlin, Heidelberg: Springer-Verlag, S. 183–211. ISBN: 978-3-540-33315-9.

[EU03] EUROPÄISCHE UNION. 2003. EU ABl 2003 L 124/36. 2003/361/EG: *EMPFEHLUNG DER KOMMISSION vom 6. Mai 2003 betreffend die Definition der Kleinstunternehmen sowie der kleinen und mittleren Unternehmen. (Bekannt gegeben unter Aktenzeichen K(2003) 1422). (Text von Bedeutung für den EWR)*. Amtsblatt der Europäischen Union, 5/2003.

[FLE08] FLEISCHER, J.; PABST, R. & BECKE, C. 2008. *Dämpfend fixierte Wendeschneidplatte verbessert Standzeit beim Fräsen*.
Verfügbar: http://www.maschinenmarkt.vogel.de/daempfend-fixierte-wendeschneidplatte-verbessert-standzeit-beim-fraesen-a-140915/. Zugriff: 26.7.2017.

[FLO16] FLORE, J. 2016. *Optimierung der Genauigkeit fünfachsiger Werkzeugmaschinen*. Aachen, Rheinisch-Westfälischen Technische Hochschule Aachen, Dissertation. Fakultät für Maschinenwesen.

[FRE11] FREUDENBERG, C. 2011. Textile Faserstoffe. In: CHERIF, C., Hrsg. *Textile Werkstoffe für den Leichtbau*. Berlin [u.a.]: Springer-Verlag Berlin Heidelberg, S. 39–109. ISBN: 978-3-642-17991-4.

[FRE18] FREIBERGER, S. & ROSEMANN, B. 2018. CNC-Produktion. In: RIEG, F. & STEINHILPER, R., Hrsg. *Handbuch Konstruktion*. München: Carl Hanser Verlag, S. 963–973. ISBN: 978-3-446-45224-4.

[FRI15] FRITZ, A. H.; FÖRSTER, R.; HOFFMEISTER, W.; KÜHN, K.-D. & SCHULZE, G. 2015. Trennen. In: FRITZ, A. H. & SCHULZE, G., Hrsg. *Fertigungstechnik*. Berlin: Springer Vieweg, S. 273–428. ISBN: 978-3-662-46554-7.

[GAR14] Garant. 2014. *Garant ToolScout - Zerspanungshandbuch*. München: Hoffmann Group. ISBN: 3-00-016882-6.

[GEB18] Gebhardt, C. 2018. *Praxisbuch FEM mit ANSYS Workbench: Einführung in die lineare und nichtlineare Mechanik*. 3. aktualisierte Auflage, München: Carl Hanser Verlag. ISBN: 978-3-446-45001-1. DOI: 10.3139/9783446457409.

[GER12] Gerlitzky, M. 2012. Carbon/Kohlefaserträgerkörper für CBN- und Diamantschleifscheiben - Innovationstreiber oder technische Spielerei. In: WB Werkstatt + Betrieb, Hrsg. *Schleiftagung: Rund-/Unrundschleifen - Verfahren, neueste Entwicklungen, Ergebnisse. Fellbach bei Stuttgart, 08. - 09.02.2012*. München: Carl Hanser Verlag.

[GLE04] Gleich, H. 2004. *Zusammenhang zwischen Oberflächenenergie und Adhäsionsvermögen von Polymerwerkstoffen am Beispiel von PP und PBT und deren Beeinflussung durch die Niederdruck-Plasmatechnologie*. Duisburg-Essen, Universität Duisburg-Essen, Dissertation. Abteilung Maschinenbau.

[GLE16] Gleich, H.; Hartwig, A. & Lohse, H. 2016. Warum das Vorbehandeln so wichtig ist. *adhäsion KLEBEN & DICHTEN*, **60**(9), S. 34–39. DOI: 10.1007/s35145-016-0046-7.

[GRI94] Grimes, R. G.; Lewis, J. G. & Simon, H. D. 1994. A Shifted Block Lanczos Algorithm for Solving Sparse Symmetric Generalized Eigenproblems. *SIAM Journal on Matrix Analysis and Applications*, **15**(1), S. 228–272. DOI: 10.1137/S0895479888151111.

[GRO01a] Grode, H.-P. 2001. Qualitätsmanagement, Statistik und Messtechnik. In: DIN Deutsches Institut für Normung e.V., Hrsg. *Klein - Einführung in die DIN-Normen*. Stuttgart, Leipzig, Wiesbaden: B. G. Teubner, S. 315–337. ISBN: 3-519-26301-7.

[GRO01b] Grode, H.-P. 2001. Toleranzen und Passungen. In: DIN Deutsches Institut für Normung e.V., Hrsg. *Klein - Einführung in die DIN-Normen*. Stuttgart, Leipzig, Wiesbaden: B. G. Teubner, S. 275–299. ISBN: 3-519-26301-7.

[GRO17] Gross, D.; Hauger, W.; Schröder, J. & Wall, W. A. 2017. *Technische Mechanik 2: Elastostatik*. 13. aktualisierte Auflage, Berlin: Springer Vieweg. ISBN: 978-3-662-53678-0. DOI: 10.1007/978-3-662-53679-7.

[GRO18] Gross, D.; Hauger, W. & Wriggers, P. 2018. *Technische Mechanik 4: Hydromechanik, Elemente der höheren Mechanik, numerische Methoden*. 10. verbesserte und ergänzte Auflage, Berlin: Springer Vieweg. ISBN: 978-3-662-55693-1. DOI: 10.1007/978-3-662-55694-8.

[GUT12] Gutmayr, J. 2012. *Fundamentale Entscheidung: Maschinengestelle*.
Verfügbar: http://www.fertigung.de/2012/04/fundamentale-entscheidung/. Zugriff: 16.12.2016.

[GUY65] GUYAN, R. J. 1965. Reduction of Stiffness and Mass Matrices. *AIAA Journal*, **3**(2), S. 380. ISSN: 0001-1452. DOI: 10.2514/3.2874.

[HAA13] Haag, H. 2013. *Eine Methodik zur modellbasierten Planung und Bewertung der Energieeffizienz in der Produktion*. Stuttgart, Universität Stuttgart, Dissertation. Institut für Industrielle Fertigung und Fabrikbetrieb.

[HAB09] Habenicht, G. 2009. *Kleben: Grundlagen, Technologien, Anwendungen*. 6. aktualisierte Auflage, Berlin, Heidelberg: Springer-Verlag. ISBN: 978-3-540-85264-3.

[HAB16] Habenicht, G. 2016. *Kleben - erfolgreich und fehlerfrei: Handwerk, Praktiker, Ausbildung, Industrie*. 7. überarbeitete und aktualisierte Auflage, Wiesbaden: Springer Vieweg. ISBN: 978-3-658-14695-5.

[HÄD15] Häder, M. 2015. *Empirische Sozialforschung: Eine Einführung*. 3. Auflage, Wiesbaden: Springer VS. ISBN: 978-3-531-19674-9. DOI: 10.1007/978-3-531-19675-6.

[HAI12] Hainbuch GmbH. 2012. Formel 1 unter den Drehfuttern. *Industrieanzeiger*, (20), S. 36–37.

[HAN83] Hann, V. 1983. *Kinetik des Schaftfräsens: Auswirkungen auf die Fertigungsgenauigkeit*. Aachen, TH Aachen, Dissertation. Fakultät für Maschinenwesen.

[HAN92] Hanselka, H. 1992. *Ein Beitrag zur Charakterisierung des Dämpfungsverhaltens polymerer Faserverbundwerkstoffe*. Clausthal, Technische Universität Clausthal, Dissertation. Fakultät für Bergbau, Hüttenwesen und Maschinenwesen.

[HAR15] Haruhiko Niitani. »Boring Tool«. US 8,961,080 B2. 2015.

[HAU14] Haugk, B. 2014. *Beitrag zur Bewertung des Einsatzes von Faser-Verbund-Kunststoffen im Werkzeugmaschinenbau*. München, Technische Universität München, Dissertation. Fakultät für Maschinenwesen.

[HAV16] Haverkamp, A. 2016. SPIKE® - Serienprozessoptimierung bei Automobilkonzernen. *Werkzeug Technik*, (152), S. 102.

[HEC10] HECKMANN, L. 2010. *Systematische Analyse der Schneidkantenarchitektur mit Hilfe der Finite-Elemente-Methode*. Kassel, Universität Kassel, Dissertation. Maschinenbau.

[HEI11] HEISEL, U. & SCHETTER, S. 2011. *CFK-Schaft erweitert Anwendungsbereich großer Zerspanwerkzeuge*.
Verfügbar: http://www.maschinenmarkt.vogel.de/cfk-schaft-erweitert-anwendungsbereich-grosserzerspanwerkzeuge-a-343279/index3.html. Zugriff: 27.2.2017.

[HEI14] HEISEL, U. & STEHLE, T. 2014. Bedeutung der Zerspantechnik. In: HEISEL, U.; KLOCKE, F.; UHLMANN, E. & SPUR, G., Hrsg. *Handbuch Spanen*. München: Carl Hanser Verlag, S. 10–19. ISBN: 978-3-446-42826-3.

[HEL10] HELLERICH, W.; HARSCH, G. & HAENLE, S. 2010. *Werkstoff-Führer Kunststoffe: Eigenschaften, Prüfungen, Kennwerte*. 10. Auflage, München: Carl Hanser Verlag. ISBN: 978-3-446-42436-4.

[HEN11a] HENNING, F. 2011. Faserverstärkte Kunststoffe. In: HENNING, F. & MOELLER, E., Hrsg. *Handbuch Leichtbau*. München, Wien: Carl Hanser Verlag, S. 337–392. ISBN: 978-3-446-42267-4.

[HEN11b] HENNING, F. 2011. Verarbeitung faserverstärkter Kunststoffe. In: HENNING, F. & MOELLER, E., Hrsg. *Handbuch Leichtbau*. München, Wien: Carl Hanser Verlag, S. 603–668. ISBN: 978-3-446-42267-4.

[HIR16] HIRSCH, A. 2016. *Werkzeugmaschinen: Anforderungen, Auslegung, Ausführungsbeispiele*. Wiesbaden: Springer Fachmedien Wiesbaden. ISBN: 978-3-658-14248-3.

[HOF15] HOFFMANN, J. 2015. *Taschenbuch der Messtechnik: Mit 64 Tabellen*. 7. aktualisierte Auflage, München: Carl Hanser Verlag. ISBN: 978-3-446-44271-9.

[HOM17] HOMBURG, C. 2017. *Marketingmanagement: Strategie - Instrumente - Umsetzung - Unternehmensführung*. 6. überarbeitete und erweiterte Auflage, Wiesbaden: Springer Gabler. ISBN: 978-3-658-13655-0. DOI: 10.1007/978-3-658-13656-7.

[HÖR02] HÖRMANN, M. 2002. *Nichtlineare Versagensanalyse von Faserverbundstrukturen*. Stuttgart, Universität Stuttgart, Dissertation. Institut für Baustatik.

[ISO04] ISO INTERNATIONALE ORGANISATION FÜR NORMUNG. 2004. ISO 14649-10: *ISO 14649-10: Industrial automation systems and integration - Physical device control - Data model for computerized numerical controllers -: Part 10: General process data*. 12/2004.

[ISO10] DIN DEUTSCHES INSTITUT FÜR NORMUNG E.V. 2010. ISO, D. E. 527-5: *Kunststoffe - Bestimmung der Zugeigenschaften: Teil 5: Prüfbedingungen für unidirektional faserverstärkte Kunststoffverbundwerkstoffe*. Berlin: Beuth Verlag GmbH, 1/2010.

[ISO95] DIN DEUTSCHES INSTITUT FÜR NORMUNG E.V. 1995. ISO, D. E. 10365: *Klebstoffe - Bezeichnung der wichtigsten Bruchbilder: (ISO 10365 : 1992) Deutsche Fassung EN ISO 10365 : 1995*. Berlin: Beuth Verlag GmbH, 8/1995.

[ISO97] DIN DEUTSCHES INSTITUT FÜR NORMUNG E.V. 1997. ISO, D. E. 527-4: *Kunststoffe - Bestimmung der Zugeigenschaften: Teil 4: Prüfbedingungen für isotrop und anisotrop faserverstärkte Kunststoffverbundwerkstoffe*. Berlin: Beuth Verlag GmbH, 7/1997.

[JAK19] JAKOBY, W. 2019. *Intensivtraining Projektmanagement: Ein praxisnahes Übungsbuch für den gezielten Kompetenzaufbau*. 2. aktualisierte und erweiterte Auflage, Wiesbaden: Springer Vieweg. ISBN: 978-3-658-23320-4. DOI: 10.1007/978-3-658-23321-1.

[JIA07] JIANG, X.; SCOTT, P.; WHITEHOUSE, D. & BLUNT, L. 2007. Paradigm Shifts in Surface Metrology. Part II. The Current Shift. *Proceedings of the Royal Society A: Mathematical, Physical and Engineering Sciences*, **463**(2085), S. 2071–2099. DOI: 10.1098/rspa.2007.1873.

[JIS10] JAPANESE LNDUSTRIAL STANDARDS COMMITTEE. 2010. JIS 0024-1: *Japanese lndustrial Standard TS B 0024-1 2010: Machine tools - Test methods for electric power consumption: Part 1: Machining centers*. Tokyo: 3/2010.

[JIV08] JIVISHOV, V. 2008. *Mikrogeometrische Einflüsse beim Weich- und Hartspanen*. Garbsen: PZH, Produktionstechnisches Zentrum. ISBN: 978-3939026914.

[JÜR17] JÜRGENS, M. 2017. *Grenzflächenphänomene metallisch z-verstärkter Kohlenstofffaserverbundverbindungen*. München, Technische Universität München, Dissertation. Lehrstuhl für Carbon Composites.

[KAL05] KALVERAM, M. 2005. *Analyse und Vorhersage der Prozessdynamik und Prozessstabilität beim Hochgeschwindigkeitsfräsen*. Dortmund, Universität Dortmund, Dissertation. Fakultät Maschinenbau.

[KAL12] KALWEIT, A.; PAUL, C.; PETERS, S. & WALLBAUM, R. 2012. Kunststoffe. In: KALWEIT, A.; PAUL, C.; PETERS, S. & WALLBAUM, R., Hrsg. *Handbuch für Technisches Produktdesign*. Berlin, Heidelberg: Springer-Verlag, S. 75–129. ISBN: 978-3-642-02641-6.

[KAM10] Kamiske, G. F., Hrsg. 2010. *TRIZ: Innovation mit System*. 1. Auflage, München: Carl Hanser Verlag. ISBN: 978-3-446-42333-6. DOI: 10.3139/9783446426290.

[KAM14] Kammermeier, D. 2014. Werkzeuge. In: Heisel, U.; Klocke, F.; Uhlmann, E. & Spur, G., Hrsg. *Handbuch Spanen*. München: Carl Hanser Verlag, S. 416–434. ISBN: 978-3-446-42826-3.

[KAR14] Karger-Kocsis, J. 2014. Werkstoffe. In: Neitzel, M., Hrsg. *Handbuch Verbundwerkstoffe*. München: Carl Hanser Verlag, S. 31–93. ISBN: 978-3-446-43696-1.

[KAU11] Kaufeld, M. 2011. Eine Möglichkeit des Maschinenvergleichs: Energieeffizienz-Kennziffer für Maschinensysteme. *WB Werkstatt + Betrieb*, **2011**(12), S. 60–64.

[KEY18] KEYENCE CORPORATION. 2018. *3D-Profilometer (VR-5000/VR-5200, VR-5000/VR-5100): Benutzerhandbuch*. Higashi-Nakajima, Higashi-Yodogawa-ku, Osaka (Japan).

[KIE52] Kienzle, O. 1952. Bestimmung von Kräften an Werkzeugmaschinen. *VDI-Z*, (94), S. 299–305.

[KIE57] Kienzle, O. & Victor, H. 1957. Spezifische Schnittkräfte bei der Metallbearbeitung. *Werkstofftechnik und Maschinenbau*, **47**(5), S. 224–225.

[KIM06] Kim, N. H.; Won, D. & Ziegert, J. C. 2006. Numerical analysis and parameter study of a mechanical damper for use in long slender endmills. *International Journal of Machine Tools and Manufacture*, **46**(5), S. 500–507. ISSN: 08906955. DOI: 10.1016/j.ijmachtools.2005.07.004.

[KLE14] Klein, B. 2014. *TRIZ/TIPS - Methodik des erfinderischen Problemlösens*. Berlin, München, Boston: Werner de Gruyter GmbH. ISBN: 978-3-486-77846-5.

[KLE15] Klein, B. 2015. *FEM: Grundlagen und Anwendungen der Finite-Element-Methode im Maschinen- und Fahrzeugbau*. 10. verbesserte Auflage, Wiesbaden: Springer Vieweg. ISBN: 978-3-658-06053-4. DOI: 10.1007/978-3-658-06054-1.

[KLE16] Kleppmann, W. 2016. *Versuchsplanung: Produkte und Prozesse optimieren*. 9. überarbeitete Auflage, München und Wien: Carl Hanser Verlag. ISBN: 978-3-446-44716-5.

[KLI14] Klinger, J. 2014. *Leichtbau für Maschinen: CFK macht der Werkzeugmaschine Beine*. Verfügbar: http://www.maschinenmarkt.vogel.de/cfk-macht-der-werkzeugmaschine-beine-a-443293/. Zugriff: 28.8.2018.

[KLI19] Klingen, J. 2019. *Fügetechnologie Kleben: Eine Anleitung für den zeitgemäßen und sicheren Klebeprozess in Industrie und Handwerk*. Weinheim: WILEY-VCH Verlag Gmbh & Co. KGaA. ISBN: 9783527344925.

[KLO08] Klocke, F. & König, W. 2008. *Fertigungsverfahren 1: Drehen, Frasen, Bohren*. 8. Auflage, Berlin, Heidelberg, New York: Springer-Verlag. ISBN: 978-3-540-23458-6.

[KLO14] Klocke, F. & Arft, M. 2014. Mechanische und thermische Beanspruchung des Schneidteils. In: Heisel, U.; Klocke, F.; Uhlmann, E. & Spur, G., Hrsg. *Handbuch Spanen*. München: Carl Hanser Verlag, ISBN: 978-3-446-42826-3.

[KLÖ14] Klöckner, J. & Friedrichs, J. 2014. Gesamtgestaltung des Fragebogens. In: Baur, N. & Blasius, J., Hrsg. *Handbuch Methoden der empirischen Sozialforschung*. Wiesbaden: Springer VS, S. 675–685. ISBN: 978-3-531-17809-7.

[KLO18] Klocke, F. 2018. *Fertigungsverfahren 1: Zerspanung mit geometrisch bestimmter Schneide*. 9. Auflage, Berlin: Springer Vieweg. ISBN: 978-3-662-54206-4. DOI: 10.1007/978-3-662-54207-1.

[KNO17] Knothe, K. & Wessels, H. 2017. *Finite Elemente: Eine Einführung für Ingenieure*. 5. Auflage, Berlin: Springer Vieweg. ISBN: 978-3-662-49351-9.

[KOE17] Koether, R. & Sauer, A. 2017. *Fertigungstechnik für Wirtschaftsingenieure*. 5. überarbeitete und erweiterte Auflage, München: Carl Hanser Verlag. ISBN: 978-3-446-44831-5.

[KOK10] Kokavecz, J. 2010. Modalanalyse. In: Möser, M., Hrsg. *Messtechnik der Akustik*. Berlin, Heidelberg: Springer-Verlag, S. 499–535. ISBN: 978-3-540-68086-4.

[KOL17] Koltze, K. & Souchkov, V. 2017. *Systematische Innovation: TRIZ-Anwendung in der Produkt- und Prozessentwicklung*. 2. überarbeitete Auflage, München: Carl Hanser Verlag. ISBN: 978-3-446-45127-8. DOI: 10.3139/9783446452572.

[KOL84] Kollmann, F. G. 1984. *Welle-Nabe-Verbindungen: Gestaltung, Auslegung, Auswahl*. Berlin, Heidelberg: Springer-Verlag. ISBN: 978-3-540-12215-9. DOI: 10.1007/978-3-642-61727-0.

[KOM06] Kompe, C. 2006. Teil 1: Die Geschichte des WZL von 1906 bis 2006: Die erste Generation im WZL: Adolf Wallichs (1906-1936). In: Eversheim, W.; Pfeifer, T. & Weck, M., Hrsg. *100 Jahre Produktionstechnik*. Berlin, Heidelberg: Springer-Verlag, S. 4–35. ISBN: 978-3-540-33315-9.

[KÖN19] Königsreuther, P. 2019. *Faserverbund-Leichtbau für Werkzeuge und Antriebe: CFK-Leichtbau auf der EMO Hannover 2019*.

Verfügbar: https://www.maschinenmarkt.vogel.de/faserverbund-leichtbau-fuer-werkzeuge-und-antriebe-a-854589/?cmp=nl-159&uuid=17B9A783-EE0A-4651-88904429C1E94D50. Zugriff: 5.8.2020.

[KÖN73] KÖNIG, W. & ESSEL, K. 1973. *Spezifische Schnittkraftwerte für die Zerspanung metallischer Werkstoffe*. Düsseldorf: Verlag Stahleisen m.b.H. ISBN: 3-514-00129-4.

[KRA18] KRAUSE, D.; SCHWENKE, J.; GUMPINGER, T. & PLAUMANN, B. 2018. Leichtbau. In: RIEG, F. & STEINHILPER, R., Hrsg. *Handbuch Konstruktion*. München: Carl Hanser Verlag, S. 485–507. ISBN: 978-3-446-45224-4.

[KRO11] KROLL, L.; BLAU, P.; WABNER, M.; FRIESS, U.; EULITZ, J. & KLÄRNER, M. 2011. Lightweight components for energy-efficient machine tools. *CIRP Journal of Manufacturing Science and Technology*, **4**(2), S. 148–160. ISSN: 17555817. DOI: 10.1016/j.cirpj.2011.04.002.

[KUH11] KUHRKE, B. 2011. *Methode zur Energie- und Medienbedarfsbewertung spanender Werkzeugmaschinen*. Darmstadt, Technische Universität Darmstadt, Dissertation. Fachbereich Maschinenbau.

[KÜH18a] KÜHN, K.-D. 2018. Einteilung der Fertigungsverfahren. In: FRITZ, A. H., Hrsg. *Fertigungstechnik*. Berlin: Springer Vieweg, S. 1–6. ISBN: 978-3-662-56534-6.

[KÜH18b] KÜHN, K.-D.; FRITZ, A. H.; FÖRSTER, R. & HOFFMEISTER, H.-W. 2018. Trennen. In: FRITZ, A. H., Hrsg. *Fertigungstechnik*. Berlin: Springer Vieweg, S. 225–378. ISBN: 978-3-662-56534-6.

[KUS93] KUSTER, F. 1993. *Bohrstangendynamik: Faserverstärkte Materialien und Beschichtungen im Vergleich zu Hilfsmassensystemen*. Zürich, Eidgenössischen Technischen Hochschule Zürich, Dissertation.

[KUSS18] KUSS, A.; WILDNER, R. & KREIS, H. 2018. *Marktforschung: Datenerhebung und Datenanalyse*. 6. überarbeitete und erweiterte Auflage, Wiesbaden: Springer Gabler. ISBN: 978-3-658-20565-2. DOI: 10.1007/978-3-658-20566-9.

[LAN08] LANG, J.; HANSMAIER, H. & BRINDASU, P. D. 2008. Polymerbeton sorgt für Ruhe: Reduzierung der Vibrationsneigung Lang auskragender Bohrstangen. *WB Werkstatt + Betrieb*, (11), S. 44–48.

[LAN50] LANCZOS, C. 1950. An Iteration Method for the Solution of the Eigenvalue Problem of Linear Differential and Integral Operators. *Journal of Research of the National Bureau of Standards*, **45**(4), S. 255–282.

[LEA13] LEACH, R. 2013. Introduction to Surface Topography. In: LEACH, R., Hrsg. *Characterisation of Areal Surface Texture*. Berlin und Heidelberg: Springer-Verlag, S. 1–14. ISBN: 978-3-642-36457-0.

[LEE19] LEE, H.-H. 2019. *Finite Element Simulations with ANSYS Workbench 2019*. Mission, KS, USA: SDC Publications. ISBN: 978-1-63057-299-0.

[LEN15] LENGSFELD, H.; WOLFF-FABRIS, F.; KRÄMER, J.; LACALLE, J. & ALTSTÄDT, V. 2015. *Faserverbundwerkstoffe: Prepregs und ihre Verarbeitung*. München: Carl Hanser Verlag. ISBN: 978-3-446-43300-7.

[LIN09] LINDEMANN, U. 2009. *Methodische Entwicklung technischer Produkte: Methoden flexibel und situationsgerecht anwenden*. 3. korrigierte Auflage, Berlin, Heidelberg: Springer-Verlag. ISBN: 978-3-642-01422-2. DOI: 10.1007/978-3-642-01423-9.

[LIN14] LINKE-DIESINGER, A. 2014. *Systeme von Turbofan-Triebwerken: Funktionen der Triebwerkssysteme von Verkehrsflugzeugen*. Berlin, Heidelberg: Springer Vieweg. ISBN: 978-3-662-44569-3.

[LIN17] LINKE, P. & WEIDERMANN, F. 2017. Einführung in die Konstruktionsmethodik. In: BÖGE, A. & BÖGE, W., Hrsg. *Handbuch Maschinenbau*. Wiesbaden: Springer Vieweg, S. 715–735. ISBN: 978-3-658-12528-8.

[LOR12] LORENZEN, L.-E. 2012. *Entwicklung einer Methode zur gentelligenten Arbeitsplanung*. Hannover, Universität Hannover, Dissertation. Institut für Fertigungstechnik und Werkzeugmaschinen.

[LUF16] LUFT, T.; LE CARDINAL, J. & WARTZACK, S. 2016. Methoden der Entscheidungs findung. In: LINDEMANN, U., Hrsg. *Handbuch Produktentwicklung*. München: Carl Hanser Verlag, S. 759–803. ISBN: 978-3-446-44518-5.

[MAG16] MAGERHANS, A. 2016. *Marktforschung: Eine praxisorientierte Einführung*. Wiesbaden: Springer Gabler. ISBN: 978-3-658-00890-1. DOI: 10.1007/978-3-658-00891-8.

[MAT11] MATHIA, T. G.; PAWLUS, P. & WIECZOROWSKI, M. 2011. Recent trends in surface metrology. *Wear*, **271**(3-4), S. 494–508. ISSN: 00431648. DOI: 10.1016/j.wear.2010.06.001.

[MEI02] MEIER, R. »Wabendichtung«. DE 102 59 963 A1. 20.12.2002.

[MEI09] MEI, D.; KONG, T.; SHIH, A. J. & CHEN, Z. 2009. Magnetorheological fluid-controlled boring bar for chatter suppression. *Journal of Materials Processing Technology*, **209**(4), S. 1861–1870. ISSN: 09240136. DOI: 10.1016/j.jmatprotec.2008.04.037.

[MES95] MESCHKE, J. 1995. *Verbesserung des dynamischen Verhaltens von Werkzeugmaschinen durch Erhöhung der Systemdämpfung*. Braunschweig, Technische Universität Braunschweig, Dissertation.

[MIL13] MILDNER, C. 2013. *Numerische und experimentelle Untersuchungen des Crashverhaltens von FVK-verstärkten Metallstrukturbauteilen*. München, Technische Universität München, Dissertation. Lehrstuhl für Carbon Composites (LCC).

[MIL95] MILBERG, J. 1995. *Werkzeugmaschinen - Grundlagen: Zerspantechnik, Dynamik, Baugruppen und Steuerungen*. 2. Auflage, Berlin, Heidelberg: Springer-Verlag. ISBN: 3-540-58825-6.

[MIT14] MITSCHANG, P.; ARNOLD, M.; WEYRAUCH, F.; STADTFELD, H. & KISSINGER, C. 2014. Harzinjektionsverfahren. In: NEITZEL, M., Hrsg. *Handbuch Verbundwerkstoffe*. München: Carl Hanser Verlag, S. 357–382. ISBN: 978-3-446-43696-1.

[MON16] MONDEN, A. 2016. *Adhäsion zwischen epoxidharzbasiertem CFK und oberflächenmodifiziertem Stahl: Grenzschichtversagen von Hybridlaminaten unter Mode I, Mode II und Mixed-Mode Belastung*. Augsburg, Universität Augsburg, Dissertation. Mathematisch-Naturwissenschaftlich-Technische Fakultät.

[MTU21] MTU AERO ENGINES AG. 2021. *V2500 (MRO)*.
Verfügbar: https://www.mtu.de/de/maintenance/zivile-maintenance/engine-portfolio-mro/narrowbody-and-regional-jets/v2500/. Zugriff:

[MÜL07] MÜLLER, G. & GROTH, C. 2007. *FEM für Praktiker - Band 1: Grundlagen: Basiswissen und Arbeitsbeispiele zu FEM-Anwendungen - Lösungen mit dem Programm ANSYS Rev. 9/10*. 8. neu bearbeitete Auflage, Renningen: expert verlag. ISBN: 978-3-8169-2685-6.

[ORL06] ORLOFF, M. A. 2006. *Grundlagen der klassischen TRIZ: Ein praktisches Lehrbuch des erfinderischen Denkens für Ingenieure*. Berlin, Heidelberg: Springer-Verlag. ISBN: 978-3-540-34058-4.

[OV12] O.V. 2012. *Abschlussbericht für das Verbundprojekt Bewertung der Energieeffizienz alternativer Prozesse und Technologieketten (BEAT)*. Berlin: Abschlussbericht BMBF Verbundprojekt, Förderkennzeichen: 02PO2161.

[OWO13] OWODUNNI, O. O.; ZHANG, T. & GAO J. 2013. Energy consideration in machining operations - towards explanatory models for optimisation results. *Proceedings of the 11th Global Conference on Sustainable Manufacturing*, (0), S. 153–158.

[PAL07] PALANISAMY, P.; RAJENDRAN, I. & SHANMUGASUNDARAM, S. 2007. Optimization of machining parameters using genetic algorithm and experimental validation for end-milling operations. *The International Journal of Advanced Manufacturing Technology*, **32**(7-8), S. 644–655. ISSN: 0268-3768. DOI: 10.1007/s00170-005-0384-3.

[PAU08] PAUCKSCH, E. 2008. *Zerspantechnik: Prozesse, Werkzeuge, Technologien*. 12. vollständig überarbeitete und erweiterte Auflage, Wiesbaden: Vieweg+Teubner Verlag / GWV Fachverlage. ISBN: 978-3-8348-0279-8.

[PEH11] PEHNELT, S.; OSTEN, W. & SEEWIG, J. 2011. Vergleichende Untersuchung optischer Oberflächenmessgeräte mit einem Chirp-Kalibriernormal. *tm - Technisches Messen*, **78**(10), S. 457–462. ISSN: 0171-8096. DOI: 10.1524/teme.2011.0146.

[PER00] PEROVIĆ, B. 2000. *Spanende und abtragende Fertigungsverfahren: Grundlagen und Berechnung: Mit 127 Bildern, 105 Tabellen und 49 Literaturstellen*. Renningen: expert verlag. ISBN: 3816919111.

[PRA21] PRATT & WHITNEY. 2021. *V2500 Engine*.
Verfügbar: https://prattwhitney.com/-/media/project/pw/pw-internet/pwu/pwu/products/commercial/v2500-engine-cutaway.jpg?rev=b1d210d2d196466998bac280749f3791. Zugriff: 27.1.2021.

[PRO13] PRO-MICRON GMBH. 2013. *UserManual „SPIKE_BTKaBlue“_V13-2 V 1.0*. Kaufbeuren.

[RAS06] RASHID, A. & NICOLESCU, C. M. 2006. Active vibration control in palletised work-holding system for milling. *International Journal of Machine Tools and Manufacture*, **46**(12-13), S. 1626–1636. ISSN: 08906955.

[RAS12] RASCHE, M. 2012. *Handbuch Klebtechnik*. München, Wien: Carl Hanser Verlag. ISBN: 978-3-446-42402-9. DOI: 10.3139/9783446431980.

[REU00] REUBER, M. 2000. *Prozessüberwachung beim Schlichtfräsen von Freiformflächen*. Aachen, Rheinisch-Westfälischen Technische Hochschule Aachen, Dissertation. Fakultät für Maschinenwesen.

[RIE17] RIEHLE, L. 2017. *Werkzeughalter initiiert Werkzeugwechsel: Sensorischer Werkzeughalter*.
Verfügbar: https://www.maschinenmarkt.vogel.de/werkzeughalter-initiiert-werkzeugwechsel-a-637042/. Zugriff: 12.3.2019.

[RIE19] RIEG, F.; HACKENSCHMIDT, R. & ALBER-LAUKANT, B. 2019. *Finite Elemente Analyse für Ingenieure: Grundlagen und praktische Anwendungen mit Z88Aurora*. 6. vollständig überarbeitete Auflage, München: Carl Hanser Verlag. ISBN: 978-3-446-45639-6.

[RIE95] RIEGER, E. 1995. *Semantikorientierte Features zur kontinuierlichen Unterstützung der Produktgestaltung*. Berlin, Technische Universität Berlin, Dissertation.

[ROL12] ROLAND BERGER STRATEGY CONSULTANTS, Hrsg. 2012. *Serienproduktion von hochfesten Faserverbundbauteilen: Perspektiven für den deutschen Maschinen- und Anlagenbau*.

[ROO17] ROOS, E.; MAILE, K. & SEIDENFUSS, M. 2017. *Werkstoffkunde für Ingenieure: Grundlagen, Anwendung, Prüfung*. 6. ergänzte und bearbeitete Auflage, Berlin: Springer Vieweg. ISBN: 978-3-662-49531-5. DOI: 10.1007/978-3-662-49532-2.

[SAN16] SANDVIK COROMANT AB. 2016. *Handbuch: Silent Tools™: Produktivität mit schlanken Werkzeugen*.

[SCH07] SCHÜRMANN, H. 2007. *Konstruieren mit Faser-Kunststoff-Verbunden: Mit 39 Tabellen*. 2. bearbeitete und erweiterte Auflage, Berlin, Heidelberg und New York: Springer-Verlag. ISBN: 978-3-540-72189-5.

[SCH09] SCHMITZ, T. L. & SMITH, K. S. 2009. *Machining Dynamics: Frequency Response to Improved Productivity*. Boston, MA: Springer US. ISBN: 978-0-387-09644-5. DOI: 10.1007/978-0-387-09645-2.

[SCH10] SCHWARZ, F. 2010. *Simulation der Wechselwirkungen zwischen Prozess und Struktur bei der Drehbearbeitung*. München, Technische Universität München, Dissertation. Institut für Werkzeugmaschinen und Betriebswissenschaften.

[SCH14a] SCHLEDJEWSKI, R.; SCHLOTTERMÜLLER, M.; NEITZEL, M.; BERESHEIM, G.; MACK, J. & BRZESKI, M. 2014. Wickel- und Legetechnik. In: NEITZEL, M., Hrsg. *Handbuch Verbundwerkstoffe*. München: Carl Hanser Verlag, S. 325–355. ISBN: 978-3-446-43696-1.

[SCH14b] SCHLEDJEWSKI, R.; WIEDMER, S. & FRIEDRICH, K. 2014. Pultrusionsverfahren. In: NEITZEL, M., Hrsg. *Handbuch Verbundwerkstoffe*. München: Carl Hanser Verlag, S. 317–323. ISBN: 978-3-446-43696-1.

[SCH15] SCHMITT, R. & PFEIFER, T. 2015. *Qualitätsmanagement: Strategien - Methoden - Techniken*. 5. aktualisierte Auflage, München, Wien: Carl Hanser Verlag. ISBN: 978-3-446-43432-5. DOI: 10.3139/9783446440821.

[SCH19] SCHULER, V. & TWRDEK, J. 2019. *Praxiswissen Schweißtechnik: Werkstoffe - Prozesse - Fertigung*. 6. vollständig überarbeitete Auflage, Wiesbaden: Springer Vieweg. ISBN: 978-3-658-24265-7. DOI: 10.1007/978-3-658-24266-4.

[SCH79] SCHENKE, L. 1979. *Auslegung einer technologischgeometrischen Grenzregelung für die Fräsbearbeitung*. Berlin, Heidelberg: Springer-Verlag. ISBN: 978-3-540-09222-3. DOI: 10.1007/978-3-662-30384-9.

[SCH91] SCHNEEWEISS, C. 1991. *Planung 1: Systemanalytische und entscheidungstheoretische Grundlagen*. Berlin u. a.: Springer-Verlag. ISBN: 3-540-54000-8. DOI: 10.1007/978-3-642-58237-0.

[SIE17] SIEBERTZ, K.; VAN BEBBER, D. & HOCHKIRCHEN, T. 2017. *Statistische Versuchsplanung: Design of Experiments (DoE)*. 2nd ed., Berlin, Heidelberg: Springer Vieweg. ISBN: 978-3-662-55742-6.

[SIM09] SIMNOFSKE, M. 2009. *Adaptronische Versteifung von Werkzeugmaschinen durch strukturintegrierte aktive Module*. Braunschweig, Technische Universität Carolo-Wilhelmina zu Braunschweig, Dissertation. Institut für Werkzeugmaschinen und Fertigungstechnik.

[SÖH03] SÖHNER, J. 2003. *Beitrag zur Simulation zerspanungstechnologischer Vorgänge mit Hilfe der Finite-Element-Methode*. Karlsruhe, Universität Karlsruhe, Dissertation. Institut für Werkzeugmaschinen und Betriebstechnik.

[SPA13] SPATH, D., Hrsg. 2013. *Produktionsarbeit der Zukunft - Industrie 4.0: Studie*. Stuttgart: Fraunhofer Verlag. ISBN: 978-3-8396-0570-7.

[SPU14] SPUR, G. 2014. Geschichtliche Entwicklung. In: HEISEL, U.; KLOCKE, F.; UHLMANN, E. & SPUR, G., Hrsg. *Handbuch Spanen*. München: Carl Hanser Verlag, S. 5–10. ISBN: 978-3-446-42826-3.

[SPU19] SPURA, C. 2019. *Technische Mechanik 2. - Elastostatik: Nach fest kommt ab*. Wiesbaden: Springer Vieweg. ISBN: 978-3-658-19978-4.

[STA05] STAMMEN, E.; BÖHM, S.; DILGER, K. & LAMMEL, C. 2005. Laservorbehandlung in der klebtechnischen Serienfertigung. *adhäsion KLEBEN & DICHTEN*, **49**(9), S. 51–56. DOI: 10.1007/BF03243636.

[STA20a] STATISTISCHES BUNDESAMT. Juli 2020. *Bruttowertschöpfung der deutschen Automobilindustrie in den Jahren 2008 bis 2018 (in Milliarden Euro)*.

Verfügbar: https : / / de . statista . com / statistik / daten / studie / 290075 / umfrage / bruttowertschoepfung-der-deutschen-automobilindustrie/. Zugriff: 27.7.2020.

[STA20b] STATISTISCHES BUNDESAMT. April 2020. *Bruttowertschöpfung des Maschinenbaus im Vergleich zur gesamtwirtschaftlichen Bruttowertschöpfung* in Deutschland in den Jahren 2007 bis 2017 (in Milliarden Euro)*.
Verfügbar: https : / / de . statista . com / statistik / daten / studie / 235885 / umfrage / bruttowertschoepfung-im-maschinenbau-in-deutschland/. Zugriff: 27.7.2020.

[STR09] STRASMANN, M. »Schaftfräser«. DE 10 2009 002 738 A1. 29.04.2009.

[TAW12] TAWAKOLI, T. & VESALI, A. 2012. Dynamic behavior of different grinding wheel hub material in high efficiency deep grinding (HEDG). In: ASME, Hrsg. *Proceedings of the ASME International Mechanical Engineering Congress and Exposition 2012 (IMECE2012): Design, Materials, and Manufacturing. Houston, Texas, USA, 09. - 15.11.2012*. New York, NY: Two Park Avenue, S. 1913–1919. ISBN: 978-0-7918-4519-6.

[TAY06] TAYLOR, F. W. 1906. *On the art of cutting metals*. New York: The American Society of Mechanical Engineers.

[THE98] THE ECONOMIST. 1998. The world as a single machine. *The Economist. As Japan goes ... goes the world? Survey: Manufacturing*, **347**(8073), S. 3–5.

[THO73] THOMAS M. D.; KNIGHT W. A. & SADEK M. M. 1973. The Impact Damper Boring Bar and Its Performance When Cutting. *S. A. Tobias et al. (eds.), Proceedings of the Thirteenth International Machine Tool Design and Research Conference*, (0), S. 47–48.

[TOD17] TODHUNTER, L. D.; LEACH, R. K.; LAWES, S. & BLATEYRON, F. 2017. Industrial survey of ISO surface texture parameters. *CIRP Journal of Manufacturing Science and Technology*, **19**(0), S. 84–92. ISSN: 17555817. DOI: 10.1016/j.cirpj.2017.06.001.

[TRA12] TRAN, N. A. 2012. *Featurebasierte Entscheidungsmethodik zur Bewertung alternativer technologischer Prozessketten in der Teilefertigung*. Berlin, Technische Universität Chemnitz, Dissertation.

[TSC11] TSCHÄTSCH, H. & DIETRICH, J. 2011. *Praxis der Zerspantechnik: Verfahren, Werkzeuge, Berechnung. Mit 139 Tabellen*. 10. überarbeitete und aktualisierte Auflage, Wiesbaden: Vieweg + Teubner. ISBN: 9783834815026.

[TZA16] TZANETOS, F. 2016. *Neues Fräsbearbeitungszentrum mit CFK-Antriebsschlitten für schwer zerspanbare Werkstoffe*.
Verfügbar: https : / / www . ipt . fraunhofer . de / de / presse / Pressemitteilungen / 20160722 - fraesbearbeitungszentrum-cfk-mapprox.html. Zugriff: 12.5.2018.

[VDI03] VDI VEREIN DEUTSCHER INGENIEURE E.V. 2003. VDI-RICHTLINIE 2218: *Informationsverarbeitung in der Produktentwicklung*. 3/2003.

[VDI13a] VDI VEREIN DEUTSCHER INGENIEURE E.V. 2013. VDI-RICHTLINIE VDI/NCG 5211 Blatt 1 (Entwurf): *Prüfrichtlinien und Prüfwerkstücke für hochdynamische Bearbeitungen (HSC)*. 8/2013.

[VDI13b] VDI VEREIN DEUTSCHER INGENIEURE E.V. 2013. VDI-RICHTLINIE VDI/NCG 5211 Blatt 2 (Entwurf): *Prüfrichtlinien und Prüfwerkstücke für hochdynamische Bearbeitungen (HSC)*. 9/2013.

[VDI14] VDI VEREIN DEUTSCHER INGENIEURE E.V. 2014. VDI-RICHTLINIE 4661: *Energiekenngrößen*. 8/2014.

[VDI98] VDI VEREIN DEUTSCHER INGENIEURE E.V. 1998. VDI-RICHTLINIE 2225 Blatt 3: *Konstruktionsmethodik. Technisch-wirtschaftliches Konstruieren*. 11/1998.

[VDM20] VDMA. April 2020. *Maschinenbau in Zahl und Bild 2020: Mechanical engineering – figures and charts 2020*.
Verfügbar: https://vws.vdma.org/documents/14969753/48271265/Maschinenbau%20in%20Zahl%20und%20Bild%202020.pdf/34666b3a-4d70-9bfb-81fe-f3a9e13db772?t=632120.3. Zugriff: 27.7.2020.

[VDW20] VDW VEREIN DEUTSCHER WERKZEUGMASCHINENFABRIKEN E.V. Juni 2020. *Marktbericht 2019: Market Report 2019*.
Verfügbar: https://vdw.de/wp-content/uploads/2020/06/pub_vdw-marktbericht_2019_2020-06-25.pdf. Zugriff: 27.7.2020.

[WAG19] WAGNER, M. 2019. *Lineare und nichtlineare FEM: Eine Einführung mit Anwendungen in der Umformsimulation mit LS-DYNA®*. 2. Auflage, Wiesbaden: Springer Vieweg. ISBN: 978-3-658-25051-5. DOI: 10.1007/978-3-658-25052-2.

[WAI12] WAIBEL, M. 2012. *Aktive Zusatzsysteme zur Schwingungsreduktion an Werkzeugmaschinen*. München, Technische Universität München, Dissertation. Institut für Werkzeugmaschinen und Betriebswissenschaften (iwb).

[WAN01] WANG, M. & FEI, R. 2001. On-line chatter detection and control in boring based on an electrorheological fluid. *Mechatronics*, **11**(7), S. 779–792. ISSN: 09574158. DOI: 10.1016/S0957-4158(00)00044-1.

[WAN02] WANG, E. & NELSON, T. 2002. *Structural Dynamic Capabilities of ANSYS*. Verfügbar: https://support.ansys.com/staticassets/ANSYS/staticassets/resourcelibrary/confpaper/2002-Int-ANSYS-Conf-200.PDF. Zugriff: 11.10.2019.

[WAN10] WANG, M.; ZAN, T.; YANG, Y. & FEI, R. 2010. Design and implementation of nonlinear TMD for chatter suppression: An application in turning processes. *International Journal of Machine Tools and Manufacture*, **50**(5), S. 474–479. ISSN: 08906955. DOI: 10.1016/j.ijmachtools.2010.01.004.

[WAN99] WANG, M. & FEI, R. 1999. Chatter suppression based on nonlinear vibration characteristic of electrorheological fluids. *International Journal of Machine Tools and Manufacture*, **39**(12), S. 1925–1934. ISSN: 08906955. DOI: 10.1016/S0890-6955(99)00039-5.

[WAR13] WARTZACK, S. 2013. Auswahl- und Bewertungsmethoden. In: FELDHUSEN, J. & GROTE, K.-H., Hrsg. *Pahl/Beitz Konstruktionslehre*. Berlin und Heidelberg: Springer Vieweg, S. 380–409. ISBN: 9783642295683.

[WEC01] WECK, M.; KRELL, M.; DOEGE, E.; DERENTHAL, M.; GROSSMANN, K. & WIEMER, H. 2001. Schnittschlagdämpfung von Schnellläuferpressen: Einsatz eines Reibungsdämpfers zum Verringern des Werkzeugverschleißes. *wt Werkstattstechnik*, **91**(9), S. 540–544.

[WEC06a] WECK, M. & BRECHER, C. 2006. *Werkzeugmaschinen 2: Konstruktion und Berechnung*. 8. neu bearbeitete Auflage, Berlin, Heidelberg: Springer Vieweg. ISBN: 978-3-540-22502-7. DOI: 10.1007/978-3-540-30438-8.

[WEC06b] WECK, M. & BRECHER, C. 2006. *Werkzeugmaschinen 5: Messtechnische Untersuchung und Beurteilung, dynamische Stabilität*. 7. neu bearbeitete Auflage, Berlin, Heidelberg: Springer Vieweg. ISBN: 978-3-540-22505-8.

[WEI14] WEISSGRAEBER, P. 2014. *Neue Ansätze zur Analyse der Lastübertragung und Initiierung finiter Risse in Klebverbindungen*. Darmstadt, Technische Universität Darmstadt, Dissertation.

[WES10] WESTKÄMPER, E. & WARNECKE, H.-J. 2010. *Einführung in die Fertigungstechnik*. 8. aktualisierte und erweiterte Auflage, Wiesbaden: Vieweg+Teubner Verlag. ISBN: 978-3-8348-0835-6.

[WES15] WESTERMANN, H.-H.; KAFARA, M. & STEINHILPER, R. 2015. Development of a reference part for the evaluation of energy efficiency in milling operations. *12th Global Conference on Sustainable Manufacturing*, (Procedia CIRP 26 (2015)), S. 521–526.

[WES16] WESTERMANN, H.-H. 2016. *Entwicklung einer energieverbrauchsoptimierten Schneidengeometrie für Vollhartmetall-Schaftfräser*. Bayreuth, Universität Bayreuth, Dissertation. Lehrstuhl Umweltgerechte Produktionstechnik.

[WIL18] WILKEN, R.; GLEICH, H.; BUSKE, C.; SCHÜSSLER, J.; LOMMATZSCH, U.; MORITZER, E.; LEISTER, C.; KRUGMANN, J.; KRAUS, E.; ORF, L.; HEILIG, M.; BAUDRIT, B.; HEIDEMEYER, P.; BASTIAN, M.; KRELING, S.; BLASS, D. & DILGER, K. 2018. Vorbehandlung von Kunststoffen. In: DOOBE, M., Hrsg. *Kunststoffe erfolgreich kleben*. Wiesbaden: Springer Vieweg, S. 45–121. ISBN: 978-3-658-18444-5.

[WÜN18] WÜNSCHE, M.; HENKEL, K.; TEUTENBERG, D.; MESCHUT, G. & MAILÄNDER, S. 2018. Auslegung geklebter Kunststofffügeteile. In: DOOBE, M., Hrsg. *Kunststoffe erfolgreich kleben*. Wiesbaden: Springer Vieweg, S. 123–140. ISBN: 978-3-658-18444-5.

[ZÄH95] ZÄH, M. F. 1995. *Dynamisches Prozeßmodell Kreissägen*. München, Technische Universität München, Dissertation. Institut für Werkzeugmaschinen und Betriebswissenschaften.

[ZEL18] ZELLER, P. 2018. Messverfahren. In: ZELLER, P., Hrsg. *Handbuch Fahrzeugakustik*. Wiesbaden: Springer Vieweg, S. 477–497. ISBN: 978-3-658-18519-0.

[ZIM18] ZIMMERMANN, S. & KLABBERS-HEIMANN, J. 2018. Präzisionsstahlrohre im Automobilbau. In: BLECK, W. & MOELLER, E., Hrsg. *Handbuch Stahl*. München: Carl Hanser Verlag, S. 654–664. ISBN: 978-3-446-44961-9.

A Anhang

A.1 Anhang zu Kapitel 2

A.1.1 Korrekturfaktoren zur Berechnung der spezifischen Schnittkraft k_c

Der Spanungsdickenfaktor f_h beschreibt den Einfluss der Spanungsdicke h auf die spezifische Schnittkraft. Mit zunehmender Spanungsdicke sinkt die spezifische Schnittkraft. Dieser Zusammenhang wurde experimentell ermittelt und wird mit Gleichung 1-1 beschrieben. Der in der Gleichung enthaltene Neigungswert z variiert in Abhängigkeit des Werkstoffs und kann ebenso bestehenden Tabellenwerken entnommen werden. [PAU08, S. 23]

$$f_h = \left(\frac{h_0}{h}\right)^z \qquad \text{mit } h_0 = 1\ mm \tag{1-1}$$

Der Einfluss der Schneidengeometrie spiegelt sich im Spanwinkelfaktor f_γ und im Neigungswinkelfaktor f_λ wider. Der Spanwinkelfaktor kennzeichnet den Einfluss der Schneidengeometrie auf die Schnittkraft und lässt sich durch Gleichung 1-2 ausdrücken. Wird der Spanwinkel γ vergrößert, so verringert sich die Flächenpressung und der Spanflächenreibwert steigt an. Der verwendete Ausgangswert[60] für den Spanwinkel γ_0 ist werkstoffabhängig. Wird der Spanwinkel um ein Grad vergrößert, so nimmt die spezifischen Schnittkraft k_c um 1,5 % ab. Wird der Spanwinkel um ein Grad verringert, so ist mit einer Zunahme der spezifischen Schnittkraft um 2 % zu rechnen. Dieser Zusammenhang ist jedoch nur im Bereich von ± 10° um den Ausgangswert γ_0 gültig. [PAU08, S. 23 f.]

$$f_\gamma = 1 - m_\gamma(\gamma - \gamma_0) \tag{1-2}$$
$$\text{mit Anstiegswert } m_\gamma = 0,015\ grad^{-1}$$

Analog dem Spanwinkelfaktor f_γ ist der Neigungswinkelfaktor f_λ zu behandeln, der in Gleichung 1-3 beschrieben wird.

$$f_\lambda = 1 - m_\lambda(\lambda - \lambda 0) \tag{1-3}$$
$$\text{mit Anstiegswert } m_\lambda = 0,015\ grad^{-1}$$

Der Schneidstofffaktor f_s beschreibt den Einfluss des Schneidstoffs auf die spezifische Schnittkraft. Ein Schneidstoff mit kleinerem Spanflächenreibwert führt bei sonst gleichen Zerspanbedingungen zu kleineren Zerspankräften [PAU08, S. 24].

Auch die Wahl der Schnittgeschwindigkeit wirkt sich direkt auf den Spanflächenreibwert aus. Eine höher gewählte Schnittgeschwindigkeit führt zu einer Verringerung des Spanflächenreibwerts und dadurch ebenfalls zu einer geringeren spezifischen Schnittkraft. Dieser Zusammenhang wird durch den Geschwindigkeitsfaktor f_v berücksichtigt.

Beide Korrekturfaktoren haben direkte Auswirkungen auf den Spanflächenreibwert, der wiederum Einfluss auf die spezifische Schnittkraft nimmt. Daher können die beiden Korrekturfaktoren f_s und f_v zu einem Korrekturfaktor f_{sv} nach Gleichung 1-4 zusammengefasst werden [PAU08, S. 25 f.].

[60] Für Stahlwerkstoffe gilt in einem Bereich des Spanwinkels von $\gamma = -5°$ bis $+20°$ der Ausgangswert $\gamma_0 = 6°$. Für Gusseisen wird der Ausgangswert $\gamma_0 = 2°$ verwendet, der Gültigkeit in einem Bereich von $\gamma = -10°$ bis $+15°$ besitzt. [PAU08, S. 24]

$$f_{sv} = f_s \cdot f_v (\geq 0,85) \tag{1-4}$$

Nachfolgende Gleichung 1-5 beschreibt dabei näherungsweise die Zusammenhänge für den Korrekturfaktor f_{sv}, der unterschiedliche Schneidstoffe berücksichtigt. Experimentell wurden Schnellarbeitsstahl, Hartmetall und Keramik als Schneidstoffe untersucht. In dieser Näherung wird die Schnittgeschwindigkeit v_c in Bezug auf die Ausgangsschnittgeschwindigkeit $v_{c0} = 100\ m/min$ gesetzt.

$$f_{sv} = \left(\frac{v_{c0}}{v_c}\right)^{0,1} \tag{1-5}$$

Der Korrekturfaktor f_{sv} muss allerdings nach unten begrenzt werden und bleibt bei hohen Schnittgeschwindigkeiten $f_{sv} = 0,85$, da bei sehr großen Schnittgeschwindigkeiten kaum eine weitere Abnahme der spezifischen Schnittkraft k_c festzustellen ist [PAU08, S. 26].
Der Formfaktor f_f kennzeichnet den Einfluss der Werkstückform, die bearbeitet werden soll, bzw. der Art der Bearbeitung auf die spezifische Schnittkraft k_c. Für das Innendrehen oder Fräsen berechnet sich der Formfaktor nach Gleichung 1-6 [PAU08, S. 27].

$$f_f = 1,05 \cdot \left(\frac{d_0}{d}\right)^{0,1} \qquad \text{mit } d_0 = 1\ mm \tag{1-6}$$

Der letzte für die Berechnung der spezifischen Schnittkraft k_c zu definierende Korrekturfaktor ist der Stumpfungsfaktor f_{st}. Hierdurch wird der während der Bearbeitung am Schneidkeil auftretende Verschleiß berücksichtigt. Durch einen fortschreitenden Werkzeugverschleiß kann sich die Schnittkraft bis zum Standzeitende des Werkzeugs um $30 - 50\ \%$ erhöhen. Dabei nimmt die spezifische Schnittkraft je $0,1\ mm$ Verschleißmarkenbreite VB um $10\ \%$ zu. Der Stumpfungsfaktor f_{st} wird nach Gleichung 1-7 berechnet.

$$f_{st} = 1 + \frac{VB}{VB_0} \qquad \text{mit } VB_0 = 1\ mm \tag{1-7}$$

A.2 Anhang zu Kapitel 4

A.2.1 Entwickeltes Referenzwerkstück

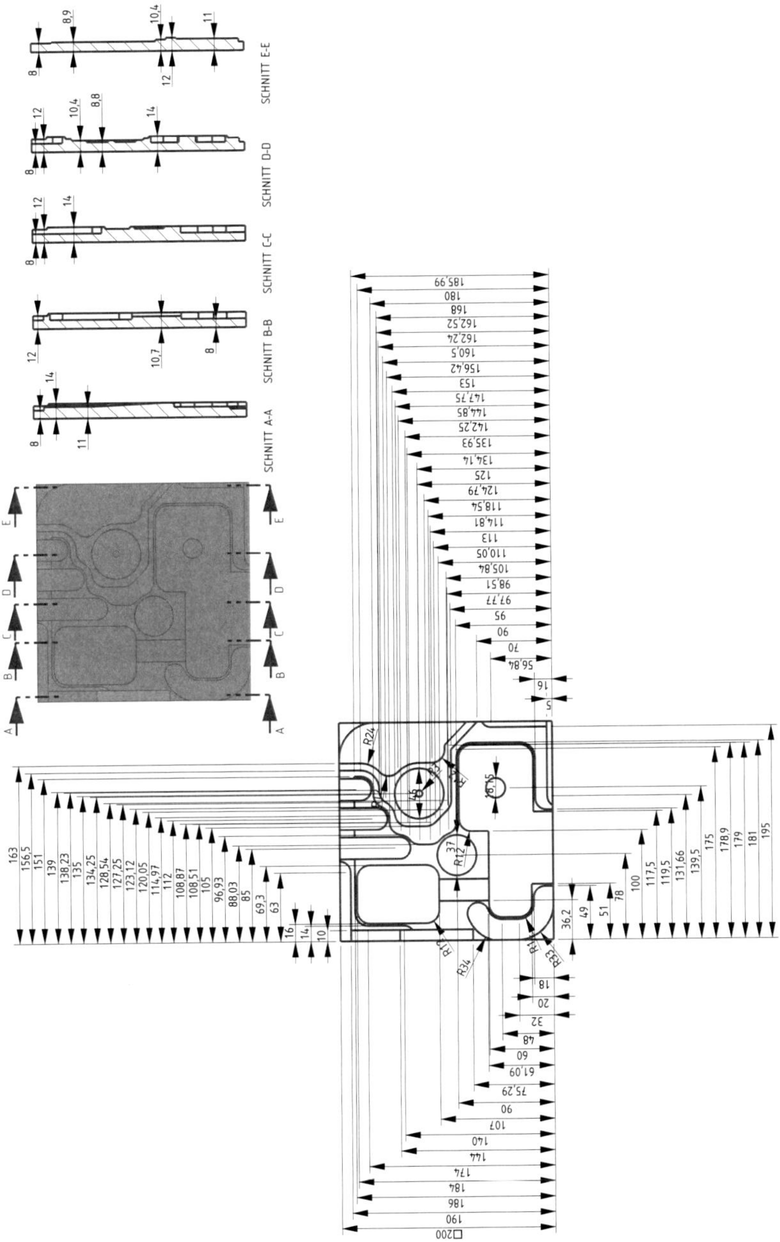

Abb. A1: Fertigungszeichnung des entwickelten Referenzwerkstücks

A.3 Anhang zu Kapitel 6

A.3.1 TRIZ: Widerspruchsmerkmale und innovative Grundprinzipien

Widerspruchsmerkmale [KLE14, S. 38]

1. Masse/Gewicht eines beweglichen Objekts
2. Masse/Gewicht eines unbeweglichen Objekts
3. Länge eines beweglichen Objekts
4. Länge eines unbeweglichen Objekts
5. Fläche eines beweglichen Objekts
6. Fläche eines unbeweglichen Objekts
7. Volumen eines beweglichen Objekts
8. Volumen eines unbeweglichen Objekts
9. Geschwindigkeit
10. Kraft
11. Spannung oder Druck
12. Form
13. Stabilität der Zusammensetzung des Objekts
14. Festigkeit
15. Haltbarkeit eines beweglichen Objekts
16. Haltbarkeit eines unbeweglichen Objekts
17. Temperatur
18. Helligkeit
19. Energieverbrauch eines beweglichen Objekts
20. Energieverbrauch eines unbeweglichen Objekts
21. Leistung, Kapazität
22. Energieverlust
23. Materialverlust
24. Informationsverlust
25. Zeitverlust
26. Materialmenge
27. Zuverlässigkeit (Sicherheit, Lebensdauer)
28. Messgenauigkeit
29. Fertigungsgenauigkeit
30. Äußere negative Einflüsse auf das Objekt
31. Negative Nebeneffekte des Objekts
32. Fertigungsfreundlichkeit
33. Bedienkomfort
34. Reparaturfreundlichkeit
35. Anpassungsfähigkeit
36. Kompliziertheit der Struktur
37. Komplexität in der Kontrolle oder Steuerung
38. Automatisierungsgrad
39. Produktivität (Funktionalität)

Innovative Grundprinzipien [KLE14, S. 49]

1. Zerlegung bzw. Segmentierung
2. Abtrennung
3. Örtliche Qualität
4. Asymmetrie
5. Kopplung bzw. Vereinigung
6. Universalität bzw. Mehrzwecknutzung
7. Verschachtelung bzw. Steckpuppe
8. Gegenmasse
9. Vorgezogene Gegenwirkung
10. Vorgezogene Wirkung
11. „vorher untergelegtes Kissen" oder Prävention
12. Kürzester Weg oder Äquipotential
13. Funktionsumkehr
14. Kugelähnlichkeit
15. Anpassung oder Dynamisierung
16. Partielle oder überschüssige Wirkung
17. Übergang zu höheren Dimensionen
18. Mechanische Schwingungen
19. Periodische Wirkung
20. Kontinuität bzw. Permanenz der Wirkprozesse
21. Durcheilen
22. Umwandlung von Schädlichem in Nützliches
23. Rückkopplung
24. Vermittler
25. Selbstbedienung
26. Kopieren
27. Billige Kurzlebigkeit

28. Ersatz mechanischer Wirkprinzipien
29. Abtrennung
30. Biegsame Hüllen und Folien
31. Verwendung poröser Werkstoffe
32. Farbveränderung
33. Gleichartigkeit bzw. Homogenität
34. Beseitigung und Regeneration
35. Veränderung des Aggregatzustands
36. Phasenübergänge
37. Wärmeausdehnung
38. Starkes Oxidationsmittel
39. Träges Medium
40. Zusammengesetzte Stoffe

A.3.2 TRIZ: 76 Standardlösungen

Kategorie 1: Aufbau bei nicht vorhandener Interaktion oder unvollständigem System, Zerlegung bei schädlichen Interaktionen [KAM10, S. 108]

1. Vervollständige das Stoff-Feld-System so, dass zwei Stoffe und ein Feld (Interaktion) vorhanden sind.
2. Füge ein Additiv innerhalb eines der Stoffe hinzu (internes Additiv).
3. Füge ein Additiv an einen der Stoffe an oder um ihn herum (externes Additiv).
4. Minimum/Maximum-Verfahren: Füge viel hinzu und entferne das Überschüssige oder füge wenig hinzu und verbessere lokal/punktuell.
5. Füge einen dritten Stoff zwischen den beiden existierenden Stoffen ein.
6. Füge einen dritten Stoff als eine Modifikation eines der beiden gegebenen Stoffe ein.
7. Füge den dritten Stoff aus dem Supersystem ein.
8. Füge einen Stoff als „Opfer“ ein (Bodyguard).
9. Füge ein Feld ein, das dem schädlichen Feld entgegenwirkt.

Kategorie 2: Weiterentwicklung und Verbesserung, Effizienzsteigerung des Systems [KAM10, S. 108 f.]

1. Verwende verkettete Stoff-Feld-Modelle.
2. Verwende doppelte Stoff-Feld-Modelle.
3. Füge ein zweites Feld ein.
4. Segmentiere (zerteile in gleiche Komponenten).
5. Dynamisiere (erhöhe die Freiheitsgrade).
6. Verwende Rhythmuskoordination.
7. Erhöhe den Grad der Porosität.
8. Verwende ferromagnetische Substanzen.

Kategorie 3: Verbesserung und Effizienzsteigerung durch Übergang in das Supersystem [KAM10, S. 109]

1. Mono-Bi-Poly: monolithisch – zwei Bestandteile – Kompositstrukturen; eine Funktion – zwei Funktionen – multifunktional.
2. Erhöhe den Unterschied zwischen Funktionalitäten: monofunktional mit unterschiedlichen Eigenschaften, polyfunktional mit entgegengesetzten Funktionen.
3. Dynamisierung von Verbindungen: keine Verbindungen – feste Verbindungen – flexible Verbindungen – feldförmige Verbindungen.
4. Wende Trimming an.
5. Übergang auf die Mikroebene („intelligente Werkstoffe“).

Kategorie 4: Detektions- und Messaufgaben [KAM10, S. 109]

1. Eliminiere die Notwendigkeit für Erkennen und Messen.
2. Führe eine interne Markierung/einen internen Marker ein („Trojanisches Pferd“).
3. Führe eine externe Markierung/einen externen Marker ein.

4. Messe Derivate: Messe die Veränderung einer Größe, nicht die Größe an sich.
5. Messe diskret: zwei Erkennungsvorgänge statt eines kontinuierlichen Messvorgangs.

Kategorie 5: Hilfestellungen zu den Standardlösungen [KAM10, S. 109]

1. Füge Lücken, Luft, Leerraum anstelle eines Stoffes ein.
2. Füge einen Stoff nur für begrenzte Zeit ein.
3. Füge eine geringe Menge ein, dafür in hoher Konzentration oder örtlich konzentriert.
4. Füge ein Feld anstelle eines Stoffes ein.

A.3.3 Bewertung der erarbeiteten Verbindungen von Leichtbau-Innenkern und Werkzeugmantel

Tab. A1: Zusammenfassung und Bewertung der erarbeiteten Verbindungen

	Bewertungskriterien	Technische Umsetzung	Übertragungsfläche	Reproduzierbarkeit	Wirtschaftlichkeit	**Gesamtnutzwert**	Rangfolge
Alternativen	Gewichtungsfaktor	0,2	0,5	0,2	0,1	**1**	
Hartmetallstäbe	Bewertung	3	1	6	5		8
	Partiellnutzwert	0,6	0,5	1,2	0,5	**2,8**	
Einbohren	Bewertung	1	2	6	5		7
	Partiellnutzwert	0,2	1,0	1,2	0,5	**2,9**	
Oval	Bewertung	1	8	4	2		5
	Partiellnutzwert	0,2	4,0	0,8	0,2	**5,2**	
Querstift	Bewertung	9	1	8	8		6
	Partiellnutzwert	1,8	0,5	1,6	0,8	**4,7**	
Einpressen	Bewertung	3	9	5	7		2
	Partiellnutzwert	0,6	4,5	1,0	0,7	**6,8**	
Kleben	Bewertung	7	8	7	7		1
	Partiellnutzwert	1,4	4,0	1,4	0,7	**7,5**	
Teilung	Bewertung	3	8	6	2		3
	Partiellnutzwert	0,6	4,0	1,2	0,2	**6,0**	
„Opferschicht“	Bewertung	8	6	2	7		4
	Partiellnutzwert	1,6	3,0	0,4	0,7	**5,7**	
„Schnappmechanismus“	Bewertung	1	3	4	1		9
	Partiellnutzwert	0,2	1,5	0,8	0,1	**2,6**	

A.3.4 Technische Datenblätter der untersuchten Klebstoffe

Loctite EA 109, bekannt als Loctite ESP109

Technical Data Sheet

LOCTITE®

LOCTITE® ESP109

July 2007

Description:

Loctite ESP109 is designed to provide maximum resistance to impact, shear, cleavage and tensile loads. The durability, chemical resistance and high temperature performance are extremely good. ESP109 will bond to a wide variety of surfaces, including oily steel, and performance is usually limited by the strength of the substrates themselves. In many applications it can replace traditional fixing techniques to give enhanced appearance and greater design flexibility. It is electrically non-conductive.

Physical Properties	
Colour	Cream
Viscosity (mPa.s)	150,000
Specific Gravity	1.62

Typical Performance:	
Shear Strength(MPa) - Steel*	30
Coeff. of Thermal Expansion (mm/mm/°C)	45×10^{-6}
Maximum Gap Fill (mm)	< 1

With joints involving materials such as ferrites or SMC bond strengths are generally greater than that of the substrate itself. The bond strengths measured on the more ductile metals, such as copper and its alloys will be affected by the modulus of the metal and the thickness of the actual components.

Storage:

When stored in the original unopened containers at 5-7°C, the shelf life of this product is 12 months from the date of manufacture.

Service Temperature:

The recommended service temperature range for this product is -40 to +180°C. However higher temperatures may be endured for short periods providing the adhesive is not unduly stressed.

Handling:

Full information can be obtained from the Material Safety Data Sheet (MSDS). Users are reminded that all materials, whether innocuous or not, should be handled according to the principles of good industrial hygiene.

Cure Time at:-	100°C	120°C	150°C	180°C
Minutes* (in an air circulating oven)	240	60	45	20

*The actual cure time for any application is dependent on the time it takes for the adhesive to reach temperature. Larger components, or batch curing, will require a longer warm up time and the cure cycle may be extended. The use of alternative heating methods may also affect the time required to achieve full cure; Hotplates, Infra-Red lamps or Induction heating will generally give a faster cure.

Directions for Use:

Surfaces should be clean, dry and grease free before applying the adhesive. Where ultimate performance is required then the surfaces should be shot blasted, or lightly abraded, in the presence of **Loctite SIP.**
The adhesive should be extruded using a bead diameter that will allow complete coverage of the bond area. Care should be taken not to include, or trap, any air within the joint. Normally it should be applied to only one surface. Assemble the parts and squeeze together with sufficient pressure to ensure the adhesive spreads to cover the entire bond area. Jig the components using a light clamping pressure and place in the oven to cure. Do not disturb the joint until the adhesive has cured.

The information given and the recommendations made herein are based on our experience and are believed to be accurate. No guarantee as to, or responsibility for, their accuracy can be given or accepted, however, and no statement herein is to be treated as a representation or warranty. In every case we urge and recommend that purchasers, before using any product, make their own tests to determine, to their own satisfaction, its suitability for their particular purposes under their own operating conditions.

Henkel Loctite Americas +860.571.5100

Henkel Loctite Europe +49.89.9268.0

Henkel Loctite Asia Pacific +81.45.758.1810

For the most direct access to local sales and technical support visit: www.loctite.com

DELO AD 840

DELO

Technische Information

DELO-DUOPOX® AD840

Universeller 2k-Epoxidharz-Klebstoff, raumtemperaturhärtend, mittelviskos, gefüllt

Basis

- Epoxidharz-Klebstoff
- zweikomponentig, thixotrop

Verwendung

- hochfester Konstruktionsklebstoff
- universeller Einsatz
- das ausgehärtete Produkt wird üblicherweise im Temperaturbereich von -40 °C bis +150 °C eingesetzt; anwendungsbezogen können andere Grenzen sinnvoll sein
- ist auf Biokompatibilität geprüft und erfüllt die Anforderungen nach DIN EN ISO 10993-5: Test auf Zytotoxizität
- konform zu RoHS Direktive 2015/863/EU

Verarbeitung

- im Anlieferungszustand gebrauchsfertig, lässt sich aus dem Originalgebinde gut verarbeiten
- Komponenten A und B sind im unten angegebenen Mischungsverhältnis homogen zu vermischen
- besonders vorteilhaft ist die Verarbeitung aus dem DELO-AUTOMIX System
- zu verklebende Oberflächen sollen trocken, staub- und fettfrei sowie frei von anderen Verunreinigungen sein
- zur Klebflächenreinigung DELOTHEN-Reiniger verwenden

Aushärtung

- bei Raumtemperatur
- erhöhte Temperaturen beschleunigen die Aushärtung
- durch Wärmezufuhr können sich physikalische Kennwerte ändern

Technische Daten

Farbe	dunkelgrau
Füllstoff	Mineralien
Mischungsverhältnis (A : B) nach Gewicht (A : B) nach Volumen	 0,88 : 1 1 : 1
Dichte Komponente A [g/cm³] DELO-Norm 13 bei Raumtemperatur (ca. 23 °C)	1,18
Dichte Komponente B [g/cm³] DELO-Norm 13 bei Raumtemperatur (ca. 23 °C)	1,33

DELO Industrie Klebstoffe
DELO-Allee 1
86949 Windach · Deutschland
Telefon +49 8193 9900-0
Telefax +49 8193 9900-144
info@DELO.de · www.DELO.de

DELO-DUOPOX AD840 - 04.19 (Revision 67)

Viskosität Komponente A [mPas] bei 23 °C, Rheometer	100000
Viskosität Komponente B [mPas] bei 23 °C, Rheometer	100000
Verarbeitungszeit im 100 g-Ansatz [min] bei Raumtemperatur (ca. 23 °C)	90
maximale Reaktionstemperatur [°C] im 100 g-Ansatz bei Raumtemperatur (ca. 23 °C)	86
Aushärtungszeit bis zur Handfestigkeit [h] Zugscherfestigkeit 1 - 2 MPa bei Raumtemperatur (ca. 23 °C)	7
Aushärtungszeit bis zur Handfestigkeit [min] bei +80 °C	13
Aushärtungszeit bis zur Funktionsfestigkeit [h] Zugscherfestigkeit > 10 MPa bei Raumtemperatur (ca. 23 °C)	16
Aushärtungszeit bis zur Funktionsfestigkeit [min] bei +80 °C	20
Zugscherfestigkeit Al/Al [MPa] in Anlehnung an DIN EN 1465, sandgestrahlt Fügeteildicke 1,6 mm, Spalt 0,1 mm, Aushärtung: 72 h bei Raumtemperatur (ca. 23 °C)	22
Zugscherfestigkeit Al/Al [MPa] DELO-Norm 39, blank Fügeteildicke: 6 mm Aushärtung: 7 d bei Raumtemperatur (ca. 23 °C)	27

bezogen auf den Anfangswert bei Raumtemperatur
gemessen bei Raumtemperatur (ca. 23 °C)

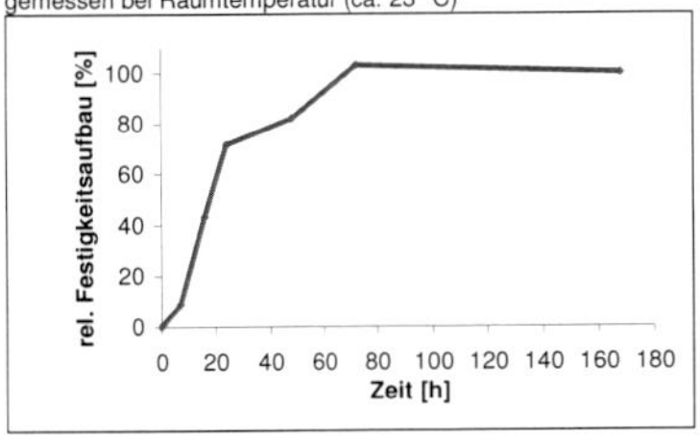

Zugscherfestigkeit St/St [MPa] in Anlehnung an DIN EN 1465, sandgestrahlt Fügeteildicke: 1,6 mm, Spalt: 0,1 mm Aushärtung: 7d Raumtemperatur (ca. 23 °C)	22
Druckscherfestigkeit Al/Al [MPa] DELO-Norm 5 Aushärtung: 7 d bei Raumtemperatur (ca. 23 °C)	26
Druckscherfestigkeit Edelstahl/Edelstahl [MPa] DELO-Norm 5 Aushärtung: 7 d bei Raumtemperatur (ca. 23 °C)	30
Druckscherfestigkeit PA/PA [MPa] DELO-Norm 5 Aushärtung: 7 d bei Raumtemperatur (ca. 23 °C)	17

DELO-DUOPOX AD840 - 04.19 (Revision 67)

Druckscherfestigkeit PC/ABS [MPa] DELO-Norm 5 Aushärtung: 7 d bei Raumtemperatur (ca. 23 °C)	13
Druckscherfestigkeit ABS/ABS [MPa] DELO-Norm 5 Aushärtung: 7 d bei Raumtemperatur (ca. 23 °C)	7,5
Druckscherfestigkeit Glas/Glas [MPa] DELO-Norm 5 Aushärtung: 7 d bei Raumtemperatur (ca. 23 °C)	29
Rollenschälwiderstand St/St [N/mm] DELO-Norm 38, St/St sandgestrahlt Fügeteildicke: 1,6 mm und 0,5 mm	6
Temperaturfestigkeit Al/Al bei +100 °C [MPa] in Anlehnung an DIN EN 1465, sandgestrahlt Fügeteildicke: 1,6 mm Klebschichtdicke: 0,1 mm	5
Temperaturfestigkeit Al/Al bei +120 °C [MPa] by the criteria of DIN EN 1465, sand-blasted component thickness: 1.6 mm adhesive layer thickness: 0.1 mm	4
Zugfestigkeit [MPa] in Anlehnung an DIN EN ISO 527 Schichtdicke: 4 mm Aushärtung: 7 d Raumtemperatur (ca. 23 °C)	30
Reißdehnung [%] in Anlehnung an DIN EN ISO 527 Schichtdicke: 4 mm Aushärtung: 7 d Raumtemperatur (ca. 23 °C)	6
E-Modul [MPa] in Anlehnung an DIN EN ISO 527 Schichtdicke: 4 mm Aushärtung: 7 d Raumtemperatur (ca. 23 °C)	1700
Shore Härte D in Anlehnung an DIN EN ISO 868 nach 7d Lagerung bei RT	76
Glasübergangstemperatur [°C] DELO-Norm 24, Rheometer, 2. Heizlauf	69
Längenausdehnungskoeffizient [ppm/K] TMA, DELO-Norm 26 im Temperaturbereich: +30 °C bis +50 °C	100
Längenausdehnungskoeffizient [ppm/K] TMA, DELO-Norm 26 im Temperaturbereich: +90°C bis +150 °C	186
Längenausdehnungskoeffizient [ppm/K] TMA, DELO-Norm 26 im Temperaturbereich: +30 bis +150 °C	160
Schrumpf [Vol. %] DELO-Norm 13	3
Wasseraufnahme [Gew. %] in Anlehnung an DIN EN ISO 62, 24 h bei Raumtemperatur (ca. 23 °C)	0,18
Zersetzungstemperatur [°C] DELO-Norm 36	280
Spezifischer Durchgangswiderstand [Ωcm] VDE 0303, Teil 30	3,9xE14

DELO-DUOPOX AD840 - 04.19 (Revision 67)

Oberflächenwiderstand [Ω] VDE 0303, Teil 30	2,6xE14
Elektrische Durchschlagfestigkeit [kV/mm] DIN IEC 60243-1	25
Kriechstromfestigkeit CTI VDE 0303, Teil 11, DIN EN 60112	600 M
Lagerstabilität bei Raumtemperatur (ca. 23 °C) im ungeöffneten Originalgebinde	12 Monate

Verhalten unter Temperatureinfluss

Zugscherfestigkeit Al/Al sand bei Temperatur
bezogen auf Anfangswert bei Raumtemperatur
gemessen bei angegebener Temperatur
entsprechend DIN EN 1465

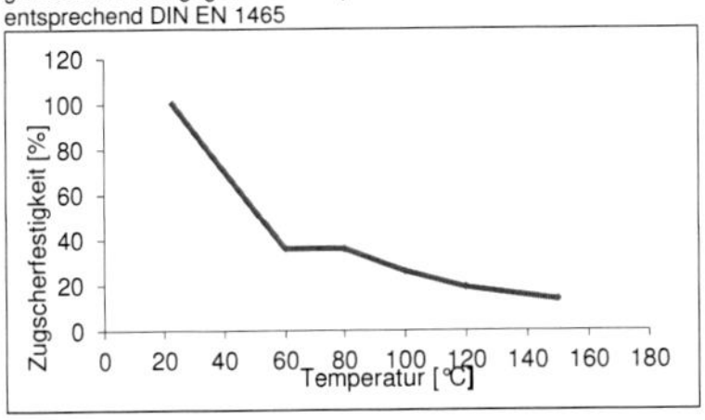

Verhalten unter Medieneinfluss

Druckscherfestigkeit nach 1.000 h Einlagerung
bezogen auf Anfangswert bei Raumtemperatur
gemessen bei Raumtemperatur (ca. 23 °C)
entsprechend DELO-Norm 5

Medium	Druckscherfestigkeit Al/Al[%]
ATF Getriebeöl	62
Diesel	69
Kerosin	78
Motorenöl	67
Glykol	112
Bremsflüssigkeit	81
dest. Wasser/Glykol-Gemisch 50:50	44

DELO-DUOPOX AD840 - 04.19 (Revision 67)

A.3.5 Statistischer Versuchsplan der Zugscherversuche

Tab. A2: Tabellarische Darstellung des verwendeten vollfaktoriellen Versuchsplans

Standard-reihenfolge	Durchlauf-reihenfolge	Zentral-punkt	Rauheit Metall	Rauheit GFK	Perforierung Metall
24	1	1	100	100	Nein
23	2	1	57	100	Nein
18	3	1	100	58	Ja
17	4	1	57	58	Ja
33	5	1	57	58	Ja
5	6	1	57	58	Nein
21	7	1	57	58	Nein
6	8	1	100	58	Nein
25	9	1	57	58	Ja
4	10	1	100	100	Ja
26	11	1	100	58	Ja
35	12	1	57	100	Ja
8	13	1	100	100	Nein
28	14	1	100	100	Ja
16	15	1	100	100	Nein
31	16	1	57	100	Nein
14	17	1	100	58	Nein
10	18	1	100	58	Ja
37	19	1	57	58	Nein
15	20	1	57	100	Nein
29	21	1	57	58	Nein
32	22	1	100	100	Nein
12	23	1	100	100	Ja
7	24	1	57	100	Nein
22	25	1	100	58	Nein
19	26	1	57	100	Ja
11	27	1	57	100	Ja
20	28	1	100	100	Ja
38	29	1	100	58	Nein
36	30	1	100	100	Ja
34	31	1	100	58	Ja
2	32	1	100	58	Ja
30	33	1	100	58	Nein
13	34	1	57	58	Nein
9	35	1	57	58	Ja
39	36	1	57	100	Nein
40	37	1	100	100	Nein
1	38	1	57	58	Ja
27	39	1	57	100	Ja
3	40	1	57	100	Ja

A.3.6 Prüfbericht der Zugscherversuche nach DIN EN 1465

Loctite EA 109

Prüfbericht Zugscherversuche nach DIN EN 1465

Klebstoff:	1K-Heißhärtnender Epoxidharzklebstoff LOCTITE EA 109 Henkel AG & Co. KGaA	
Fügeteile:	Werkzeugstahl 1.2312 GFK	Maße der Plättchen: (100 x 25 x 1,6) mm Maße der Plättchen: (100 x 25 x 1,6) mm
Oberflächenbehandlung:	feinschleifen, Anrauen mit Schleifpapier	
Klebvorgang:	Auftrag per Hand, Aushärtung im Ofen bei 120 °C für 60 Minuten	
Zugscherversuch:	Traversengeschwindigkeit: 50 mm/min Vorkraft: 5 N	

Kombination	Bruchkraft	Bruchart	Klebfläche
fein - 58	18,67	DEL, DECK	344,25
fein - 58	18,34	DEL, DECK, ADH	341,75
fein - 58	18,12	DEL, DECK, ADH	336,75
fein - 58	18,27	DEL, DECK, ADH	330,00
fein - 58	18,89	DEL, DECK, ADH	338,00
mittel	18,46		
StdAbw	0,316		
v	1,71		
fein - 100	18,72	DEL, DECK	335,64
fein - 100	18,61	DEL, DECK, ADH	338,50
fein - 100	17,86	DEL, DECK, ADH	333,50
fein - 100	18,92	DEL, DECK, ADH	339,25
fein - 100	18,69	DEL, DECK, ADH	351,00
mittel	18,56		
StdAbw	0,406		
v	2,19		
100 - 58	19,41	DEL, DECK	312,84
100 - 58	18,14	DEL, DECK	314,82
100 - 58	19,18	DEL, DECK	310,97
100 - 58	19,06	DEL, DECK, ADH	304,70
100 - 58	18,79	DEL, DECK	296,79
mittel	18,92		
StdAbw	0,487		
v	2,57		
100 - 100	18,50	DEL, DECK, ADH	299,75
100 - 100	18,21	DEL, DECK, ADH	324,75
100 - 100	18,42	DEL, DECK, ADH	336,25
100 - 100	17,73	DECK, ADH	319,50
100 - 100	17,68	DEL, DECK, ADH	343,25
mittel	18,11		
StdAbw	0,383		
v	2,11		

DEL: Delamination, DECK: Deckschichtversagen, ADH: Adhäsionsbruch
mittel: Mittelwert, s: Standardabweichung, v: Variationskoeffizient

Kombination	Bruchkraft	Bruchart	Klebfläche
mR fein - 58	17,86	DECK, ADH	318,75
mR fein - 58	17,35	DECK, ADH	320,00
mR fein - 58	17,92	DECK, ADH	310,50
mR fein - 58	18,28	DECK, ADH	310,50
mR fein - 58	17,84	DEL, DECK, ADH	309,75
mittel	17,85		
StdAbw	0,332		
v	1,86		
mR fein - 100	17,20	DEL, DECK, ADH	314,00
mR fein - 100	18,04	DECK, ADH	322,25
mR fein - 100	18,03	DECK, ADH	337,25
mR fein - 100	17,96	DEL, DECK, ADH	348,25
mR fein - 100	19,22	DEL, DECK, ADH	327,25
mittel	18,09		
StdAbw	0,722		
v	3,99		
mR 100 - 58	17,50	DECK, ADH	340,00
mR 100 - 58	16,99	DECK, ADH	339,00
mR 100 - 58	17,29	DEL, DECK, ADH	326,50
mR 100 - 58	17,94	DECK, ADH	332,50
mR 100 - 58	17,59	DECK, ADH	348,00
mittel	17,46		
StdAbw	0,352		
v	2,02		
mR 100 - 100	18,32	DEL, DECK, ADH	310,50
mR 100 - 100	17,05	DECK, ADH	326,25
mR 100 - 100	18,24	DEL, DECK, ADH	317,75
mR 100 - 100	17,84	DECK, ADH	332,50
mR 100 - 100	18,12	DEL, DECK, ADH	326,00
mittel	17,91		
StdAbw	0,518		
v	2,89		

DEL: Delamination, DECK: Deckschichtversagen, ADH: Adhäsionsbruch
mittel: Mittelwert, s: Standardabweichung, v: Variationskoeffizient

DELO AD 840

Prüfbericht Zugscherversuche nach DIN EN 1465

Klebstoff:	Universeller 2K-Epoxidharzklebstoff AD 840 DELO GmbH & Co. KGaA	
Fügeteile:	Werkzeugstahl 1.2312	Maße der Plättchen: (100 x 25 x 1,6) mm
	GFK	Maße der Plättchen: (100 x 25 x 1,6) mm
Oberflächenbehandlung:	feinschleifen, Anrauen mit Schleifpapier	
Klebvorgang:	Auftrag per Hand, Aushärtung bei RT für fünf Tage	
Zugscherversuch:	Traversengeschwindigkeit: 50 mm/min Vorkraft: 5 N	

Kombination	Bruchkraft	Bruchart	Klebfläche
fein - 58	17,57	DEL, DECK, ADH	335,50
fein - 58	18,06	DEL, DECK, ADH	344,75
fein - 58	17,73	DEL, DECK, ADH	367,75
fein - 58	17,62	DEL, DECK, ADH	338,50
fein - 58	16,63	DEL, DECK, ADH	341,50
mittel	17,52		
StdAbw	0,532		
v	3,04		
fein - 100	18,64	DEL, DECK, ADH	393,25
fein - 100	18,35	DEL, DECK, ADH	387,00
fein - 100	18,28	DEL, DECK, ADH	343,50
fein - 100	17,53	DEL, DECK, ADH	331,75
fein - 100	16,93	DEL, ADH	338,00
mittel	17,95		
StdAbw	0,698		
v	3,89		
100 - 58	19,23	DEL, DECK, ADH	324,25
100 - 58	18,07	DEL, DECK, ADH	323,00
100 - 58	17,43	DEL, DECK, ADH	338,75
100 - 58	18,16	DEL, DECK, ADH	335,00
100 - 58	17,88	DEL, DECK, ADH	325,75
mittel	18,15		
StdAbw	0,664		
v	3,66		
100 - 100	18,53	DEL, DECK, ADH	333,25
100 - 100	18,27	DEL, DECK, ADH	323,50
100 - 100	17,82	DEL, DECK, ADH	337,00
100 - 100	18,02	DEL, DECK, ADH	350,00
100 - 100	17,31	DEL, DECK, ADH	340,75
mittel	17,99		
StdAbw	0,464		
v	2,58		

DEL: Delamination, DECK: Deckschichtversagen, ADH: Adhäsionsbruch
mittel: Mittelwert, s: Standardabweichung, v: Variationskoeffizient

Kombination	Bruchkraft	Bruchart	Klebfläche
mR fein - 58	18,59	DEL, DECK, ADH	336,75
mR fein - 58	19,40	DEL, DECK, ADH	343,00
mR fein - 58	19,54	DEL, DECK, ADH	344,50
mR fein - 58	18,77	DEL, DECK, ADH	352,25
mR fein - 58	18,59	DEL, DECK, ADH	346,25
mittel	18,98		
StdAbw	0,456		
v	2,40		
mR fein - 100	19,74	DEL, DECK, ADH	347,75
mR fein - 100	17,93	DEL, DECK, ADH	342,75
mR fein - 100	19,18	DEL, DECK, ADH	336,75
mR fein - 100	18,82	DEL, DECK, ADH	339,00
mR fein - 100	20,12	DEL, DECK, ADH	365,50
mittel	19,16		
StdAbw	0,850		
v	4,44		
mR 100 - 58	16,72	DEL, DECK, ADH	342,25
mR 100 - 58	18,21	DEL, DECK, ADH	327,00
mR 100 - 58	19,33	DEL, DECK, ADH	375,25
mR 100 - 58	19,10	DEL, DECK, ADH	350,75
mR 100 - 58	17,26	DEL, DECK, ADH	332,25
mittel	18,12		
StdAbw	1,130		
v	6,26		
mR 100 - 100	17,78	DEL, DECK, ADH	359,00
mR 100 - 100	18,15	DEL, DECK, ADH	338,00
mR 100 - 100	18,70	DEL, DECK, ADH	327,75
mR 100 - 100	17,60	DEL, DECK, ADH	332,25
mR 100 - 100	17,49	DEL, DECK, ADH	313,75
mittel	17,94		
StdAbw	0,491		
v	2,74		

DEL: Delamination, DECK: Deckschichtversagen, ADH: Adhäsionsbruch
mittel: Mittelwert, StdAbw: Standardabweichung, v: Variationskoeffizient

A.4 Anhang zu Kapitel 7

A.4.1 Messergebnisse der Rauheitsmessungen

Drehzahl n $[min^{-1}]$	Vorschub/ Zahn f_z $[mm]$	Vorschubgeschwindigkeit v_f $[^{mm}/_{min}]$	Schnitttiefe a_p $[mm]$	Mittlere arithmetische Höhe S_a Referenz $[\mu m]$	Version 1 $[\mu m]$	Version 2 $[\mu m]$	Version 3 $[\mu m]$
1000	0,10	300	0,5	1,426	0,506	1,184	0,776
1167	0,10	350	0,5	1,838	1,110	2,015	1,136
1334	0,10	400	0,5	2,127	1,346	1,388	1,390
1500	0,10	450	0,5	1,958	1,167	2,007	1,078
1000	0,18	540	0,5	1,948	0,696	1,148	0,830
1167	0,18	630	0,5	1,169	0,831	1,631	0,928
1334	0,18	720	0,5	1,617	1,096	2,444	0,945
1500	0,18	810	0,5	2,298	0,819	1,121	0,899
800	0,16	384	0,5	2,289	1,902	3,459	3,378
800	0,18	432	0,5	2,989	2,012	3,081	3,433
800	0,20	480	0,5	2,555	2,276	3,485	3,998
800	0,22	528	0,5	2,833	2,591	3,622	2,976
1280	0,16	614	0,5	1,762	1,738	1,908	2,746
1280	0,18	691	0,5	2,414	1,890	2,184	3,358
1280	0,20	768	0,5	2,706	1,837	2,683	2,815
1280	0,22	845	0,5	2,250	2,185	3,263	3,429
700	0,18	384	0,5	3,030	3,107	3,799	2,661
700	0,21	432	0,5	2,820	3,723	3,157	2,657
700	0,23	480	0,5	3,266	3,701	2,987	2,543
700	0,25	528	0,5	2,818	4,659	3,128	2,815
1000	0,10	300	1,0	1,286	0,750	1,006	0,863
1167	0,10	350	1,0	2,004	1,146	1,056	1,062
1334	0,10	400	1,0	1,844	1,479	1,210	1,282
1500	0,10	450	1,0	1,874	1,536	0,865	1,545
1000	0,18	540	1,0	1,595	0,957	0,735	1,183
1167	0,18	630	1,0	1,800	1,501	0,988	0,891
1334	0,18	720	1,0	1,551	1,182	1,525	1,184
1500	0,18	810	1,0	2,160	1,252	1,000	0,870
800	0,16	384	1,0	1,926	1,216	2,865	2,339
800	0,18	432	1,0	3,085	1,599	2,801	3,333
800	0,20	480	1,0	3,478	1,817	2,66	2,879
800	0,22	528	1,0	3,046	1,838	2,302	2,816
1280	0,16	614	1,0	3,001	1,542	2,364	2,921
1280	0,18	691	1,0	2,484	1,885	2,701	3,037
1280	0,20	768	1,0	2,234	1,945	2,733	3,784

1280	0,22	845	1,0	2,212	1,775	2,815	3,542
700	0,18	384	1,0	2,034	3,743	2,586	2,315
700	0,21	432	1,0	1,804	3,015	3,068	2,741
700	0,23	480	1,0	2,137	3,534	2,489	2,747
700	0,25	528	1,0	2,574	4,065	2,878	3,047
1000	0,10	300	1,5	1,178	1,168	0,977	1,233
1167	0,10	350	1,5	1,528	1,094	1,229	0,971
1334	0,10	400	1,5	1,807	1,360	1,033	1,475
1500	0,10	450	1,5	1,923	1,706	0,990	1,536
1000	0,18	540	1,5	1,565	0,993	0,893	1,073
1167	0,18	630	1,5	2,177	1,248	1,296	0,844
1334	0,18	720	1,5	1,577	1,206	1,916	1,146
1500	0,18	810	1,5	2,117	1,415	0,976	1,023
800	0,16	384	1,5	2,291	1,390	2,620	2,538
800	0,18	432	1,5	2,857	1,522	2,527	3,538
800	0,20	480	1,5	2,710	1,431	2,586	2,904
800	0,22	528	1,5	2,606	1,690	2,124	4,081
1280	0,16	614	1,5	2,538	2,041	2,419	2,795
1280	0,18	691	1,5	2,842	2,086	2,788	3,244
1280	0,20	768	1,5	3,112	2,289	2,754	3,149
1280	0,22	845	1,5	2,775	2,576	2,901	3,926
700	0,18	384	1,5	1,868	2,665	3,267	2,986
700	0,21	432	1,5	2,168	3,889	3,099	3,209
700	0,23	480	1,5	1,739	3,975	3,205	3,378
700	0,25	528	1,5	2,457	3,603	3,297	2,978
1000	0,10	300	2,0	1,216	1,099	1,201	0,815
1167	0,10	350	2,0	1,444	1,158	1,158	1,120
1334	0,10	400	2,0	1,561	1,572	1,737	1,083
1500	0,10	450	2,0	1,557	1,700	1,349	1,320
1000	0,18	540	2,0	1,389	1,031	0,829	1,168
1167	0,18	630	2,0	2,188	1,223	1,819	1,147
1334	0,18	720	2,0	2,002	1,427	1,455	1,242
1500	0,18	810	2,0	4,190	1,676	1,815	1,282
800	0,16	384	2,0	2,604	1,527	2,402	3,364
800	0,18	432	2,0	2,678	1,762	2,644	2,976
800	0,20	480	2,0	3,361	1,745	1,955	3,517
800	0,22	528	2,0	2,975	1,869	2,364	2,935
1280	0,16	614	2,0	2,240	2,160	1,819	2,497
1280	0,18	691	2,0	2,816	2,077	2,054	3,598
1280	0,20	768	2,0	2,809	2,134	2,015	3,996
1280	0,22	845	2,0	2,837	2,063	2,477	3,955
700	0,18	384	2,0	1,907	3,540	2,419	2,531
700	0,21	432	2,0	1,846	3,112	2,793	2,459
700	0,23	480	2,0	1,917	3,758	3,367	2,799
700	0,25	528	2,0	2,117	4,205	3,504	2,430

A.4.2 Messergebnisse der Verschleißmessungen

Stand-weg $[m]$	**Referenzwerkzeug** Schneide 1 $[mm]$	Schneide 2 $[mm]$	Schneide 3 $[mm]$	**Version 1** Schneide 1 $[mm]$	Schneide 2 $[mm]$	Schneide 3 $[mm]$
3,2	0,000	0,035	0,022	0,000	0,020	0,027
6,4	0,015	0,042	0,021	0,000	0,025	0,026
9,6	0,022	0,047	0,019	0,000	0,029	0,034
12,8	0,020	0,049	0,022	0,000	0,033	0,041
16,0	0,020	0,058	0,025	0,020	0,033	0,040
19,2	0,025	0,062	0,032	0,017	0,036	0,046
22,4	0,025	0,076	0,056	0,023	0,034	0,046
25,6	0,047	0,144	0,177	0,030	0,036	0,049
28,8	0,052	0,160	0,188	0,036	0,044	0,050
32,0	0,256	0,203	0,238	0,038	0,055	0,152
33,6	0,278	0,893	0,354	0,045	0,055	0,151
35,2	0,317	0,272	0,274	0,053	0,068	0,157
36,8				0,062	0,069	0,158
38,4				0,068	0,071	0,172
40,0				0,077	0,092	0,185
41,6				0,182	0,212	0,875

Stand-weg $[m]$	**Version 2** Schneide 1 $[mm]$	Schneide 2 $[mm]$	Schneide 3 $[mm]$	**Version 3** Schneide 1 $[mm]$	Schneide 2 $[mm]$	Schneide 3 $[mm]$
3,2	0,000	0,030	0,000	0,000	0,000	0,000
6,4	0,000	0,030	0,000	0,000	0,000	0,000
9,6	0,021	0,035	0,028	0,023	0,020	0,020
12,8	0,022	0,034	0,028	0,034	0,020	0,045
16,0	0,026	0,072	0,032	0,036	0,020	0,049
19,2	0,026	0,087	0,034	0,068	0,031	0,060
22,4	0,026	0,099	0,041	0,092	0,038	0,054
25,6	0,030	0,098	0,047	0,098	0,039	0,070
28,8	2,066	0,980	0,044	0,115	0,349	0,102
32,0				0,118	0,471	0,120
33,6				0,133	0,643	0,129

Zeitfracht Medien GmbH
Ferdinand-Jühlke-Straße 7
99095 Erfurt, Deutschland
produktsicherheit@kolibri360.de